AF544521

EUL
VERLAG

# EINZELSCHRIFTEN

Isabel Arnold
**Personalentwicklung von Führungskräften in Zeiten von Change** – Eine Betrachtung aus Sicht des systemorientierten Managements
Lohmar – Köln 2015 • 236 S. • € 56,- (D) • ISBN 978-3-8441-0389-2

Ansgar Kernder
**Bewertung der Emittentenqualität am Markt für Mittelstandsanleihen** – Eine empirische Analyse im Lichte der Prinzipal-Agenten-Theorie
Lohmar – Köln 2015 • 436 S. • € 68,- (D) • ISBN 978-3-8441-0392-2

Anne Kathrin Bischoff
**Business Approaches to Poverty Alleviation** – A Classification of Company Initiatives
Lohmar – Köln 2014 • 208 S. • € 49,- (D) • ISBN 978-3-8441-0393-9

Andreas Neumeier
**Unternehmensbewertung bei Squeeze-out** – Eine theoretische und empirische Analyse im Spannungsfeld der Anforderungen von betriebswirtschaftlichen Erkenntnissen, IDW S 1 und Rechtsprechung
Lohmar – Köln 2015 • 284 S. • € 58,- (D) • ISBN 978-3-8441-0394-6

Patrick Siegfried
**Trendentwicklung und strategische Ausrichtung von KMUs**
Lohmar – Köln 2015 • 88 S. • € 37,- (D) • ISBN 978-3-8441-0395-3

Patrick Siegfried
**Das strategische Controlling in der Anwendung für KMUs**
Lohmar – Köln 2015 • 96 S. • € 38,- (D) • ISBN 978-3-8441-0396-0

Thomas Schiffer
**Untersuchung der Segmentberichterstattung nach IFRS 8 von deutschen Unternehmen und Überarbeitungsnotwendigkeiten aus Investorsicht**
Lohmar – Köln 2015 • 260 S. • € 57,- (D) • ISBN 978-3-8441-0399-1

# Untersuchung der Segmentberichterstattung nach IFRS 8 von deutschen Unternehmen und Überarbeitungsnotwendigkeiten aus Investorsicht

INAUGURAL-DISSERTATION ZUR
ERLANGUNG DER DOKTORWÜRDE
AN DER
WIRTSCHAFTSWISSENSCHAFTLICHEN FAKULTÄT
DER
HEINRICH-HEINE-UNIVERSITÄT DÜSSELDORF

Vorgelegt im Wintersemester 2014/2015

von

Thomas Schiffer

Erstgutachter: Prof. Dr. Klaus-Peter Franz

Zweitgutachterin: Prof. Dr. Barbara E. Weißenberger

Disputation: Düsseldorf, den 23.02.2015

Dr. Thomas Schiffer

# Untersuchung der Segmentberichterstattung nach IFRS 8 von deutschen Unternehmen und Überarbeitungsnotwendigkeiten aus Investorsicht

Mit einem Geleitwort von Prof. Dr. Klaus-Peter Franz,
Heinrich-Heine-Universität Düsseldorf

**Bibliografische Information der Deutschen Nationalbibliothek**

Die Deutsche Nationalbibliothek verzeichnet diese Publikation in der Deutschen Nationalbibliografie; detaillierte bibliografische Daten sind im Internet über <http://dnb.d-nb.de> abrufbar.

**Dissertation, Heinrich-Heine-Universität Düsseldorf, 2015**

D 61

ISBN 978-3-8441-0399-1
1. Auflage Mai 2015



JOSEF EUL VERLAG GmbH
Brandsberg 6
53797 Lohmar
Tel.: 0 22 05 / 90 10 6-6
Fax: 0 22 05 / 90 10 6-88
E-Mail: info@eul-verlag.de
http://www.eul-verlag.de

**Bei der Herstellung unserer Bücher möchten wir die Umwelt schonen. Dieses Buch ist daher auf säurefreiem, 100% chlorfrei gebleichtem, alterungsbeständigem Papier nach DIN 6738 gedruckt.**

## Geleitwort

Eine segmentbezogene Berichterstattung zur Informationsversorgung der externen Stakeholder ist aus einhellig vertretener wissenschaftlicher Sicht sinnvoll und notwendig. Kontroverse Diskussionen bestehen hingegen über die optimale Ausgestaltung einer Segmentberichterstattung. Die Antwort des IASB auf diese Frage spiegelt sich in der Einführung des IFRS 8 wider. Ausgehend von der Zielsetzung der Entscheidungsnützlichkeit segmentbezogener Daten stellt der Standardsetzer den Management Approach als die wesentliche Richtschnur für Inhalt und Ausgestaltung der Segmentberichterstattung in den Vordergrund. Bei einer differenzierten Auseinandersetzung mit den aktuellen Regelungen des IFRS 8 und der Umsetzung in der deutschen Bilanzierungspraxis ergeben sich jedoch Zweifel, ob die Zielsetzung erreicht wurde. Dies stellt den Ausgangspunkt für die durch Herrn Schiffer durchgeführte Untersuchung und seinen Beitrag zu einer Weiterentwicklung der Segmentberichterstattung dar.

Ein wesentlicher Teil der Arbeit von Herrn Schiffer ist nach einem zusammenfassenden Überblick über den Forschungstand zur Vorteilhaftigkeit von IFRS 8 bei deutschen Unternehmen zunächst eine empirische Untersuchung zur Umsetzung des Standards bei kleineren börsennotierten Konzernen. Im Anschluss hieran untersucht er, warum Unternehmen eine Segmentberichterstattung veröffentlichen, die nicht der durch das IASB verfolgten Zielsetzung entspricht. Darüber hinaus wird die Wirkung der aktuell veröffentlichten Segmentberichterstattungen auf die Entscheidungsfindung der Investoren analysiert. Basierend auf den im Rahmen dieser Analysen festgestellten Problembereichen konstatiert Herr Schiffer schließlich einen Überarbeitungsbedarf der aktuellen Vorgaben. Zur bestmöglichen Erfüllung der Zielsetzung des IASB entwickelt er Ansätze zur Überarbeitung des Standards, die die grundsätzliche Konzeption des IFRS 8 zwar beibehalten, jedoch zahlreiche Änderungen und Vereinfachungen bei der Vorgabe von Berichtsinhalten umfassen.

Insgesamt kann festgestellt werden, dass es Herrn Schiffer gelungen ist, in einem für Theorie und Praxis sehr relevanten Bereich durch seine umfassende und differenzierte Vorgehensweise einerseits Erkenntnisse über die derzeit praktizierte Berichterstattung über Segmente zu gewinnen. Andererseits gibt er den Bilanzadressaten wertvolle Hinweise für die Nutzung von Segmentdaten und vermittelt dem Standardsetzer Anregungen zur Überarbeitung und Verbesserung des Standards. Auf diese Weise werden im Rahmen der theoretisch fundierten und durch umfangreiche empirische Daten gestützten Analyse nützliche Hinweise für die wesentlichen von der Segmentberichterstattung betroffenen Parteien aufgezeigt. Daher wünsche ich der Arbeit eine weite Verbreitung in Wissenschaft und Praxis.

Düsseldorf, im April 2015 Prof. Dr. Klaus-Peter Franz

**Vorwort**

Die vorliegende Arbeit entstand während meiner Tätigkeit als wissenschaftlicher Mitarbeiter am Lehrstuhl für Betriebswirtschaftslehre, insbesondere Unternehmensprüfung und Controlling, der Heinrich-Heine-Universität Düsseldorf und wurde von der Wirtschaftswissenschaftlichen Fakultät im Wintersemester 2014/15 als Dissertation angenommen.

Zum Entstehen und dem erfolgreichen Abschluss meiner Arbeit haben zahlreiche Personen beigetragen. An erster Stelle möchte ich meinem Doktorvater, Herrn Prof. Dr. Klaus-Peter Franz, für die fortwährende Unterstützung und das von ihm entgegengebrachte Vertrauen in den Fortgang meiner Arbeit danken. Daneben gilt mein Dank Frau Prof. Dr. Barbara E. Weißenberger für die zügige Erstellung des Zweitgutachtens und die Möglichkeit der Finalisierung der Arbeit während meiner Beschäftigung am Lehrstuhl für Betriebswirtschaftslehre, insbesondere Accounting. Bei Herrn Prof. Dr. Heinz-Dieter Smeets bedanke ich mich für die Übernahme des Vorsitzes der Prüfungskommission.

Dr. Daniela Hochstein, Anja Kievelitz und Jun.-Prof. Dr. Jost Sieweke danke ich nicht nur für ihre Unterstützung während meines Dissertationsprojektes sondern ebenfalls für eine tolle Zusammenarbeit, bei der ich auch in anstrengenden Phasen immer eine Menge Freude hatte. Die Zeit an der Heinrich-Heine-Universität war ebenfalls durch Dr. Carsten Winkler, Dr. Christina Feldmeier, Pascal Thomas, Marco Winkhold, Timon Seidlitz, Christine Ohlert, Dr. Peter Kotzian, Thomas Stöber, unsere Sekretärin Angelika Graf und die übrigen Kolleginnen und Kollegen der Fakultät eine tolle Zeit, wofür ich mich auf diesem Wege bedanken möchte. Zudem danke ich zahlreichen studentischen Mitarbeiterinnen und Mitarbeitern für ihre zuverlässige Unterstützung bei Recherchen etc.

Meinen Freunden außerhalb der Universität danke ich für den angenehmen Ausgleich abseits der Segmentberichterstattung und das Verständnis dafür, dass ich die linke Rheinseite wegen vieler Wochenenden im Büro häufig vernachlässigen musste.

Mein größter Dank gilt jedoch meinen Eltern, die mich immer und im größtmöglichen Umfang unterstützt haben.

Düsseldorf, im April 2015 Thomas Schiffer

**Inhaltsübersicht**

**Inhaltsverzeichnis**

## Abbildungsverzeichnis

## Tabellenverzeichnis

**Abkürzungsverzeichnis**

| | |
|---|---|
| BC | Basis for Conclusions |
| BilReG | Bilanzrechtsreformgesetz |
| BiRiLiG | Bilanzrichtlinien-Gesetzes |
| CDAX | Composite Deutscher Aktienindex |
| CFROI | Cashflow Return on Investement |
| CODM | Chief Operating Decision Maker |
| DAX | Deutscher Aktienindex |
| DRS | Deutscher Rechnungslegungsstandard |
| DSR | Deutscher Standardisierungsrat |
| DCF | Discounted-Cashflow |
| EBIT | Earnings before Interest and Taxes |
| EBITDA | Earnings before Interest, Taxes, Depreciation and Amortization |
| EBT | Earnings before Taxes |
| ED | Exposure Draft |
| EU | Europäische Union |
| EVA | Economic Value Added |
| FASB | Financial Accounting Standards Board |
| FCF | Free Cashflow |
| IAS | International Accounting Standard |
| IG | Implementation Guidance |
| KonTraG | Gesetz zur Kontrolle und Transparenz im Unternehmensbereich |
| GuV | Gewinn- und Verlustrechnung |
| HGB | Handelsgesetzbuch |
| IAS 14R | IAS 14 Revised |
| IDW | Institut der Wirtschaftsprüfer |
| IAS | International Accounting Standard |
| IASB | International Accounting Standards Board |
| IASC | International Accounting Standards Committee |
| IFRS | International Financial Reporting Standard |
| KLR | Kosten- und Leistungsrechnung |
| MDAX | Mid-Cap Deutscher Aktienindex |

| | |
|---|---|
| NIÖ | Neue Institutionenökonomik |
| NACE | Nomenclature statistique des Activités économiques dans la Communauté Européenne |
| PIR | Post-Implementation Review |
| QC | Qualitative Characteristics |
| RFI | request for information |
| RK | Rahmenkonzept |
| ROI | Return on Investment |
| SDAX | Small-Cap Deutscher Aktienindex |
| SFAS | Statement of Financial Accounting Standard |
| SWOT-Analyse | Strengths/Weaknesses/Opportunities/Threats-Analyse |
| TecDAX | Technologie-Werte Deutscher Aktienindex |
| US-GAAP | United States Generally Accepted Accounting Principles |
| USA | United States of America |
| WACC | Weighted Average Cost of Capital |

# 1 Einleitung

## 1.1 Problemstellung und Zielsetzung

Das externe Rechnungswesen verfolgt das Ziel, den Stakeholdern eines Unternehmens alle zur Entscheidung hinsichtlich der Aufnahme, Beibehaltung oder Beendigung der Beziehung zu einem Unternehmen dienenden, relevanten Informationen zu vermitteln.[1] Bei einer zunehmenden Größe und Diversifikation von Unternehmen und im Speziellen Konzernen kann eine fundierte Entscheidung jedoch nur getroffen werden, wenn neben einer aggregierten Berichterstattung über die möglicherweise stark heterogenen Teilbereiche der Unternehmen ebenfalls segmentspezifische Daten publiziert werden.[2] Ein Segment ist hierbei zu verstehen als „reporting entity which is a subdivison of a larger business."[3] Die disaggregierte Berichterstattung von Daten über unterschiedliche Segmente verfolgt das primäre Ziel, zusätzliche Informationen über die differenzierte Unternehmenstätigkeit zu vermitteln.[4] Über das bloße Vorhandensein einer Segmentpublizität hinaus spielt die Qualität der Segmentberichterstattung für die Erfüllung dieser Aufgaben und der damit verbundenen Entscheidungsrelevanz, also der Relevanz der veröffentlichten Informationen für die Entscheidungsfindung ihres Adressaten,[5] eine wesentliche Rolle.[6] Aus diesem Grund steht die Segmentberichterstattung im Fokus der für die Regelung der externen Berichterstattung verantwortlichen Standardsetzer und findet große Beachtung in der wissenschaftlichen Literatur. Die im Rahmen der vorliegenden Arbeit zu untersuchende gesetzliche Regelung ist der International Financial Reporting Standard (IFRS) 8 – Geschäftssegmente.[7] Dieser ist von Unternehmen für Geschäftsjahre, die nach dem 01.01.2009 beginnen, verpflichtend anzuwenden. Mit der Einführung des IFRS 8 verfolgte das International Accounting Standards Board (IASB) mehrere Ziele. Zum einen stellt die Entwicklung des neuen Standards bzw. die beinahe uneingeschränkte Übernahme des Statement of Financial Accounting Standard (SFAS) 131 der United States Generally Accepted Accounting Principles (US-GAAP) einen Schritt im Rahmen eines

---

1 Vgl. Haller/Park (1994), S. 501.

2 Vgl. Haller/Park (1994), S. 499.

3 Backer/McFarland (1968), S. 17.

4 Vgl. Coenenberg (2000), S. 1827.

5 Vgl. Lopatta (2006), S. 20.

6 Vgl. Alvarez/Fink (2003), S. 275.

7 IFRS 8 wurde Ende November 2006 veröffentlicht, vgl. IASB (2006), Rn. 4.

„short-term convergence project“ dar.[8] Zum anderen wollte der Standardsetzer an die mit dem Übergang von SFAS 14[9] auf SFAS 131 einhergegangenen, empirisch belegten Vorteile[10] anknüpfen, denn dieser hatte „folgende Auswirkungen:

- es werden mehr Berichtssegmente ausgewiesen und mehr Informationen vermittelt;
- Adressaten haben die Möglichkeit, ein Unternehmen aus Sicht des Managements zu betrachten;
- ein Unternehmen kann mit relative geringen Zusatzkosten zeitnah Segmentinformationen für die externe Zwischenberichterstattung zur Verfügung stellen;
- es wird eine größere Übereinstimmung mit dem Lagebericht und anderen Angaben im Geschäftsbericht erreicht; und
- es werden verschiedene Messwerte für die Ertragskraft eines Segments bereitgestellt.” (IFRS 8.BC6)

Die vorliegende Arbeit verfolgt nicht das Ziel, eine Untersuchung oder Beurteilung der an erster Stelle genannten Konvergenz zwischen den Rechnungslegungssystemen nach IFRS und US-GAAP durchzuführen, sondern konzentriert sich primär auf die vom Standardsetzer genannten Vorteile des SFAS 131 und ob diese ebenfalls im Rahmen der Einführung von IFRS 8 in Deutschland realisiert werden konnten. Die Vorteile sind aus Sicht des IASB vordergründig auf die Umsetzung des Management Approach zurückzuführen.[11] Der Begriff des Management Approach wurde im Jahre 1997 im Rahmen der Einführung des SFAS 131 geprägt: „The Management Approach is based on the way that management organizes the segments within the enterprise for making operating decision and assessing performance.“[12] Die Idee der Berichterstattung gemäß der intern im Unter-

---

8 „Ziel des Projekts ist die Verringerung von Unterschieden zwischen den IFRS und den in den USA allgemein anerkannten Rechnungslegungsgrundsätzen (US-GAAP), die in relativ kurzer Zeit lösbar sind und unabhängig von anderen umfangreicheren Projekten behandelt werden können.”, IFRS 8.BC2.

9 Der SFAS 14 ist der Vorgängerstandard des im Juni 1997 veröffentlichten SFAS 131, vgl. Albrecht/Chipalkatti (1998), S. 46.

10 Die Übertragbarkeit der Ergebnisse des Umstiegs von SFAS 14 zu SFAS 131 auf den Übergang von IAS 14 zu IFRS 8 ist wegen der bestehenden Unterschiede zwischen SFAS 14 und dem bis 2008 anzuwendenden IAS 14 kritisch zu hinterfragen, vgl. bspw. Franzen/Weißenberger (2014a), S. 11.

11 Vgl. IASB (2006), Rn. 6.

12 SFAS 131.4.

nehmen genutzten Entscheidungsbasis ist mittlerweile in mehrere, durch das IASB entwickelte Standards eingeflossen[13] und wurde in Deutschland nicht zuletzt aufgrund der traditionellen Zweiteilung des Rechnungswesens in eine interne sowie eine externe Berichterstattung bereits vor der Einführung des SFAS 131 kontrovers diskutiert.[14] Die Kontroverse resultiert hierbei aus der von Kritikern des Management Approach konstatierten Gefahr einer Ausnutzung der mit seiner Umsetzung einhergehenden Freiheitsgrade durch die bilanzierenden Unternehmen und eine dadurch möglicherweise verzerrte Berichterstattung.[15]

Aus der bis dato umfangreichsten Umsetzung des Management Approach in der internationalen Rechnungslegung durch IFRS 8[16] können die drei in Abbildung 1 dargestellten Fragestellungen der vorliegenden Arbeit abgeleitet werden. Zum einen ist zu hinterfragen, ob die **(1) mit der Einführung des IFRS 8 verfolgte Zielsetzung und die aus seiner Einführung resultierenden Vorteile in der deutschen Unternehmenspraxis** grundsätzlich realisiert werden konnten. Hierbei erfolgt zunächst eine Fokussierung auf diejenigen Aspekte, die mit der Quantität und Qualität der durch die Unternehmen veröffentlichten Informationen zusammenhängen.[17] Daher werden die Kosten der Erstellung für das berichtende Unternehmen nur am Rande thematisiert. Vor dem Hintergrund der oben dargestellten Aufgaben einer externen Segmentberichterstattung soll darauf aufbauend die Entscheidungsrelevanz der veröffentlichten Informationen für die Adressaten von IFRS 8 untersucht werden. Zu diesem Zweck werden die bis zum jetzigen Zeitpunkt veröffentlichten theoretischen und empirischen Untersuchungen betrachtet und hierauf auf-

---

[13] Der Management Approach findet bspw. Anwendung in International Accounting Standard (IAS) 36 „Wertminderung von Vermögenswerten", IAS 38 „Immaterielle Vermögenswerte" oder in IFRS 3 „Unternehmenszusammenschlüsse", vgl. hierzu Maier (2009), S. 15.

[14] 1994 wurde das Thema im Rahmen der Umstrukturierung des internen Rechnungswesens bei der Siemens AG in der deutschsprachigen wissenschaftlichen Literatur zuerst durch Ziegler thematisiert, vgl. Ziegler (1994), S. 177.

[15] Vgl. Velte (2008), S. 135.

[16] In der Segmentberichterstattung findet er sowohl bei der Abgrenzung und Identifikation von berichtspflichtigen Segmenten als auch bei der Bestimmung der zu berichtenden Daten Anwendung, vgl. hierzu Fink/Ulbrich (2007).

[17] Der Schwerpunkt wird im Rahmen der empirischen Untersuchung vor allem auf der Quantität der Informationen liegen. Grund hierfür ist die bspw. bei den Angaben zu Segmenterfolgs- oder Segmentbilanzgrößen nicht gegebene Möglichkeit der Qualitätsüberprüfung. Von einer verbesserten Qualität der Segmentberichterstattung vor dem Hintergrund der Entscheidungsrelevanz kann jedoch auch bei einer quantitativen Steigerung der berichteten Segmente oder Informationen ausgegangen werden.

bauend eine notwendige Ergänzung um kleinere börsennotierte Unternehmen vorgenommen.[18] Im Rahmen der bisherigen Untersuchungen wurden bis auf eine Ausnahme nur Unternehmen aus dem DAX, MDAX, SDAX oder TecDAX untersucht. Von den 595 am 1. Juni 2006 im CDAX[19] gelisteten Unternehmen wurden bisher folglich nur die 150 größten einer detaillierten Betrachtung unterzogen. Allerdings ergibt sich durch die in der Literatur postulierte, weniger fortgeschrittene Konvergenz des Rechnungswesens der kleineren Unternehmen, gerade hinsichtlich der Untersuchung des mit IFRS 8 einhergehenden Management Approach eine sehr relevante Untersuchungsgesamtheit.[20] Darüber hinaus gibt es empirische Evidenz dafür, dass die Unternehmensgröße einen Einfluss auf die Qualität der Jahresabschlussinformationen hat.[21] Daher ist eine Beantwortung der Frage, ob die Zielsetzung des IFRS 8 im Rahmen der Umsetzung durch deutsche Unternehmen erreicht werden konnte, nur durch die im Rahmen der vorliegenden Arbeit vorzunehmende empirische Analyse der angesprochenen Unternehmen möglich.

Aus den Erkenntnissen zur Erfüllung der Zielsetzung resultiert die Frage nach Erklärungsansätzen für die vorliegende Bilanzierungspraxis im Vergleich zur Segmentberichterstattungspraxis nach International Accounting Standard (IAS) 14, dem Vorgängerstandard von IFRS 8. Hinsichtlich der Fragestellung soll untersucht werden, wie das **(2) Verhalten der bilanzierenden Unternehmen bezüglich der Umsetzung der Regelungen des IFRS 8 erklärt werden** kann, sowie welche **Wirkung sich aus dem Berichterstattungsverhalten der Unternehmen im Hinblick auf die Entscheidungsrelevanz der übermittelten Informationen für die Adressaten** ergibt. Relevant sind hierbei vor allem eine mögliche, wiederum aus der Anwendung des Management Approach resultierende, Ausnutzung von bilanzpolitischen Spielräumen und die aus ihnen resultierende Beeinflussung der Entscheidungsfindung durch den Adressaten.

Die Erklärungsansätze ermöglichen in Kombination mit den untersuchten Ausprägungen der Segmentberichterstattung in der deutschen Bilanzierungspraxis die Identifikation von Schwachpunkten der aktuellen Regelung durch IFRS 8. Vor diesem Hintergrund ist es

---

18 Die kleineren Unternehmen entsprechen hierbei nicht der vom IFRS für kleine und mittlere Unternehmen (KMU) angesprochenen Zielgruppe, zumal sich dieser IFRS nur auf nicht kapitalmarktorientierte Unternehmen bezieht, vgl. Fülbier/Gassen/Ott (2010), S. 1358.

19 Der CDAX umfasst alle Werte aus dem Prime sowie dem General Standard und dient somit zur Analyse des gesamten deutschen Aktienmarktes, vgl. Deutsche Börse (2013), Rn. 1.5.4.

20 Vgl. bspw. Kajüter/Barth (2007), S. 433; Franzen/Weißenberger (2014a), S. 31.

21 Vgl. bspw. Dyer/Mc Hugh (1975), S. 219.

sinnvoll, zu hinterfragen, **(3) welche Überarbeitungsnotwendigkeiten sich aus Sicht des Standardsetzers** für den Standard ergeben. Hierbei werden zudem die Erkenntnisse des durch das IASB durchgeführten „post-implementation review" (PIR) berücksichtigt, welcher ebenfalls Überarbeitungsnotwendigkeiten zum Inhalt hat.

Die folgende Abbildung stellt die zu beantwortenden Forschungsfragen dar:

| | |
|---|---|
| Forschungsfrage 1 | Konnte die Zielsetzung des IFRS 8 im Rahmen der Umsetzung durch deutsche Unternehmen erreicht werden? |
| Forschungsfrage 2 | Wie kann das Verhalten des Bilanzierenden erklärt werden und welche Wirkung hat die Bilanzierungspraxis beim Adressaten? |
| Forschungsfrage 3 | Wie sollte die Segmentberichterstattung ausgestaltet sein, um die Zielsetzung bestmöglich zu erfüllen? |

**Abbildung 1: Forschungsfragen**

## 1.2 Gang der Analyse

Die vorliegende Arbeit gliedert sich in fünf Kapitel. Das erste Kapitel umfasst hierbei Problemstellung und Zielsetzung, den Gang der Analyse und die wissenschaftstheoretische Positionierung.

Daran anschließend wird im zweiten Kapitel aufbauend auf den Grundlagen zum internen und externen Rechnungswesen die Segmentberichterstattung nach IFRS 8 beleuchtet und das für den Hauptteil relevante Entscheidungsverhalten von Individuen genauer betrachtet.

Das dritte Kapitel dient der Erfassung des aktuellen Forschungsstandes hinsichtlich der Anwendung von IFRS 8 in Deutschland und beinhaltet neben einer Zusammenfassung der theoriebasierten Diskussion zu IFRS 8 einen Überblick über die bisher erfolgten empirischen Untersuchungen zur Umsetzung des Standards durch deutsche Unternehmen sowie eine Zusammenfassung von deren Kernergebnissen. Im Anschluss an den Überblick soll durch die eigens vorzunehmende Betrachtung der bisher ausgeklammerten, kleineren Unternehmen des CDAX, eine Ergänzung der bisherigen Untersuchungen erfolgen.

Im Anschluss an die kritische Würdigung und Erweiterung des Feldes der bisherigen empirischen Untersuchungen sollen im vierten Kapitel für die bestehenden Auffälligkeiten der aktuellen Bilanzierungspraxis Erklärungsansätze[22] aus Sicht der bilanzierenden Unternehmen hergeleitet und ihre Wirkung beim Adressaten der Berichterstattung analysiert werden. Ein Hauptaugenmerk liegt hierbei auf den Veränderungen zur Bilanzierungspraxis nach IAS 14 sowie den aus der Anwendung des Management Approach resultierenden Problembereichen. Aufbauend auf den Erklärungsansätzen und einer Analyse der möglichen Auswirkungen auf den Adressaten erfolgt zum Abschluss des vierten Kapitels eine konzeptionelle Überarbeitung der identifizierten Problembereiche des IFRS 8. Hierbei soll der aus Sicht des Standardsetzers angestrebte Erhalt bzw. die Verbesserung der Entscheidungsnützlichkeit[23] der bereitgestellten Informationen sichergestellt werden.

Die Arbeit schließt mit Kapitel fünf, welches eine Zusammenfassung der wesentlichen Erkenntnisse sowie einen Forschungsausblick beinhaltet.

Die folgende Abbildung fasst den Aufbau der Arbeit grafisch zusammen:

[22] Das Vorgehen orientiert sich hierbei an Zimmermann (2001), S. 412: "The empirical managerial literature focuses on describing current accounting practice. Most other accounting research areas also started descriptively, but as empirical findings accumulated, theories were developed to explain what was observed and to predict phenomena yet to be observed. The empirical managerial literature has failed to take this next step. Why? Hopefully, by better understanding the reasons for this literature's lack of progress, we will avoid making the same mistakes in the future."

[23] In Anlehnung an *Schmid* werden in der vorliegenden Arbeit der durch die internationale Rechnungslegung geprägte Begriff der Entscheidungsnützlichkeit (RK.OB2) sowie die bereits thematisierte Entscheidungsrelevanz synonym verwendet, vgl. Schmid (2012), S. 48.

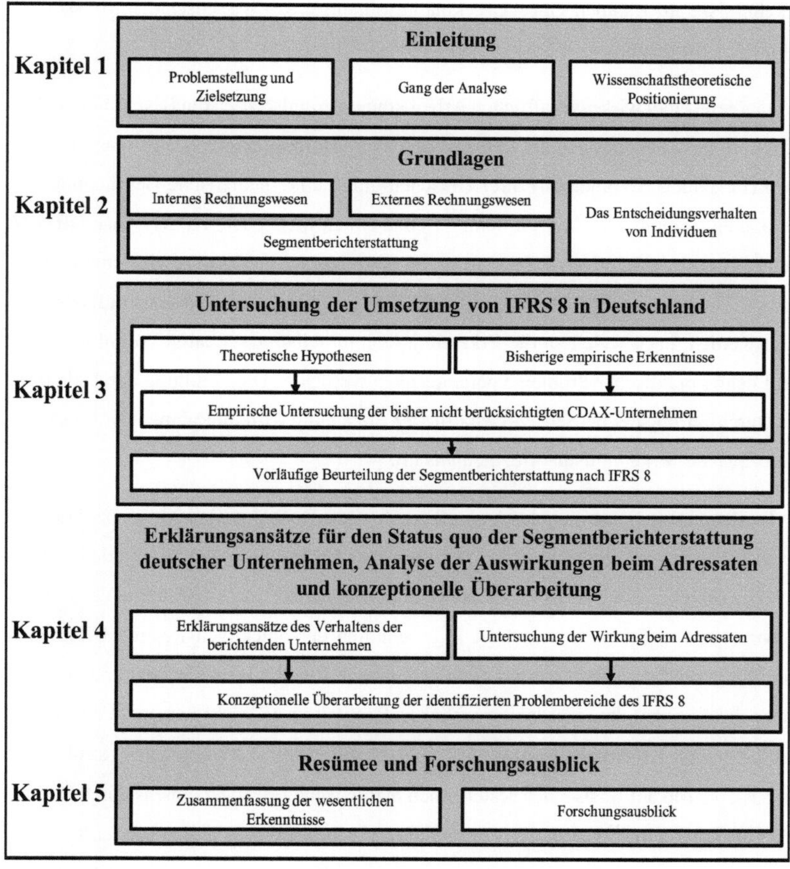


**Abbildung 2: Gang der Analyse**

## 1.3 Wissenschaftstheoretische Positionierung

Ziel der vorliegenden Arbeit ist es, durch die systematische Gewinnung von Erkenntnissen vor dem Hintergrund der anfänglich aufgeworfenen Forschungsfragen Wissen zu generieren und somit den Wissensvorrat zu vergrößern.[24] Zur Erreichung dieses Ziels ist es sinnvoll, Rückgriff auf die Wissenschaftstheorie, welche sich mit der Gewinnung dieser

[24] Vgl. Raffée (1974), S. 13.

Erkenntnisse im Rahmen eines zweckmäßig organisierten Wissenschaftsprozesses beschäftigt,[25] zu nehmen.

Bestandteile einer wissenschaftlichen Arbeit können grundsätzlich die Beschreibung (Deskription) bestehender Phänomene bspw. durch ihre Definition oder Klassifikation, sowie die Erforschung (Explikation) ihrer Ursachen durch eine theoretische Begründung respektive eine empirische Analyse sein.[26] Neben einem **theoretischen Wissenschaftsziel**, welches in der deskriptiven Erfassung von Erfahrungserkenntnissen sowie deren Integration in Theorien besteht, kann daher ebenfalls ein **pragmatisches Wissenschaftsziel** verfolgt werden, nach welchem die Erkenntnisse unmittelbar zur Realitätsgestaltung bzw. zur Lösung praktischer Probleme herangezogen werden. [27] Die Erfüllung der Ziele bzw. die Durchführung der betriebswirtschaftlichen Forschung wird im Rahmen der Epistemologie, also der Erkenntnistheorie, thematisiert.[28]

Im **Realismus** ist es das Ziel, durch eine Theorie einen Realitätsteil objektiv abzubilden.[29] Hinsichtlich der mit dieser Abbildung verbundenen Erkenntnisgewinnung sind die objektive, die subjektive und die sprachliche Realität zu unterscheiden.[30] Während das Ziel die Gewinnung von Erkenntnissen über Eigenschaften der objektiven Realität ist, können jene Eigenschaften jedoch nur aus einer subjektiven Realität heraus erfasst und begrenzt durch die Einschränkungen der sprachlichen Realität ausgedrückt werden.[31] Auf dieser Kritik baut der **Konstruktivismus** auf,[32] in dessen Rahmen das Vorgehen so strukturiert ist, dass Wissen auf Basis eines bestehenden theoretischen Bezugsrahmens durch Deduktion abgeleitet wird,[33] wobei ein Verständnis dafür besteht, dass dieses Wissen stets kritisch zu prüfen und daher nicht zwingend als endgültig zu erachten ist.[34] Im Gegensatz

---

[25] Vgl. Raffée (1974), S. 17.

[26] Vgl. Kornmeier (2007), S. 10.

[27] Vgl. Kosiol (1964), S. 745.

[28] Vgl. Kornmeier (2007), S. 29.

[29] Vgl. Kornmeier (2007), S. 32.

[30] Vgl. Behrens (1993), S. 4763.

[31] Vgl. Behrens (1993), S. 4763.

[32] Vgl. Haug (2004), S. 97. *Haug* erfasst im Rahmen des (radikalen) Konstruktivismus empirische Erkenntnisse als rein subjektive Konstrukte, die sich durch individuelle Prozesse ergeben.

[33] Vgl. Kornmeier (2007), S. 40. Unter Deduktion ist der Rückschluss vom Allgemeinen auf das Besondere zu verstehen, vgl. Kornmeier (2007), S.35.

[34] Die kritische Interpretation setzt hierbei voraus, dass das subjektiv erworbene Verständnis nicht aus einer Naivität heraus als richtige Interpretation angenommen sondern erneut kritisch reflektiert wird, vgl. Lorenzen (1974), S. 117-118.

zum Konstruktivismus ist der Ansatz des **Empirismus** von der Induktion geleitet, da von einer bzw. mehreren Beobachtungen, Befragungen oder Experimenten auf eine Gesetzmäßigkeit geschlossen wird.[35] Die Weiterentwicklung des Empirismus erfolgt in Form des Positivismus, welcher ebenfalls zugrunde legt, dass Erkenntnisse nur durch Beobachtungen gewonnen werden können, über die Beobachtung hinaus jedoch noch das menschliche Bewusstsein stärker in den Fokus stellt.[36] Aus Sicht der Logik sind durch eine Induktion jedoch keine neuen Erkenntnisse generierbar.[37] Dieser Meinung folgt auch der **Rationalismus**, nach welchem durch Deduktion neue spezielle Erkenntnisse aus bereits vorhandenen allgemeinen Erkenntnissen abzuleiten sind.[38]

In der heutigen Betriebswirtschaftslehre sind besonders der oben dargestellte Konstruktivismus sowie der von Popper geprägte kritische Rationalismus vertreten.[39] Der **kritische Rationalismus** geht von der Fehlbarkeit der menschlichen Vernunft aus, woraus folgt, dass die Verifikation einer Aussage niemals abschließend möglich ist.[40] Aufgabe des Wissenschaftlers ist es daher, bei der Feststellung der Fehlerhaftigkeit einer Aussage eine Korrektur eben dieser vorzunehmen.[41] Die Gewinnung von Erkenntnissen erfolgt nach dem kritischen Rationalismus durch die Erstellung von Hypothesen für die Lösung eines in der Realität vertretenen Problems sowie deren sich daran anschließende empirische Überprüfung und eine daraus folgende Eliminierung falscher Hypothesen.[42] Problematisch beim Ansatz des kritischen Rationalismus ist die fehlende Thematisierung der Hypothesenbildung,[43] welche schwerpunktmäßiger Gegenstand der auf die Entdeckung wissenschaftlicher Aussagen ausgerichteten **Konstruktionsstrategie** ist.[44] Gegenüber der einfachen Induktion wird hierbei das Vorverständnis des Forschenden thematisiert und im Prozess erweitert. Das Vorgehen kann in drei Schritte eingeteilt werden:[45]

---

35 Vgl. Kornmeier (2007), S. 36f. Induktion bedeutet hierbei den Rückschluss vom Besonderen auf das Allgemeine, vgl. Kornmeier (2007), S.37.

36 Vgl. Behrens (1993), S. 4764.

37 Vgl. Behrens (1993), S. 4765.

38 Vgl. Kornmeier (2007), S. 35.

39 Vgl. Fülbier (2004), S. 268.

40 Vgl. Popper (2002), S. 225.

41 Vgl. Kornmeier (2007), S. 41.

42 Vgl. Popper (2002), S. 198-225.

43 Vgl. Fülbier (2004), S. 268.

44 Vgl. Kubicek (1977), S. 15.

45 Vergleiche zum Vorgehen Kubicek (1977), S. 16.

1) Formulierung eines Vorverständnisses in Form von Annahmen, Fragen und Interpretationen.
2) Durch einen (persönlichen) Kontakt mit Personen, die von dem zu untersuchenden Problem betroffen sind, soll über die Gewinnung von Erfahrungswissen eine Beantwortung der in Schritt 1 identifizierten sowie die Entwicklung weiterer Fragen ermöglicht werden.
3) Das Erfahrungswissen wird theoretisch erfasst und zur Transzendenz der anfänglich entwickelten Annahmen, Fragen und Interpretationen genutzt.

Das Fundament der Konstruktionsstrategie können dabei die sachlich-analytische, die empirische sowie die formal-analytische Forschungsstrategie darstellen.[46] Die sachlich-analytische Strategie basiert auf Plausibilitätsüberlegungen sowie bereits festgestellten empirischen Zusammenhängen und hat zum Ziel, komplexe Zusammenhänge übersichtlich darzustellen, um Handlungsempfehlungen abgeben zu können.[47] Im Rahmen der auf eine systematische Erfahrungsgewinnung ausgerichteten empirischen Forschungsstrategie soll eine empirische Überprüfung von vorab entwickelten Aussagen über die Realität erfolgen.[48] Die formal-analytische Forschung ist daran interessiert, Probleme zu erfassen und darzustellen, damit im Anschluss Vorgehensweisen zu deren bestmöglichen Lösung aufgezeigt werden können.[49]

Die vorliegende Arbeit verfolgt primär einen normativen Forschungsansatz, da zu überarbeitende Schwachpunkte beim aktuellen IFRS 8 identifiziert werden sollen.[50] Daher wird vordergründig ein pragmatisches Wissenschaftsziel verfolgt, welches in der Entwicklung von Überarbeitungsmöglichkeiten der in IFRS 8 geregelten Segmentberichterstattung besteht. Zur Erfüllung des pragmatischen Wissenschaftsziels bedarf es hierbei weiterer theoretischer Wissenschaftsziele. Neben der zusammenfassenden Darstellung der bisherigen theoretischen und empirischen Erkenntnisse zur Einführung des neuen Standards in Deutschland wird zur Erfassung der Heterogenität der Anwendergruppe im

---

46 Vgl. Grochla (1978), S. 71.

47 Vgl. Grochla (1978), S. 72.

48 Vgl. Grochla (1978), S. 78.

49 Vgl. Grochla (1978), S. 85.

50 Bspw. bei Fülbier (2004), S. 268, findet sich ein Beispiel einer normativen Ausrichtung der betriebswirtschaftlichen Forschung, da parallel zum oben dargestellten Ziel der Arbeit Reformvorschläge für eine Verbesserung der Rechnungslegung durch Effizienzvorteile begründet werden sollen.

nationalen Raum eine Untersuchung der Umsetzung bei weiteren, kleineren Unternehmen angestrebt.

Das Vorgehen bei der Weiterentwicklung der Segmentberichterstattung orientiert sich an der oben dargestellten Konstruktionsstrategie. Durch eine intensive Interaktion zwischen den dargestellten Forschungsfragen, den Schritten der Datensammlung sowie deren kritischer Würdigung soll das Ziel einer differenzierten und abstrahierten Betrachtung des anfänglich ermittelten Vorverständnisses gewährleistet und die Ableitung weiterer Forschungsnotwendigkeiten gefördert werden.[51] Die Darstellung der theoretischen und durch bisherige Veröffentlichungen erarbeiteten empirischen Erkenntnisse zur Segmentberichterstattung sollen hierbei zur Formulierung eines Vorverständnisses genutzt werden. Ebenso wie die ebenfalls der Kategorie der theoretischen Wissenschaftsziele zuzuordnende Analyse des Verhaltens der IFRS 8-Anwender und die Erarbeitung eines Verständnisses für die Wirkung beim Adressaten, folgen diese dabei der sachlich-analytischen Forschungsstrategie.

Die Gewinnung von Erfahrungswissen wird im Anschluss nicht durch einen persönlichen Kontakt zu Personen, sondern durch die Untersuchung des Status quo der Segmentberichterstattung deutscher Kapitalmarktunternehmen sowie den Abgleich mit den bisher bestehenden empirischen Untersuchungen deutscher Anwender vorgenommen. Die Analyse der im Rahmen von IFRS 8 schriftlich fixierten Kommunikation durch ein systematisches, regel- und theoriegeleitetes Vorgehen[52] soll im Rahmen der empirischen Forschungsstrategie (in Kombination mit den bisher erfolgten empirischen Untersuchungen) eine Beantwortung der Frage ermöglichen, wie die Umsetzung in der deutschen Unternehmenspraxis erfolgt ist.

Durch die sich daran anschließende Erarbeitung von Erklärungsansätzen hinsichtlich der Absichten bei der Informationsbereitstellung durch die Unternehmen und der Informationsverarbeitung durch den Adressaten soll die Explikation der aktuellen Umsetzung und eine Ableitung aktueller sowie zukünftiger Problemfelder ermöglicht werden. Mit Hilfe des formal-analytischen Abgleichs der durch die Empirie aufgedeckten Problemfelder

---

[51] Vgl. Kubicek (1977), S. 15 i.V.m. Glaser/Strauss (1967). *Glaser/Strauss* behandeln die einzelnen Schritte der Hypothesenbildung und deren Einbindung in die Theorie (S. 40-43), der Datensammlung (S. 45-77) sowie deren anschließender kritische Würdigung (S. 101-115).

[52] Zur weiteren Vertiefung der hier beschrieben Inhaltsanalyse vergleiche Mayring (2010), S. 13.

mit den theoretischen Erkenntnissen bezüglich der Informationsverarbeitung durch die Unternehmen und den Adressaten können im weiteren Verlauf Implikationen für die konzeptionelle Weiterentwicklung[53] hergeleitet werden. Diese ebenfalls einer sachlich-analytischen Forschungsstrategie folgende Weiterentwicklung, stellt folglich den letzten Schritt zur Erreichung des pragmatischen Wissenschaftsziels dar.[54]

[53] Die ebenfalls denkbare Neuentwicklung wird durch die verpflichtende Umsetzung des Standards für Geschäftsjahre ab Januar 2009 sowie die gewünschte Konvergenz zu SFAS 131 als nicht sinnvolles Ziel erachtet und daher im Weiteren nicht näher untersucht.

[54] Aus diesen können allerdings weitere Forschungsimplikationen abgeleitet werden, die im Rahmen des abschließenden Forschungsausblicks thematisiert werden.

# 2 Terminologische und konzeptionelle Grundlagen

## 2.1 Die Unternehmensrechnung

### 2.1.1 Funktionen der Unternehmensrechnung

Die Unternehmensrechnung, welche sich mit der konzeptionellen Gestaltung der Informationssysteme im Unternehmen beschäftigt,[55] kann sowohl lang- als auch kurzfristig ausgerichtet sowie auf Erfolg und Liquidität bezogene Informationen beinhalten.[56] Das im Rahmen der vorliegenden Arbeit zu betrachtende Rechnungswesen ist hierbei als kurzfristiger und primär ergebnisbezogener Teilbereich der Unternehmensrechnung zu charakterisieren.[57]

Das **Rechnungswesen** stellt Informationen für die betriebliche Steuerung sowie für die Rechenschaft gegenüber den Kapitalgebern in Form des wirtschaftlichen Ergebnisses und des Kapitaleinsatzes bereit.[58] Es „umfasst alle Rechnungen, in denen in regelmäßiger, laufender Weise quantitative, überwiegend monetäre Informationen ermittelt, aufbereitet und bereitgestellt werden."[59] Durch die unterschiedlichen Adressatengruppen und die aus dieser Verschiedenheit resultierenden unterschiedlichen Zwecksetzungen der Informationen[60] ist in Deutschland eine Unterteilung in internes und externes Rechnungswesen üblich.[61] Das externe Rechnungswesen stellt dabei vordergründig Informationen für Außenstehende bereit, während das interne Rechnungswesen Informationen für die Entscheidungsträger innerhalb des Unternehmens bereithalten soll.[62] Die Berechnung bzw. Ermittlung der Informationen erfolgt dabei für das interne Rechnungswesen aus einer betriebswirtschaftlich als sinnvoll erachteten Perspektive und extern durch die Vorgabe von Gesetzen und Verordnungen.[63]

---

55 Vgl. Ewert/Wagenhofer (2014), S. 3.

56 Vgl. Franz/Winkler (2006a), S. 8.

57 Vgl. Franz/Winkler (2006a), S. 8. Bspw. bei der Betrachtung von Cashflows werden auch auf Liquidität bezogene Informationen verarbeitet, vgl. Franz/Winkler (2006a), S. 8.

58 Vgl. Coenenberg/Haller/Mattner/Schultze (2014), S. 3.

59 Franz/Winkler (2006a), S. 8.

60 Vgl. Kapitel 2.1.

61 Vgl. Coenenberg et al. (2014), S. 7.

62 Vgl. Buchholz/Gerhards (2013), S. 5.

63 Vgl. Melcher (2002), S. 2.

## 2.1.2 Konzeption und Aufgaben des internen Rechnungswesens

Um den Nutzen der Segmentberichterstattung nach IFRS 8[64] beurteilen zu können, ist es von Bedeutung, vorab die Zielsetzung des internen Rechnungswesens und die von ihm zu erfüllenden Aufgaben genauer zu beleuchten. Mit einem internen Rechnungswesen sind die **Ziele** der Schaffung von Transparenz innerhalb eines Unternehmens sowie der Versorgung interner Adressaten mit entscheidungsrelevanten Informationen zum Zweck der Planung, Steuerung und Kontrolle des Unternehmens verbunden.[65]

Um diese Zwecke zur Steuerung des Unternehmens erfüllen zu können, werden mehrere Anforderungen an die im Rahmen von **Steuerungsrechnungen**[66] genutzten Informationen gestellt. Diese Anforderungen umfassen die Anreizverträglichkeit, zeitliche und sachliche Entscheidungsverbundenheit, Unempfindlichkeit gegenüber Manipulation, Verständlichkeit und Wirtschaftlichkeit der durch die Steuerungsrechnung verwendeten Daten.[67] Insbesondere in Bezug auf die Erfüllung der Anreizverträglichkeit bestehen hierbei, trotz gleicher Kriterien wie bspw. der geforderten Neutralität, oder der periodengerechten Abgrenzung,[68] Probleme bei der Nutzung von IFRS basierten Informationen. Grund hierfür ist, dass die Erfolgsmessung ex post erfolgt, das Verhalten jedoch ex ante gesteuert werden soll.[69] Als Grundlage für die zu tätigenden Entscheidungen dienen dem Entscheidungsträger **Planungsrechnungen**, in denen vordergründig die möglichen Auswirkungen verschiedener Handlungsalternativen auf die wirtschaftliche Situation des Unternehmens bestimmt und dargestellt werden.[70] Durch die verbindliche Festlegung von Planwerten für Kosten, Erlöse und Ergebnisse ist das Ziel der Planungsrechnung neben der Bereitstellung einer Entscheidungsgrundlage die über diese Zielvereinbarungen erreichte Schaffung von Anreizstrukturen bei der arbeitsteiligen Aufgabenerfüllung.[71] Zur Überwachung der Zielerreichung dienen **Kontrollrechnungen**, welche Informationen

---

[64] Wie in der Einleitung dargestellt basiert diese auf dem Management Approach. Hierdurch werden die Daten des internen Rechnungswesens im für die externen Adressaten aufbereiteten Abschluss des Unternehmens veröffentlicht, vgl. Kapitel 2.2.1. Die Segmentberichterstattung nach IFRS 8 wird in Kapitel 2.3.3 differenzierter betrachtet.

[65] Vgl. Botta/Arnold/Pech/Weinaug (2001), S. 26.

[66] Vgl. Franz/Winkler (2006a), S. 64.

[67] Vgl. Siefke (1999), S. 53f.

[68] Vgl. Melcher (2002), S. 65.

[69] Vgl. Franz/Winkler (2006a), S. 69.

[70] Vgl. Coenenberg/Mattner/Schultze (2003), S. 4.

[71] Vgl. Coenenberg (1995), S. 2078.

über tatsächlich eingetretene Ereignisse bereitstellen und deren Abgleich mit den zuvor ermittelten Planwerten ermöglichen.[72]

Aufgrund des Adressatenkreises interner Informationen müssen diese nicht objektiviert dargestellt werden, sondern können zweckgerichtet ermittelt und eingesetzt werden.[73] Das interne Rechnungswesen besteht primär aus der Kosten- und Leistungsrechnung (KLR),[74] beinhaltet darüber hinaus jedoch auch Aufgaben der Investitions- und der Finanzierungsrechnung.[75] Während die KLR eher als kurzfristig ausgerichtete Rechnung verstanden wird, ist die Investitionsrechnung primär langfristig ausgerichtet.[76]

Die **KLR** unterliegt trotz ihrer grundsätzlichen Subjektivität bestimmten „Regeln". Einerseits sind nur die im Unternehmen im Rahmen des ordentlichen Betriebes eingesetzten Ressourcen als Kosten und die erstellten Outputs als Leistungen zu bewerten. Die Bewertung erfolgt hierbei nicht wie im externen Rechnungswesens anhand eines unternehmensübergreifenden, einheitlichen Wertmaßstabs sondern entsprechend der jeweiligen Zwecksetzung.[77] Andererseits werden im Rahmen der KLR kalkulatorische und somit im externen Rechnungswesen nicht beinhaltete Bestandteile berücksichtigt.[78] Zu differenzieren ist die KLR hierbei weiter in die vergangenheitsbezogene und damit für die vorliegende Arbeit relevante Ist-KLR sowie die zukunftsbezogene Plan-KLR.[79]

Die **Finanzierungsrechnung**[80] hat die Zahlungsstrom- und Finanzmittelbestandssteuerung zum Inhalt und dient mit Hilfe der Betrachtung von Einnahmen und Ausgaben der Liquiditätssteuerung,[81] während die **Investitionsrechnung** zur Wirtschaftlichkeitsbe-

---

72 Vgl. Coenenberg (1995), S. 2078.

73 Vgl. Franz/Winkler (2006a), S. 32.

74 Vgl. Buchholz/Gerhards (2013), S. 5.

75 Vgl. Coenenberg et al. (2014), S. 9.

76 Vgl. Küpper (1993), S. 603.

77 Vgl. Franz/Winkler (2006a), S. 32-33.

78 Vgl. Franz/Winkler (2006a), S. 33. „Mit dem Ansatz von kalkulatorischen Kosten i.S.v. Zusatzkosten in der Kostenrechnung soll dem Gedanken Rechnung getragen werden, dass die im Betrieb gebundenen Mittel auch in einer alternativen Verwendung einsetzbar wären und in dieser Einnahmen erwirtschaften könnten", Coenenberg et al. (2014), S. 15.

79 Vgl. Franz/Winkler (2006a), S. 36.

80 Auch bekannt unter Liquiditätsrechnung, vgl. Buchholz/Gerhards (2013), S. 5.

81 Vgl. Coenenberg et al. (2014), S. 16f.

trachtung einer Investition die mit ihr zusammenhängenden Ein- und Auszahlungen gegenüberstellt.[82]

### 2.1.3 Konzeption und Aufgaben des externen Rechnungswesens

Im Mittelpunkt der **Aufgaben des externen Rechnungswesens** stehen die Rechenschaft gegenüber und die Informationsversorgung von unternehmensexternen Adressaten.[83] Die Informationen, welche hinsichtlich Inhalt und Form einer gesetzlichen Normierung unterliegen,[84] sollen bei Entscheidungen über den Kauf bzw. Verkauf von Anteilen, die Übernahme des Unternehmens oder die Kreditvergabe genutzt werden.[85] Darüber hinaus werden die Rechnungslegungsinformationen zur Anspruchsbemessung für Kapitalgeber sowie zur Gestaltung von Verträgen herangezogen.[86]

Während die handelsrechtliche Rechnungslegung traditionell primär auf den Gläubigerschutz und somit nicht auf die Erstellung steuerungsrelevanter Informationen ausgerichtet ist, fokussiert sich die anglo-amerikanischen Rechnungslegungsvorschriften vordergründig auf **Investoren**.[87] Diese verarbeiten bevorzugt Informationen, die auch im internen Rechnungswesen Anwendung finden.[88] Die Präferenz zur Ausrichtung auf die Interessen von Investoren ergibt sich aufgrund der großen Bedeutung einer längerfristigen Kapitalüberlassung durch die Unternehmenseigentümer in die Verantwortung des Managements sowie durch das Ziel der Senkung der Kapitalkosten des Unternehmens.[89]

Aufgrund der zwischen den beiden Parteien bestehenden Agency-Probleme ergibt sich aus Sicht der Investoren bzw. der Eigentümer die Notwendigkeit der Sicherstellung einer

---

82 Vgl. Coenenberg et al. (2014), S. 18.

83 Vgl. Botta et al. (2002), S. 25. Unter Adressaten im weiteren Sinne werden Personen verstanden, die durch das Handeln des Unternehmens in ihrer Zielerreichung beeinflusst werden und daher ein allgemein anerkanntes Interesse am Unternehmensgeschehen haben, vgl. Bieg/Kußmaul/Waschbusch (2012), S. 20.

84 Vgl. Denk (2007), S. 23.

85 Vgl. Wagenhofer/Ewert (2007), S. 5.

86 Vgl. Wagenhofer/Ewert (2007), S. 7. In Anlehnung an Wagenhofer/Ewert werden die Begriffe externes Rechnungswesen und Rechnungslegung in der vorliegenden Arbeit synonym verwendet, vgl. Wagenhofer/Ewert (2007), S. 4.

87 Vgl. Buchholz/Gerhards (2013), S. 16.

88 Vgl. Botta et al. (2002), S. 26.

89 Vgl. Haller/Walton (2000), S. 13.

regelmäßigen Versorgung mit zuverlässigen Informationen, anhand derer überprüft werden kann, ob sich der Manager im Sinne der Unternehmensinhaber verhält. Die Rechnungslegung fungiert in diesem Sinne als Element der Vertragsgestaltung.[90] Ihre Bedeutung zur Erfüllung dieser Zwecksetzung steigt mit zunehmender Unternehmenskomplexität und zunehmender Anzahl an Vertragspartnern.[91] Durch eine gesetzlich geregelte Rechnungslegung erhält der Adressat standardisierte Informationen, was zu einer Verringerung der Transaktionskosten der beiden beteiligten Parteien führen soll. Hierbei stellen die Kosten der Er- sowie Bereitstellung von Rechnungslegungsinformationen jedoch gerade bei kleineren Unternehmen einen kritischen Faktor dar.[92]

Die Gestaltung der Vorgaben zur Vermittlung standardisierter Informationen erfolgt für die **IFRS-Rechnungslegung** durch das IASB.[93] Der gemeinnützige Träger ist die IFRS Foundation, welche ebenfalls für das Interpretationskomitee und das ständige IFRS Beratungsgremium verantwortlich ist.[94] Das IASB entwickelt neue Standards im Rahmen des sog. Due Process.[95] Von besonderer Bedeutung sind bei diesem die nicht verpflichtende Veröffentlichung eines Diskussionspapiers, die verbindliche Entwicklung und Publikation eines Standardentwurfs, die anschließende Veröffentlichung des Standards sowie dessen zwei Jahre nach der Einführung durchzuführende Revision.[96]

Gemäß der **Zielsetzung des IASB** hat die Rechnungslegung die Aufgabe, „die Vermögens-, Finanz- und Ertragslage sowie die Cashflows eines Unternehmens den tatsächlichen Verhältnissen entsprechend darzustellen.“ (IAS 1.15) Deshalb sollen Informationen bereitgestellt werden, „die für bestehende und potenzielle Investoren, Kreditgeber und andere Gläubiger nützlich sind, um Entscheidungen für die Bereitstellung von Ressourcen an das Unternehmen zu treffen.“ (RK.OB2) Informationen sind hierbei dem Stan-

---

90 Vgl. Wagenhofer/Ewert (2007), S. 7f.

91 Vgl. Pellens/Fülbier/Gassen/Sellhorn (2014), S. 9.

92 Vgl. Pellens et al. (2014), S. 10.

93 Vgl. Striegel/Münchow (2011), Rn.1.

94 Vgl. Horn (2011), Rn. 22. Das Interpretationskomitee ist für die Erarbeitung von Interpretationen zuständig, welche wiederum durch das IASB verabschiedet werden müssen, während das ständige Beratungsgremium das IASB bei seiner Arbeit berät, vgl. Horn (2011), Rn. 35.

95 Vgl. IASB (2013c).

96 Vgl. Horn (2011), Rn. 46-57. Sowohl beim Diskussionspapier als auch beim Standardentwurf besteht im Normalfall eine Kommentierungsmöglichkeit durch die nationalen Rechnungslegungsgremien sowie andere Anwender- und Nutzergruppen, vgl. Horn (2011), Rn. 51.

dardsetzer nach nützlich, wenn sie die qualitativen Anforderungen erfüllen, die Entscheidungen der Adressaten zu beeinflussen (Relevanz, RK.QC6) und die durch sie dargestellten Vorgänge glaubwürdig wiederzugeben (Glaubwürdige Darstellung, RK.QC12).

Nach IAS 1.10 muss ein **vollständiger Finanzbericht** bzw. ein vollständiger Abschluss eines Unternehmens, das einen mit den IFRS übereinstimmenden Abschluss aufstellt und vorlegt, (IAS 1.2) eine Bilanz, eine Gesamtergebnisrechnung, eine Eigenkapitalveränderungsrechnung, eine Kapitalflussrechnung sowie einen Anhang beinhalten. Darüber hinaus hat ein nach IFRS bilanzierendes Unternehmen seinen Einzel- oder Konzernabschluss um eine Segmentberichterstattung zu erweitern, sofern seine Fremd- oder Eigenkapitaltitel an einem öffentlichen Markt gehandelt werden oder ein entsprechender Handel vorgesehen ist. (IFRS 8.2)

Unter den oben angesprochenen **Adressaten** des Jahresabschlusses sind neben Kapitalgebern grundsätzlich auch Arbeitnehmer, Lieferanten, Kunden, Regierungen und die allgemeine Öffentlichkeit zu verstehen.[97] Wie dargestellt orientiert sich die internationale Rechnungslegung jedoch primär an den Bedürfnissen der Kapitalgeber,[98] weshalb die Vermittlung entscheidungsrelevanter Informationen sich auf Entscheidungen über „das Kaufen, Verkaufen oder Halten von Eigenkapitalinstrumenten und Schuldinstrumenten sowie das Bereitstellen oder Valuieren von Darlehen und anderen Kreditformen" (RK.OB2) fokussiert. Die Bedeutung des Rechenschaftszwecks (Stewardship) tritt darüber hinaus deutlich hinter den Zweck der Vermittlung entscheidungsrelevanter Informationen zurück. In Phase A des Konvergenzprojektes zur Erstellung eines gemeinsamen Rahmenkonzeptes vom IASB und dem Financial Accounting Standards Board (FASB) wurde sogar über eine ersatzlose Streichung der Stewardship-Funktion diskutiert wurde. Diese wurde zwar nicht realisiert, der Rückgang ihrer Bedeutung hat jedoch durch die nicht mehr explizite Aufführung der Rechenschaft im RK.OB Berücksichtigung gefunden.

---

97 Vgl. Coenenberg et al. (2014), S. 6.

98 Im Rahmenkonzept ist festgehalten, dass die Zwecksetzung des Finanzberichtes nicht die adressatenübergreifende Veröffentlichung aller relevanten Informationen ist (RK.OB6), sondern das klar sog. Hauptadressaten im Vordergrund stehen, für die auch für andere Adressaten nicht relevante Informationen aufgenommen werden können (RK.OB8). Zu diesen anderen Adressaten werden explizit „andere Parteien, wie Aufsichtsbehörden und andere Mitglieder der Öffentlichkeit als Investoren, Kreditgeber und andere Gläubiger" (RK.OB10) zugeordnet.

Die **Überarbeitung des Rahmenkonzeptes** bzw. die Erstellung eines gemeinsamen Rahmenkonzeptes vom IASB und FASB wurde durch die teilweise umfassenden Neuerungen sowie Überarbeitungen der bestehenden Standards und die daraus resultierenden Inkonsistenzen zwischen Rahmenkonzept und den einzelnen Regelungen – bspw. in Form einer fehlenden Thematisierung des immer bedeutsameren Fair Value – notwendig.[99] Die Konvergenzbestrebungen vom IASB und FASB[100] beziehen sich hierbei jedoch nicht nur auf das Framework, sondern spielten auch bei der Novellierung der gesetzlichen Regelung zur Segmentberichterstattung[101] durch die weitgehende Übernahme des SFAS 131 der US-GAAP einen Schritt im Rahmen eines Short-Term Convergence Project eine Rolle. (IFRS 8.BC2)

## 2.2 Zusammenhang von internem und externem Rechnungswesen

### 2.2.1 Konvergenz des Rechnungswesens

Die Aufgaben des internen und externen Rechnungswesens können aufgrund bestehender Interdependenzen[102] zwischen ihren Bestandteilen keiner isolierten Betrachtung unterzogen werden. Daher sind sie nicht eindeutig nach rein intern oder extern gerichteten Zwecken zu differenzieren.[103] Neben dieser „natürlichen" Schnittstelle[104] besteht darüber hinaus von Seiten der Investoren die Forderung nach einem Mehr an entscheidungsrelevanten sowie „aufschlussreichen Informationen, die insbesondere nur aus dem internen Rechnungswesen ableitbar sind."[105]

Wegen der bestehenden Überschneidungen und der gestiegenen externen Nachfrage nach intern genutzten Daten ergibt sich eine zunehmende **Konvergenz des Rechnungswesens**. Unter Konvergenz im Rechnungswesen wird in der vorliegenden Arbeit die „Konvergenz

99 Vgl. Kampmann (2011), Rn. 3.

100 Vgl. zu den weiteren Phasen des Konvergenzprojektes zur Erstellung eines gemeinsamen Rahmenkonzeptes Pellens et al. (2011), S. 137-138.

101 Die konkrete gesetzliche Regelung wird in Kapitel 2.3.3 behandelt.

102 Vgl. bspw. Denk (2007), S. 24; Buchholz/Gerhards (2013), S. 5-7.

103 Vgl. Botta et al. (2002), S. 26.

104 Diese Schnittstelle und die damit verbundene Konvergenzdiskussion ist hierbei ein primär deutsches Phänomen, da im angloamerikanischen Raum häufig die Trennung zwischen internem und externem Rechnungswesen fehlt, vgl. Coenenberg/Fischer/Günther (2012), S. 54.

105 Botta et al. (2002), S. 26.

(im Sinne einer Annäherung) von internem und externem Rechnungswesen"[106] verstanden. Aus dieser Definition wird deutlich, dass mit der Konvergenz lediglich die Annäherung und keinesfalls eine vollständige Aufgabe des internen Rechnungswesens verbunden ist, da zur Erfüllung der in den unterschiedlichen Teilbereichen anfallenden Aufgaben verschiedene spezielle Instrumente nötig sind.[107] Diese Anforderung ist im Folgenden für den Spezialfall der Segmentberichterstattung genauer zu untersuchen.

Aufgrund der grundsätzlichen Ausrichtung von internem und externem Rechnungswesen stehen **einer vollständigen Konvergenz mehrere Problembereiche gegenüber**. Intern soll die Unternehmensrechnung – wie dargestellt – vor allem der Planung, Steuerung und Kontrolle dienen, während extern bei Anwendung der IFRS-Rechnungslegung die Bereitstellung entscheidungsnützlicher Informationen für die primäre Adressatengruppe der Kapitalgeber im Mittelpunkt steht.[108] Zu differenzieren sind externes und internes Rechnungswesen daneben hinsichtlich der Vorgabe von Vorschriften durch unternehmensinterne oder -externe Institutionen, die vordergründige Vergangenheitsorientierung des externen Rechnungswesens, die Objektivität der genutzten Größen sowie der Bezugsobjekte.[109] Ein Argument gegen eine Konvergenz findet sich darüber hinaus gerade in Konzernen, in denen eine Übertragung von Entscheidungskompetenzen auf dezentrale Einheiten vorgenommen wird, da hier bestimmte Anforderungen an die interne Erfolgsrechnung bestehen.[110] So soll durch die Erfolgsrechnung eine Verhaltensbeeinflussung der dezentralen Einheiten im Interesse der Zentrale erfolgen, die Messgrößen zur Erfolgsbeurteilung dürfen keine durch die dezentrale Einheit nicht zu beeinflussende Risiken beinhalten und sie müssen frei von Manipulationsmöglichkeiten sein.[111] Vor allem die Prinzipien der Verhaltenssteuerung und der Manipulationsfreiheit stehen hierbei einer auf den IFRS basierenden Erfolgsmessung gegenüber, da Fragen der Verhaltenssteuerung beim

---

106 Vgl. Schaier (2007), S. 109. Synonym werden in der Literatur ebenfalls die Bezeichnungen Integration, Harmonisierung, Vereinheitlichung, Annäherung, Angleichung, Anpassung, Kongruenz sowie Konversion geführt, vgl. Schaier (2007), S. 108.

107 Vgl. Hebeler (2003), S. 13. Beispiele für Gründe gegen eine vollständige Konvergenz finden sich beispielhaft bei Franz (1999), S. 209-211; Weißenberger (2007), S. 354f.

108 Vgl. Kapitel 2.2 bzw. 2.3.

109 Vgl. Franz/Winkler (2006a), S. 9-11. Eine Ausnahme hinsichtlich der Bezugsobjekte stellt beim mehr auf globale Objekte ausgerichteten externen Rechnungswesen die im Rahmen der vorliegenden Arbeit schwerpunktmäßig betrachtete Segmentberichterstattung dar.

110 Zur Theorie der Verrechnungspreise, also der Preisbildung von innerhalb eines Unternehmens verkauften Gütern und Dienstleistungen vgl. bspw. Hirshleifer (1956).

111 Vgl. Weißenberger (2004), S. 74. Auch bekannt unter dem Verhaltenssteuerungsprinzip, dem Prinzip relativer Erfolgsmessung und dem Prinzip der Manipulationsfreiheit.

Standardsetting nicht berücksichtigt werden und die Gewährung von Ermessensspielräumen bei der Sachverhaltsbewertung eine manipulative Beeinflussung der Messgrößen ermöglicht.[112] Vielfach ausgeklammert wird bei der Konvergenzdiskussion die Eignung intern ermittelter Daten zur Übernahme im externen Bereich, da mitunter die auf eine Verhaltensbeeinflussung ausgerichteten Faktoren des internen Rechnungswesens einer Entscheidungsrelevanz der Daten im externen Bereich gegenüberstehen können.[113]

**Für die Konvergenz** sprechen aus unternehmensinterner Sicht eine mögliche Verbesserung der Wirtschaftlichkeit durch die Nutzung einer einheitlichen Datenbasis und eine eingeschränkte Verständlichkeit sowie Akzeptanz zwei verschiedener Systeme.[114] Traditionell besteht zwischen internem und externem Rechnungswesen eine grundlegende Verbindung über die Finanzbuchhaltung, die die Datenbasis für die vergangenheitsorientierten Informationen beider Rechnungskreise darstellt. Daneben ist bspw. für die Ermittlung von Herstellungskosten ein Rückgriff auf die unternehmensinterne Kostenrechnung notwendig.[115] Aus unternehmensexterner Perspektive sprechen neben der fortschreitenden Internationalisierung und Kapitalmarktorientierung auch der damit verbundene Harmonisierungsprozess der externen Rechnungslegung vor dem Hintergrund einer im internationalen Umfeld unüblichen Differenzierung zwischen der internen und externen Perspektive für eine verstärkte Konvergenz.[116]

Die **Bestrebungen deutscher Unternehmen** zu einem konvergenten Rechnungslegungssystem werden durch zahlreiche empirische Untersuchungen belegt. So beziffern Haring/Prantner im Rahmen einer Befragung von Mittel- und Großunternehmen den Anteil der Befragten, die eine weitestgehend abgeschlossene Vereinheitlichung aufweisen, mit 48%, während nur 6% angeben, keinerlei Konvergenzbestrebungen zu verfolgen.[117] Die

---

112 Vgl. Weißenberger (2004), S. 74f.

113 Beispielhaft kann an dieser Stelle die Einbeziehung von Einmaleffekten bei einer Ergebnisgröße genannt werden. Während diese in Bezug auf die erbrachte Arbeitsleistung einen großen Nutzen aufweisen können, reduzieren sie gleichzeitig die Fähigkeit zur Prognose zukünftiger Ergebnisse, vgl. Wagenhofer (2008), S. 166. Aus diesem Grund kommt der Überleitungsrechnung für die Interpretation der Segmentwerte eine große Bedeutung zu, vgl. Kapitel 2.3.3.2.

114 Vgl. Bruns (1999), S. 593.

115 Vgl. Franz/Winkler (2006a), S. 35f.

116 Vgl. Hebeler (2003), S. 33.

117 Vgl. Haring/Prantner (2005), S. 151. Damit ergibt sich eine Bestätigung der in anderen Untersuchungen festgestellten Tendenz, vgl. Haring/Prantner (2005), S. 151. Vgl. für andere Studien beispielhaft Horváth/Arnaout (1997) oder Hoke (2001).

Vorteile einer Konvergenz von internem und externem Rechnungswesen sind laut Unternehmenspraxis eine Verbesserung der Verständlichkeit sowie eine gesteigerte Einfachheit, Einheitlichkeit und Transparenz. Den Vorteilen gegenüber stehen die in der Unternehmenspraxis als unwesentlich betrachteten Probleme einer höheren Abhängigkeit von den Standardsetzern und eine Verschlechterung der Eignung des internen Rechnungswesens im Rahmen der Unternehmenssteuerung bspw. durch einen Verzicht auf die Nutzung von kalkulatorischen Ansätzen.[118]

Aufgrund der **gegenseitigen Beeinflussung von internem und externem Rechnungswesen** durch Konvergenzbestrebungen gilt es im Folgenden zu prüfen, ob durch die Umsetzung der Segmentberichterstattung nach IFRS 8 ein negativer Einfluss auf die Zielerreichung von internem oder externem Rechnungswesens entstanden ist.

### 2.2.2 Der Management Approach

Wie bereits dargelegt, ist unter der Anwendung des **Management Approach** die Darstellung von Informationen im externen Rechnungswesen auf einer Basis zu verstehen, auf welcher das Management die Entscheidungen trifft und eine Performancemessung vornimmt. (SFAS 131.4) Dieses zwischenzeitlich in mehrere Standards eingeflossene Konzept[119] stellt somit einen Ansatz dar, bei dem ursprünglich für unternehmensinterne Zwecke erstellte Informationen im Rahmen der externen Finanzberichterstattung veröffentlicht werden.[120] Hieraus folgend ergibt sich eine Abhängigkeit der durch den Gesetzgeber geregelten externen Berichterstattung von der Qualität sowie der Quantität des unternehmensinternen Rechnungswesens.[121] Ein daraus resultierendes Problem könnte daher sein, dass ein internes Rechnungswesen in kleineren und mittelgroßen Unternehmen nicht in ausreichendem Maße besteht. Somit besteht die Gefahr, dass die Anforderungen des IFRS 8, der die bis dato umfangreichste Umsetzung des Management Approach in der internationalen Rechnungslegung darstellt,[122] nicht entsprechend der Vorstellungen des Stan-

---

118 Vgl. Haring/Prantner (2005), S. 153.

119 Bspw. in IAS 36 „Wertminderung von Vermögenswerten“, IAS 38 „Immaterielle Vermögenswerte“ oder in IFRS 3 „Unternehmenszusammenschlüsse“, vgl. hierzu Maier (2009), S. 15.

120 Vgl. Weißenberger (2005), S. 186.

121 Vgl. Weißenberger (2005), S. 186.

122 Für die Anwendung des Management Approach bei IFRS 8 vgl. bspw. Fink/Ulbrich (2007).

dardsetzers oder nur mit einer eingeschränkten Qualität erfüllt werden können.[123] Daneben besteht durch den Management Approach die Gefahr, dass Unternehmen die Möglichkeit gewährt wird, **Bilanzpolitik** zu betreiben. Durch die Übernahme interner Daten bestehen Spielräume, die es mit sich bringen können, dass Unternehmen versuchen „den Erfolgs-, Vermögens- und Schuldenausweis im (...) Jahresabschluss (...) so zu gestalten, dass als Folge dieser Gestaltung bestimmte betriebliche Zielsetzungen optimal realisiert werden können."[124] Die Zielsetzung ist hierbei die Bereitstellung von Informationen für Investoren, die durch gezielte Verzerrungen eventuell nicht der durch das IASB geforderten ökonomischen Realität entsprechen.[125]

Die Konsequenz der Anwendung des Management Approach in IFRS 8 ist, dass die in der internen Organisationsstruktur genutzten Segmente die extern zu veröffentlichenden Segmente determinieren.[126] Darüber hinaus kann es durch den Management Approach zu Differenzen bei den berichteten (aus dem internen Rechnungswesen stammenden) Größen und den der Bilanzierung und Bewertung des Jahresabschlusses entsprechenden Größen kommen.[127]

Der Ansatz des Management Approach bietet dem Nutzer die Möglichkeit, bei seiner Bewertung der Geschäftstätigkeit des Unternehmens die gleichen Informationen zu nutzen, die intern vom Management genutzt werden, was neben einer Kostenersparnis zu verlässlicheren Informationen führt.[128] Als weitere **Vorteile des Management Approach** können darüber hinaus die mit der Durchsetzung einer Konvergenz verbundenen Aspekte einer durch den Kapitalmarkt erzwungenen Verbesserung des internen Rechnungswesens,[129] einer verbesserten Transparenz und einer besseren Identifikation des Managers mit den extern veröffentlichten Daten genannt werden.[130] Demgegenüber wird

---

123 Vgl. Dyer/Mc Hugh (1975), S. 219.

124 Wöhe/Döring (1997), S. 55.

125 Vgl. Stanzel (2007), S. 147. Gründe für die verzerrte Darstellung können hierbei die beabsichtige Schaffung von Möglichkeiten zur günstigeren Kapitalaufnahme oder die Vermeidung des Ausweises schlechter Nachrichten im aktuellen Geschäftsjahr sein.

126 Vgl. Schulz-Danso (2013), Rn. 15.

127 Vgl. Fink/Ulbrich (2007), S. 983.

128 Vgl. Deppe (1994), S. 66.

129 Aufgrund eines durch die externe Veröffentlichung erzeugten Anpassungsdrucks bei bestehenden Schwachstellen.

130 Vgl. Himmel (2004), S. 136-138.

**gegen die Anwendung des Management Approach** häufig die von Kritikern konstatierte Gefahr einer Ausnutzung der mit ihm einhergehenden Freiheitsgrade durch die bilanzierenden Unternehmen sowie eine dadurch möglicherweise verzerrte Berichterstattung vorgebracht.[131]

Um eine Sicherung der Vorteile bei gleichzeitiger Verminderung/Vermeidung der Nachteile zu gewährleisten, kommen mehrere Lösungsmöglichkeiten in Betracht. Neben einer fundierten externen Prüfung der veröffentlichten Daten können bspw. zur Verbesserung der unternehmensübergreifenden Vergleichbarkeit Ermittlungsregeln für von den Adressaten als besonders relevant erachtete Größen festgelegt werden.[132] Bei dieser Lösungsvariante ist jedoch der Bruch mit der Zielsetzung des Management Approach kritisch zu beurteilen.

## 2.3 Die Segmentberichterstattung im internen und externen Rechnungswesen

### 2.3.1 Aufbau und Bereiche einer internen Segmentberichterstattung

#### 2.3.1.1 Planung und Kontrolle von Segmenten

Im Rahmen der Funktionen des internen Rechnungswesens wurden bereits aus der Arbeitsteilung resultierende Notwendigkeiten für den internen Planungs-, Steuerungs- und Kontrollprozess thematisiert. Aus Gründen der Arbeitsteilung – verbunden mit größenbedingten, komplexen Unternehmensstrukturen – entstehen einzelne Reportingeinheiten, die Untereinheiten einer größeren Unternehmung darstellen.[133] Diese sogenannten **Segmente** können Produktgruppen, verschiedene Geschäftszweige oder Profit Center sein, die bspw. einem Konzern, also einer diversifizierten Wirtschaftseinheit, untergeordnet sind.[134] Um die internen Zwecke zielgerichtet in den einzelnen Untereinheiten verfolgen zu können, wird bei der intern verwendeten Segmentierung häufig eine Unterscheidung

---

[131] Vgl. Velte (2008), S. 135. Eine Betrachtung der bei IFRS 8 bestehenden Gefahren durch die Umsetzung des Management Approach erfolgt in Kapitel 3.

[132] Vgl. Himmel (2003), S. 142.

[133] Vgl. Backer/McFarland (1968), S. 17.

[134] Vgl. Haase (1979), S.455.

von Segmenten durch unterschiedliche Chancen bzw. Risiken oder anhand der von den Segmenten bedienten Geschäftsfelder oder Regionen vorgenommen.[135]

Die interne Segmentberichterstattung kann parallel zum übergeordneten internen Rechnungswesen in die drei Bereiche segmentbezogene Planung, Steuerung und Kontrolle unterschieden werden.[136] Auf der **Planungsebene** sollte hierbei die Entwicklung einer auf die Sicherung und Weiterentwicklung von Erfolgspotenzialen ausgerichtete Wettbewerbsstrategie für die verschiedenen Geschäftsfelder erfolgen.[137] Mögliche Instrumente bei diesem Vorhaben sind unter anderem Shareholder Value-, Strengths/Weaknesses/Opportunities/Threats- (SWOT-) oder Portfolio-Analysen sowie Benchmarking.[138] Im Anschluss an die segmentbezogene Planung sowie die Segmentsteuerung, die im nachfolgenden Abschnitt einer dezidierteren Betrachtung unterzogen wird, hat in einem letzten Schritt die **Kontrolle auf Segmentebene** zu erfolgen. Als Kontrollmaßnahmen sollten hierbei Abweichungs- und Ursachenanalysen durchgeführt, eventuelle Korrekturmaßnahmen eingeleitet und eine Rückkopplung der durchgeführten Maßnahmen vollzogen werden.[139] Darüber hinaus besteht eine weitere Kontrollaufgabe in der Unterstützung des durch das Gesetz zur Kontrolle und Transparenz im Unternehmensbereich (KonTraG) geforderten Risikomanagementsystems.[140]

#### 2.3.1.2 Segmentbezogene Steuerung

Das mit der internen Segmentberichterstattung verbundene Hauptziel ist die Schaffung eines segmentbezogenen Steuerungssystems.[141] Aufgaben solch eines Steuerungssystems sind unter anderem die Beurteilung der Segmente und daraus folgend die Verteilung von Ressourcen auf die Segmente in einer Art und Weise die zur Erfüllung der gesetzten Oberziele beiträgt.[142] Zur Erfüllung dieser Aufgaben muss auch das segmentbezogene Steuerungssystem die **Anforderungen an die im Rahmen von Steuerungsrechnungen**

---

[135] Vgl. Engelbrechtsmüller/Fuchs (2007), S. 40; Haller (2006), S. 148.

[136] Vgl. Himmel (2003), S. 41.

[137] Vgl. Schulte (1994), S. 14.

[138] Vgl. Himmel (2003), S. 41-56.

[139] Vgl. Schulte (1994), S. 18.

[140] Vgl. Himmel (2003), S. 71.

[141] Vgl. Himmel (2003), S. 74.

[142] Vgl. Schierenbeck/Lister (2001), S. 284.

genutzten Informationen erfüllen.[143] Hierdurch können durchaus Probleme bei der Übernahme externer Werte in der internen Steuerungsrechnung entstehen,[144] vordergründig muss jedoch im Weiteren die Nutzung interner Daten in der externen Segmentberichterstattung betrachtet werden.

**Probleme**, die der Zielsetzung der Segmentsteuerung gegenüberstehen, können bei der Bildung bzw. Abgrenzung von einzelnen Segmente,[145] der Bestimmung von Verrechnungspreisen im Falle unternehmensinterner Transaktionen und der Zurechnung von Aufwendungen bzw. Erträgen sowie der Aktiva und Passiva[146] bestehen. Darüber hinaus wird einer Segmentbewertung im Rahmen der wertorientierten Steuerung eine besondere Bedeutung beigemessen, mit welcher bspw. durch die notwendige Bestimmung von segmentbezogenen Kapitalkosten über die oben genannten Probleme hinaus jedoch weitere Herausforderungen verbunden sind.[147]

Für die **Bildung von Segmenten** im Unternehmen können zwei verschiedene Ansätze gewählt werden. Unter der Prämisse, dass die Daten den Segmenten so zugeteilt werden als wären sie eigenständig agierende Unternehmen, erfolgt keine Berücksichtigung von zwischen den Segmenten bestehenden Synergien.[148] Diese Darstellung der Segmente wird als Autonomous Entity Approach bezeichnet.[149] Demgegenüber wird beim Disaggregation Approach vom aggregierten Abschluss ausgehend eine Aufteilung der Unternehmensdaten auf die Segmentebene vorgenommen, wodurch ebenfalls Synergien berücksichtigt werden.[150] Mit dem Disaggregation Approach ist zudem der Vorteil verbunden, dass bspw. durch eine Aufsummierung der Umsätze der Gesamtumsatz ermittelt werden kann. Als Nachteil gilt die Missachtung interner Umsätze und daher ein falscher

---

143 Vgl. Kapitel 2.1.2.

144 Vgl. Himmel (2003), S. 82. Zwar berücksichtigt *Himmel* noch IAS 14. Durch die weitgehende Übereinstimmung von SFAS 131 und IFRS 8 können jedoch die auf US-GAAP gerichteten Aussagen herangezogen werden.

145 Vgl. Kerschbaumer (2002), S. 1738f.

146 Bspw. muss zur Gewährleistung einer Eigenkontrolle eine Zurechnung des Erfolgs auf Produkt-oder Kundengruppen sowie Regionen gewährleistet werden, vgl. Laux (2006), S. 165. Zur Steuerung von Konzernaktivitäten nimmt die Produktebene eine besondere Rolle ein, da auf dieser letztlich die Konzernergebnisse erzielt werden, vgl. Franz (2003), S. 4.

147 Die Ermittlung von segmentbezogenen Kapitalkosten wird zur Sicherstellung einer effizienten Mittelverwendung als unerlässlich angesehen, vgl. Arbeitskreis Finanzierung (1996), S. 551.

148 Vgl. Fink/Ulbrich (2007), S. 983.

149 Vgl. Kerschbaumer (2002), S. 1738.

150 Vgl. Husmann (1997), S. 353.

Ausweis der in der Realität bestehenden Segmentleistung.[151] Vor diesem Hintergrund ist vor allem die bei fehlender direkter Zurechenbarkeit notwendige Schlüsselung der einzelnen Ergebniskomponenten ein die Qualität der Segmentberichterstattung stark beeinträchtigender Faktor.[152] Neben der Segmentierungskonzeption ist bei der Segmentbildung weiterhin die Wahl der **Segmentierungsebene** vorzunehmen. Hierbei ist zu entscheiden, ob eine Segmentierung anhand von Produkten bzw. Dienstleistungen, nach regionalen Aspekten, nach Kunden- oder Lieferantengruppen oder mit Hilfe der rechtlichen Einheiten erfolgen soll.[153]

Aufgrund zunehmend komplexer Konzernstrukturen und unternehmensinternen bzw. intersegmentären Umsätzen ist den zu deren Verrechnung festgesetzten Preisen eine steigende Bedeutung zuzusprechen.[154] Die markt-, kosten- und verhandlungsorientiert zu ermittelnden **Verrechnungspreise**[155] können hierbei verschiedene Zielsetzungen verfolgen. Neben der durch sie unterstützten Koordination können mit ihrer Bestimmung Erfolgsermittlungs-, Kalkulations- und Bilanzierungsfunktionen einhergehen.[156]

Die Allokation **von gemeinsamen Aufwendungen und Erträgen** hat neben der Kostenzuordnung für die Preisbestimmung eine besondere Relevanz für die ökonomisch sinnvolle Beurteilung der Segmentleistung und damit verbunden des Segmentmanagements.[157] Voraussetzung für den Nutzen der Allokation ist hierbei eine möglichst verursachungsgerechte Zuordnung.[158] Die wenigen für eine verursachungsgerechte Allokation relevanten Positionen auf Ertragsseite stellen hierbei die Umsatzerlöse sowie das Finanzergebnis[159] dar.[160] Auf der Aufwandsseite wiederum ist die Allokation komplexer, da

---

151 Vgl. Haller/Park (1994), S. 514.

152 Bspw. das Activity-Based Costing widmet sich der Problematik einer nicht verursachungsgerechten Schlüsselung, vgl. Cooper/Kaplan (1991).

153 Vgl. Haller (2000), S. 769-770.

154 Vgl. Martini (2007), S. 8.

155 Vgl. Hirshleifer (1956), S. 172.

156 Vgl. Himmel (2003), S. 149-151.

157 Vgl. Whiting (1986), S. 95.

158 Vgl. Coenenberg/Fischer/Günther (2012), S. 130.

159 Komponenten des Finanzergebnisses nach IFRS sind die Erfolgsbeiträge aus Beteiligungen an assoziierten Unternehmen sowie Gemeinschaftsunternehmen. Darüber hinaus umfasst das Finanzergebnis Beteiligungserfolge, die nicht aus at-equity bilanzierten Beteiligungen oder Gemeinschaftsunternehmen stammen sowie übrige Erträge und Aufwendungen, die aus der Anlage oder der Beschaffung von Kapital resultieren, vgl. Baetge/Kirsch/Thiele (2012), S. 652.

160 Vgl. Himmel (2003), S. 168.

mehrere Positionen betroffen sein können. Neben den Umsatzkosten müssen auch Verwaltungs- und Vertriebskosten, Forschungs- und Entwicklungskosten, mit dem Finanzergebnis verbundene Aufwendungen, Steuern usw. verteilt werden.[161]

Die **Allokationsfähigkeit** ist unternehmensabhängig. Im Allgemeinen kann jedoch davon ausgegangen werden, dass Umsatzerlöse und -kosten tendenziell eher leicht allozierbar sind, während Verwaltungs- und Vertriebskosten sowie Forschungs- und Entwicklungskosten nur bedingt die Fähigkeit zur verursachungsgerechten Allokation bieten. Besonders problematisch ist die Allokation des Finanzergebnisses[162] sowie von Steuern.[163] Jedoch sollte unter Steuerungsaspekten gerade hinsichtlich des Verzichts auf eine Allokation von Steuern eine kritische Würdigung erfolgen. Grund hierfür ist, dass als Grundlage für die aus Sicht der rechtlichen Einheit zu ermittelnde steuerliche Bemessungsgrundlage die Erfolgsbeiträge der einzelnen Segmente relevant sind.[164]

Einen besonderen Stellenwert bei der Beurteilung der Segmente nimmt die bspw. im Rahmen einer Unternehmensbewertung durchzuführende **Segmentbewertung** ein. Neben der primären Aufgabe zur Schaffung einer Beurteilungsmöglichkeit hinsichtlich der Auswirkungen von durchgeführten Strategien, Maßnahmen sowie einzelnen Investitionen können weiterhin sekundäre Beweggründe wie bspw. die Schaffung einer Bemessungsgrundlage für ein Managementvergütungssystem ausschlaggebend für eine Segmentbewertung sein.[165]

Die Bestimmung des Wertes der zu internen Zwecken gebildeten Segmente bei der auf eine Wertorientierung ausgerichteten Konzernsteuerung sollte in regelmäßigen Abständen erfolgen. Mögliche Methoden zur Bewertung sind hierbei die Ertragswert- sowie die Substanzwertmethode oder die Ermittlung anhand des **Discounted-Cashflow (DCF)**.[166]

---

161 Vgl. Himmel (2003), S. 172-178.

162 Ein Problem bei der Allokation des Finanzergebnisses ist bspw. die Aufteilung des als Bemessungsgrundlage für den Zinsaufwand fungierenden Fremdkapitals auf die Geschäftssegmente, vgl. Schierenbeck/Lister (2001), S. 486-489.

163 Vgl. Himmel (2003), S. 180. Bezüglich der Zentrale bzw. einer Konzernholding zuzuordnenden Positionen stellt sich die Frage, ob eine Allokation auf die Segmente sinnvoll ist. Problematisch bei dieser Schlüsselung sind unter anderem die Beeinträchtigung der Anreizverträglichkeit durch eine willkürliche Schlüsselung bzw. der Entscheidungsverbundenheit durch nicht durch den Segmentmanager zu verantwortende Ergebniskomponenten, vgl. Himmel (2003), S. 181-182.

164 Vgl. Dinstuhl (2003), S. 261.

165 Vgl. Dinstuhl (2003), S. 229.

166 Vgl. Schulte (1994), S. 9.

Im Rahmen des wertorientierten Managements erfolgt die Ermittlung dabei überwiegend auf Basis des DCF.[167] Hierbei ist zu beachten, dass neben den für die einzelnen Segmente ermittelten Free Cashflows (FCF) die zur Berücksichtigung der segmentspezifischen Risikosituation notwendigen segmentbezogenen Kapitalkosten benötigt werden, da es bei Nutzung konzerneinheitlicher Werte zu einer Über- bzw. Unterschätzung des Segmentmarktwertes[168] und somit zu einer nicht effizienten Mittelverwendung kommen kann.[169]

Die Bestimmung dieser **segmentspezifischen Kapitalkosten** kann jedoch aufgrund in der Regel fehlender Kapitalmarktdaten für die einzelnen Bereiche schwierig sein.[170] Zur Bestimmung von segmentspezifischen Kapitalkosten können mehrere Methoden gewählt werden. Neben den auf vergleichbare Unternehmen oder Branchen basierenden Analogieansätzen können ebenfalls Analyseansätze, die auf die Ermittlung der Kapitalkosten anhand von unternehmensinternen bzw. in Ausnahmefällen auch von gesamtwirtschaftlichen Daten abzielen, herangezogen werden.[171]

Mit der Ermittlung von Kapitalkosten zusammenhängend stellt die Aufteilung der dem Segment **zuzuordnenden Verbindlichkeiten** ein weiteres zu berücksichtigendes Problem dar.[172] Bei der **Allokation von Aktiva und Passiva** bestehen vor allem bei Finanzanlagen, Wertpapieren, flüssigen Mitteln, Eigenkapital, Steuerrückstellungen, Anleihen und Verbindlichkeiten gegenüber Kreditinstituten Probleme bezüglich ihrer Aufteilung auf die Segmente.[173] Auch bei immateriellen Vermögensgegenständen, aktiven und passiven Rechnungsabgrenzungsposten sowie Sonderposten mit Rücklageanteil kann eine tendenziell eher eingeschränkte Möglichkeit zur Allokation unterstellt werden.[174] Neben dem vollständigen Verzicht einer Aufteilung der schwer allozierbaren nicht-operativen Verbindlichkeiten sind weitere Lösungsmöglichkeiten die Allokation effektiver nicht-operativer Verbindlichkeiten oder die Bestimmung fiktiver nicht-operativer Verbindlich-

---

167 Vgl. Hochstein (2012), S. 32.

168 Vgl. Dinstuhl (2003), S. 152.

169 Vgl. Arbeitskreis Finanzierung (1996), S. 551.

170 Vgl. Richter/Gröninger (2000), S. 304.

171 Vgl. Arbeitskreis Finanzierung (1996), S. 552. Einen umfassenden Überblick über diese beiden Verfahren bietet u.A. Freygang (1993).

172 Vgl. Kind (2000), S. 125.

173 Vgl. Himmel (2003), S. 193.

174 Vgl. Himmel (2003), S. 193.

keiten.[175] Während der zuletzt genannte Ansatz – seine Durchführbarkeit vorausgesetzt – einer realitätsnahen Ermittlung am nächsten kommen würde, bedarf dieser jedoch gleichzeitig einiger subjektiver Schritte, wodurch die Aussagekraft der ermittelten Werte stets kritisch zu hinterfragen ist.[176]

### 2.3.2 Grundlagen zur externen Segmentberichterstattung

#### 2.3.2.1 Darstellung des Bedarfs nach einer externen Segmentberichterstattung und Beschreibung ihrer Entwicklung in Deutschland

Die Diskussion der externen Segmentberichterstattung in der deutschsprachigen Literatur begann aufgrund der zunehmenden Diversifikation von Unternehmen in Amerika und Deutschland.[177] Durch diese Entwicklung ergab sich der Bedarf nach einer segmentierten Rechnungslegung, welche „Ausweis und Kommentierung von Jahresabschlussdaten, die nach einzelnen Unternehmungssegmenten aufgegliedert sind"[178] ermöglicht.

Der **Bedarf nach einer externen Segmentberichterstattung** kann über das Ziel der Corporate Governance erläutert werden. „Corporate Governance deals with the ways in which suppliers of finance to corporations assure themselves of getting a return on their investment."[179] Im Rahmen dieser Definition werden jedoch nur die Eigenkapitalgeber als Interessengruppen einbezogen, weswegen eine Erweiterung der oben genannten Definition um Manager, Mitarbeiter, Fremdkapitalgeber, Lieferanten, Kunden und die Öffentlichkeit erfolgen muss.[180] Der Bedarf nach einer Berichterstattung über Segmente, welche sich hinsichtlich Ergebnis, Chancen und Risiken stark unterscheiden können, ergibt sich durch die Interessen der Stakeholder, welche durch die externe Rechnungslegung alle für ihre Entscheidungen relevanten Informationen erhalten sollen.[181] Bei einer

---

175 Vgl. Kind (2000), S. 125.

176 Vgl. Kind (2000), S. 130. Eine besondere Bedeutung kommt dieser Kritik im Rahmen der Segmentberichterstattung nach IFRS 8 zu, da diese explizit die Angabe der Segmentverbindlichkeiten ausschließt, sofern diese nicht Teil des internen Berichtswesens sind. Der Standardsetzer hat die Probleme bei der Ermittlung folglich antizipiert. Fraglich ist jedoch, ob die mit der Ermittlung segmentbezogener Verbindlichkeiten verbundene Subjektivität mit der angestrebten Entscheidungsrelevanz der Informationen zu vereinbaren ist, vgl. Kapitel 3.1.2.2.2.

177 Vgl. Haase (1974), S. 14 i.V.m. Petersen (1970), S. 5.

178 Haase (1974), S. 30.

179 Shleifer/Vishny (1997), S. 737.

180 Vgl. Wiederhold (2008), S. 6.

181 Vgl. Haller/Park (1994), S. 501.

aggregierten Berichterstattung ergeben sich für den Abschlussadressaten erhebliche Informationsdefizite. Diesen soll durch eine Segmentberichterstattung entgegengewirkt werden, indem zum einen eine differenzierte Darstellung von Erfolgs- und Risikofaktoren von zum Teil sehr heterogenen Geschäftsbereichen erfolgt[182] und folglich das der aktuellen Ertragslage innewohnende Risiko für den Adressaten transparent gemacht wird.[183] Daneben sind weitere Ziele, durch die genauere Aufschlüsselung der Segmenterfolge eine Beurteilung des Erfolgs einer durchgeführten Akquisition und somit der Managementleistung vornehmen zu können[184] sowie eine Vergleichbarkeit zwischen ähnlichen Segmenten verschiedener Unternehmen herzustellen.[185]

Die **erste Verpflichtung zur Veröffentlichung grundlegender segmentbezogener Informationen** durch die Pflicht zur Disaggregation der Umsätze großer Kapitalgesellschaften in Deutschland ergab sich 1985 durch die Umsetzung des Bilanzrichtlinien-Gesetzes (BiRiLiG).[186] Eine Ausweitung der Segmentberichterstattungspflicht erfolgte 1998 im Rahmen der Einführung des KonTraG und dem damit verbundenen § 297 Abs. 1 Satz 2 HGB sowie des Kapitalaufnahmeerleichterungsgesetzes (KapAEG) und dem damit verbundenen § 292a HGB.[187] Durch die Anerkennung eines nach internationalen Rechnungslegungsstandards erstellten Jahresabschlusses, wird bspw. im Rahmen eines IFRS-Abschlusses, welcher bereits seit 1981 in Form des IAS 14 zu einer Segmentberichterstattung verpflichtet, somit erstmals eine umfangreichere Segmentberichterstattung von deutschen Unternehmen verlangt.[188]

---

182 Vgl. Naumann (1999), S. 2289; Coenenberg (2001b), S. 593.

183 Vgl. Benecke (2000), S. 165. Bei der Analyse von segmentbezogener Rentabilität und Wertgenerierung sollte gerade in einem dynamischen Unternehmensumfeld neben einer Analyse von Segment- und Wertberichterstattung ebenfalls eine auf dem Lagebericht (vgl. hierzu den nachfolgenden Abschnitt) basierende strategische Analyse des Geschäftsportfolios erfolgen, vgl. Coenenberg (2001b), S. 604.

184 Vgl. Alvarez (2002), S. 2057.

185 Vgl. Fink/Ulbrich (2006), S. 234. Inwiefern die Aufgaben durch die Einführung des IFRS 8 erfüllt werden bzw. welche Problembereiche auftreten, wird in Kapitel 3 geprüft. Die praktische Bedeutung der Segmentberichterstattung für die Adressaten des Geschäftsberichtes wird in Kapitel 2.3.2.4 betrachtet.

186 Vgl. Coenenberg (2001a), S. 312 i.V.m. §285 Nr. 4 und §314 Nr. 3 HGB.

187 Vgl. Coenenberg (2001a), S. 312. Durch §292a Handelsgesetzbuch (HGB) wird börsennotierten Mutterunternehmen die Möglichkeit eingeräumt, bei Aufstellung eines Jahresabschlusses gemäß international anerkannter Rechnungslegungsstandards auf eine Aufstellung nach HGB zu verzichten. § 292a HGB ist am 31.12.2004 mit der Einführung des §315a HGB außer Kraft getreten, vgl. Scherrer (2013), S. 7 u. S. 26.

188 Vgl. für die Vorgaben des IAS 14 Kapitel 2.3.4.2.

Durch die Verabschiedung des Deutschen Rechnungslegungsstandards (DRS) 3 erfolgte die erste Konkretisierung der Ausgestaltung einer nach §297 Abs. 1 Satz 2 HGB freiwillig auszuweisenden detaillierteren Segmentberichterstattung für nach den Grundsätzen des HGB berichtende Unternehmen.[189]

Mit einer im Jahre 2002 erlassenen EU-Verordnung entstand die ab 2005 geltende Verpflichtung für kapitalmarktorientierte Konzerne, ihren Konzernabschluss nach IFRS aufzustellen, woraus sich auch die Pflicht zur Veröffentlichung einer Segmentberichterstattung nach IAS 14 ergab. Einzug in das nationale Gesetz erhielt die EU-Verordnung durch die Transformation mit Hilfe des Bilanzrechtsreformgesetzes (BilReG), welches im Rahmen des §315a Abs. 3 HGB ebenfalls nicht börsennotierten Unternehmen die Möglichkeit gewährt, statt des HGB- einen IFRS-Abschluss zu erstellen und zu veröffentlichen.[190]

Neben der in IFRS 8 geregelten Segmentberichterstattung wird im Folgenden dessen Vorgängerstandard IAS 14 betrachtet, welcher für die Beurteilung des IFRS 8 heranzuziehen ist. Zudem erfolgt eine kurze Einleitung in die Segmentberichterstattung nach HGB bzw. DRS. Auf eine explizite Betrachtung des SFAS 131 wird verzichtet, da die Betrachtung bestehender Unterschiede zu IFRS 8 im Rahmen von dessen Vorstellung für die Bearbeitung der Fragestellung ausreicht.

#### 2.3.2.2 Konzeption der externen Segmentberichterstattung

Nach der Darstellung der Notwendigkeit einer externen Segmentberichterstattung sowie der sich daraus ergebenden Entwicklung von Vorgaben für deutsche Unternehmen soll nun die grundsätzlich mögliche Ausgestaltung einer segmentierten Berichterstattung betrachtet werden.

Hinsichtlich der Konzeption der Segmentberichterstattung sind – losgelöst von der gesetzlichen Regelung – mehrere Möglichkeiten denkbar. Neben der Wahl des Autonomous Entity oder des Disaggregation Approach sind der Segmentierungsumfang und die Kriterien zur Segmentabgrenzung zu bestimmen.[191] Bezüglich des **Segmentierungsumfangs**

[189] Eine genauere Betrachtung des DRS 3 erfolgt in Kapitel 2.3.4.1.

[190] Vgl. Lüdenbach (2010), S. 25.

[191] Vgl. Husmann (1997), S. 352f.

besteht neben der Möglichkeit einer partiellen und somit einer selektiven oder einer lückenhaften Darstellung ebenfalls die Option der totalen Segmentierung und somit der Zurechnung sämtlicher Wertgrößen auf die Segmente.[192] Bei der zuletzt genannten Option können jedoch Probleme einer teilweise willkürlichen Schlüsselung der Wertgrößen[193] auftreten, zumal die Notwendigkeit der Veröffentlichung aller vorhandenen Wertgrößen aus Informationsgesichtspunkten kritisch zu hinterfragen ist.[194] Daher ist der alternative Ansatz einer partiellen Segmentierung zu prüfen, der den Bedarf mit sich bringt, die aus Adressatensicht als relevant zu erachtenden Informationen zu ermitteln. *Haller/Park* analysieren vor diesem Hintergrund im Jahre 1994 die bedeutendsten Vorschriften zur Segmentpublizität und identifizieren hierbei als Kerninformationen zu bezeichnende Angaben. Neben der Beschreibung der Tätigkeitsbereiche sowie der Darstellung der geografischen Regionen sollten segmentbezogene Angaben zum Umsatz, dem Ergebnis, dem Vermögen sowie zur Verrechnungspreisermittlung erfolgen.[195] Darüber hinaus ist im Rahmen einer Überleitungsrechnung die Differenz zwischen den segmentierten und den aggregierten Werten zu erläutern und eventuell vorgenommene Methodenänderungen müssen angegeben werden.[196] Neben diesen Angaben fordert *Himmel* darüber hinaus die Angabe segmentspezifischer Cashflows, Investitionen und Abschreibungen, da diese wichtige Informationen über die relative Bedeutung des Segmentes im Konzern liefern können, sowie Angaben zu wichtigen Kunden.[197] Demgegenüber empfiehlt der *Jenkins Report* neben der Angabe von Ergebnis, Cashflow-Daten und des untergliederten Vermögens, Informationen zu den Effekten außergewöhnlicher Erfolge und Kosten für Forschung und Entwicklung zu veröffentlichen.[198]

Bei der **Wahl der Abgrenzungskriterien**[199] und der damit verbundenen Segmentbildung wird in der Literatur die Meinung vertreten, dass die in Segmenten zusammengefassten Tätigkeiten möglichst homogen sein und ihre Berichterstattung aus Sicht des Konzerns

---

192 Vgl. Husmann (1997), S. 352.

193 Bereits im internen Bereich bestehen Probleme bei der Zuordnung bestimmter Positionen, vgl. Kapitel 2.3.1.2.

194 Vgl. Himmel (2003), S. 241.

195 Vgl. Haller/Park (1994), S. 504.

196 Vgl. Haller/Park (1994), S. 505.

197 Vgl. Himmel (2003), S. 244 und 253.

198 Vgl. Jenkins Committee (1994), S. 61f.

199 Wie in Kapitel 2.3.1.1 dargestellt kann die Abgrenzung bspw. nach sektoralen oder nach regionalen Kriterien vorgenommen werden.

eine wesentliche Bedeutung aufweisen sollten.[200] Über den einfachen Ausweis der Daten hinaus sollte weiterhin die Möglichkeit einer zweistufigen Segmentierung, also einer Darstellung der produkt- und regionsbezogenen Größen im Matrixformat, zumindest für die als besonders wichtig erachteten Kriterien wie bspw. Umsatz oder Ergebnisgrößen der Segmente, geprüft werden.[201]

Ein weiterer grundsätzlicher Problembereich bei der Segmentberichterstattung ist die **Methodenwahl zur Übertragung der unternehmensintern genutzten Daten** in die externe Berichterstattung. Bei dieser kann allgemein zwischen der sich im Management Approach manifestierenden unveränderten Übernahme der internen Daten und einer detaillierten gesetzlichen Regelung sowie zahlreichen hybriden Zwischenformen unterschieden werden.[202] Ein klarer Vorteil der Anwendung des Management Approach ist die wirtschaftlichere Übernahme der internen Daten für die externe Berichterstattung statt der zusätzlichen Ermittlung extern zu berichtender Werte. Darüber hinaus führt die einheitliche interne und externe Nutzung zu einem Bedeutungsgewinn der ermittelten internen Informationen und damit einhergehend zu einer erhöhten Motivation sowie Identifikation des Managements mit den externen Daten.[203]

Trotz der Vorteile des Management Approach könnte es **für bestimmte Positionen sinnvoll sein, eine gesetzliche Regelung für ihre Bilanzierung und Bewertung anzustreben**. So sollte bspw. zur Sicherstellung der Relevanz sowie der Vergleichbarkeit ein Ausweis des EBIT als Segmentergebnis vorgegeben werden.[204]

#### 2.3.2.3 Abgrenzung der Segmentberichterstattung vom Lagebericht

Da segmentbezogene Angaben nicht nur in der Segmentberichterstattung, sondern ebenfalls im Lagebericht zu finden sind, sollte bei der Konzeption der Segmentberichterstattung darauf geachtet werden, dass eine **Konsistenz zwischen dieser und dem Lagebe-**

---

200 Vgl. Backer/McFarland (1968), S. 18-21.

201 Vgl. Himmel (2003), S. 245.

202 Vgl. Himmel (2003), S. 249.

203 Vgl. Haller (2000), S. 797.

204 Vgl. Himmel (2003), S. 251. Problematisch durch die Umsetzung des Management Approach ist die mangelnde Vergleichbarkeit der beichteten Daten mit denen anderer Unternehmen, vgl. Haller (2000), S. 798.

**richt** erreicht wird. Grund hierfür ist, dass die Adressaten nur durch eine berichtsübergreifende konsistente Berichterstattung von Segmentinformationen fähig sind, „die Informationen der verschiedenen Berichtselemente zu verknüpfen und damit zu einer möglichst aussagekräftigen Einschätzung über die Ertragslage und die Risiken des Unternehmens zu gelangen.“[205] Daher findet bei der Analyse der Segmentberichterstattung nach IFRS 8 ebenfalls eine Untersuchung der Konsistenz zwischen Segment- und Lagebericht statt. Aus diesem Grund sollen vorab einige Grundlagen zur Lageberichterstattung dargestellt werden.

Der **Konzernlagebericht** ist auch von deutschen Unternehmen, die ihren Konzernabschluss nach IFRS aufstellen, gemäß §290 HGB i.V.m §315a HGB nach den Grundsätzen des HGB aufzustellen. Die im Lagebericht darzustellenden Informationen sind in §315 HGB geregelt. Nach §315 Abs. 1 HGB muss der Lagebericht die Darstellung und Analyse des Geschäftsverlaufs sowie der Lage der Kapitalgesellschaft und einen Prognosebericht beinhalten. Daneben müssen nach §315 Abs. 2 HGB ein Nachtrags-, Finanzrisiko-, Forschungs- und Entwicklungs- und Vergütungsbericht erstellt werden. Ferner sind Berichte über das interne Kontroll- und Risikomanagementsystem (§315 Abs. 2 Nr. 5) und die Aktionärsstruktur (§315 Abs. 4) zu erstellen. Anhand der Darstellungen wird deutlich, dass der Lagebericht auch Interpretationen und qualitative Erläuterungen enthält.[206]

**Überschneidungen der Pflichtangaben nach IFRS** zum Umfang des Lageberichtes bestehen hinsichtlich eines nach IFRS geforderten Anhangs sowie dem nicht verbindlich anzugebenden Financial Review by Management sowie dem Management Commentary.[207]

### 2.3.2.4 Nutzen einer segmentierten Berichterstattung

Im vorangegangenen Abschnitt wurde bereits die Notwendigkeit einer externen Rechnungslegung für die Stakeholder des Unternehmens erläutert. Um eine Aussage über den Nutzen der Segmentberichterstattung nach IFRS 8 aus Adressatensicht treffen zu können, muss jedoch die Nutzung des Geschäftsberichtes durch den Investor genauer analysiert

205 Weißenberger/Franzen/Bremer (2013), S. 13.

206 Vgl. Hartmann (2010), S. 611.

207 Vgl. Baetge/Kirsch/Thiele (2012), S. 804.

werden, da von einem Nutzen segmentierter Angaben nur ausgegangen werden kann, wenn der Adressat die Informationen für seine Entscheidung überhaupt beachtet.[208]

Grundsätzlich ist ein allgemeingültiges Urteil über die **Entscheidungsnützlichkeit[209] der Veröffentlichung segmentierter** Daten aufgrund der heterogenen Gruppe von Kapitalgebern nicht möglich.[210] Bei Beurteilung aus Perspektive des Feinheitstheorems[211] (unter Ausklammerung von direkten und indirekten Kosten der Segmentberichterstattung) kann jedoch von einer allgemeinen Vorteilhaftigkeit ausgegangen werden.[212] Auch professionelle und private Investoren haben die Vorteile einer segmentierten Berichterstattung wahrgenommen und berücksichtigen diese bei ihrer Entscheidungsfindung. Die beiden nachfolgenden Abbildungen geben einen Überblick über die Nutzung der einzelnen Bestandteile des Geschäftsberichtes wie Bilanz, Gewinn- und Verlustrechnung (GuV) usw. durch private und institutionelle Investoren.

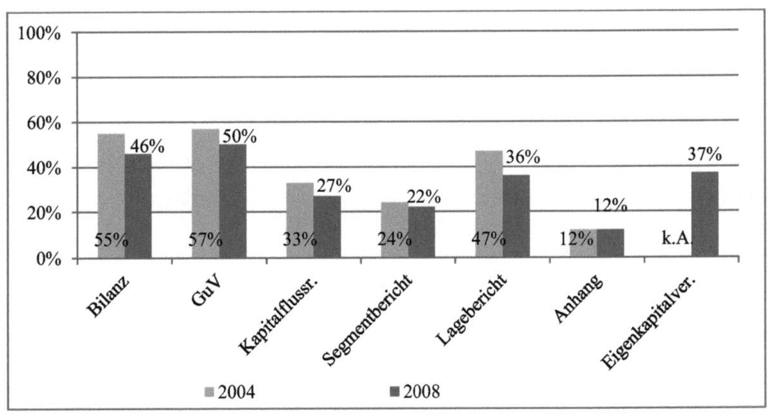


**Abbildung 3: Nutzung des Jahresabschlusses durch private Investoren[213]**

208 Vgl. Pellens/Neuhaus (2008), S. 83.

209 Wie in der Einleitung dargestellt, werden in der vorliegenden Arbeit die Begriffe Entscheidungsnützlichkeit und Entscheidungsrelevanz synonym verwendet.

210 Vgl. Wiederhold (2008), S. 114.

211 Das Feinheitstheorem belegt mathematisch, dass der Grad der Zielerreichung durch zusätzliche Informationen und somit ein feineres Informationssystem niemals abnimmt, vgl. Wagenhofer/Ewert (2007), S. 63 i.V.m. Blackwell/Girshick (1954). Die Übertragbarkeit auf die im Rahmen der Segmentberichterstattung vermittelten Informationen wird in Kapitel 4.4 überprüft.

212 Vgl. Wiederhold (2008), S. 114.

213 In Anlehnung an Ernst/Gassen/Pellens (2009), S. 30.

Im Rahmen der Befragung[214] mussten die Teilnehmer die Intensität ihrer Nutzung anhand einer Skala von 1-5 beurteilen.[215] In den Abbildungen sind die kumulierten prozentualen Werte der „sehr intensiven" (1) und „intensiven" (2) Nutzung der einzelnen Bestandteile durch Privatanleger sowie institutionelle Anleger zu sehen.

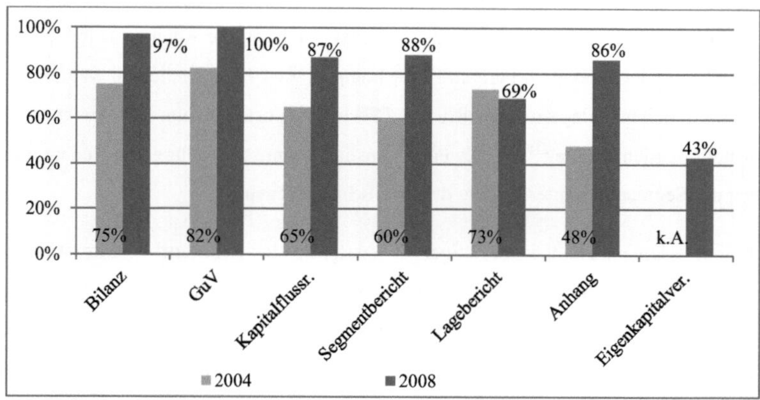


**Abbildung 4: Nutzung des Jahresabschlusses durch inst. Investoren[216]**

Auffällig ist die stark differierende Nutzung des Segmentberichtes durch private und institutionelle Anleger, da Privatanleger nur in geringem sowie rückläufigem Maße auf dieses Informationsinstrument zurückgreifen, während institutionelle Anleger in wesentlich größerem Umfang Rückgriff auf diese Form der Berichterstattung nehmen.[217] Kritisch zu hinterfragen ist das Alter der beiden Untersuchungen, da diese noch die Segmentberichterstattung nach IAS 14 umfasste.

Die Implikation aus den vorliegenden Ergebnissen ist, dass der Segmentbericht vor allem an die Bedürfnisse institutioneller Anleger angepasst werden sollte, da diese ihm eine große Bedeutung beimessen. Allerdings stellt sich die Frage, wie die Attraktivität der

---

214 Befragt wurde im Jahre 2004 eine Grundgesamtheit von 67.539 Privataktionären sowie 134 institutionellen Investoren und 2008 eine Grundgesamtheit von 36.499 Privataktionären sowie 146 institutionellen Investoren. Vgl. Ernst/Gassen/Pellens (2005), S. 16/32 bzw. Ernst/Gassen/Pellens (2009), S. 22/45.

215 Vgl. Ernst/Gassen/Pellens (2005), S. 52 bzw. Ernst/Gassen/Pellens (2009), S. 67.

216 In Anlehnung an Ernst/Gassen/Pellens (2009), S. 49.

217 Da der institutionelle Investor jedoch eine wichtige Rolle bei der Entscheidungsfindung des privaten Investors spielt, kann für den privaten Investor von einer indirekten Nutzung der Segmentberichterstattung ausgegangen werden, vgl. Kapitel 2.3.2.5.

Segmentberichterstattung gesteigert werden kann, um in der Folge ebenfalls mehr Privatanleger anzusprechen bzw. ob diese durch die Diskussion um IFRS 8 bereits gesteigert wurde. Im Rahmen der Folgeuntersuchung der in Abbildung 3 und 4 dargestellten Veröffentlichungen findet keine isolierte Betrachtung der Segmentberichterstattung mehr statt, da nur noch der Anhang (inkl. der Segmentberichterstattung) betrachtet wird. Die sehr intensive und intensive Nutzung des Anhangs durch private Anleger ist jedoch von jeweils 12% in den beiden vorherigen Betrachtungen auf 17% angestiegen, während bei den institutionellen Anlegern nach 48% und 86% in den Vorjahren nun ein Wert von 88% festgestellt werden konnte.[218] Der jeweilige Anstieg könnte somit für einen Bedeutungsanstieg der Segmentberichterstattung durch IFRS 8 sprechen.[219]

Auch andere Untersuchungen bestätigen die **Nutzung der Segmentberichterstattung durch die Adressaten** der Berichterstattung. So konstatiert *Brown*, dass sich die Segmentberichterstattung unter den drei am meisten durch Analysten genutzten Teilen der finanziellen Berichterstattung befindet.[220] Darüber hinaus bemerken Epstein/Palepu, dass „most analysts consider segment performance data followed by the three financial statements as the most useful data for their investment decision."[221] Ein grundsätzlicher Nutzen der Segmentberichterstattung kann folglich unterstellt werden. In der wissenschaftlichen Literatur bestehen darüber hinaus mehrere empirische Untersuchungen zur generellen Wirkung einer segmentierten Berichterstattung, deren Kategorisierung im Folgenden in Untersuchungen des Informationsprozesses beim Adressaten, der Prognoseeignung von vermittelten Informationen und der Wirkung von Informationen auf dem Kapitalmarkt erfolgt.[222]

Die ersten empirischen Belege für die – in Bezug auf die **Ergebnisprognose** bestehende – Vorteilhaftigkeit von segmentierten im Vergleich zu aggregierten Daten finden sich

---

218 Vgl. Pellens/Schmidt (2014), S. 39 bzw. S. 65.

219 Allerdings könnte die intensivere Nutzung bspw. auch auf Lehren aus der Finanzkrise und die im Anhang enthaltenen Angaben zu Risiken zurückgeführt werden. Weiterhin ist die steigende Komplexität der IFRS-Rechnungslegung, die aus Verständnisgründen einer Erläuterung bedarf, als Grund für den Nutzungsanstieg denkbar, vgl. Pellens/Schmidt (2014), S. 65f.

220 Vgl. Brown (1997), S.43.

221 Epstein/Palepu (1999), S. 50.

222 Vgl. Ballwieser (1993), S. 132f. *Ballwieser* nimmt hier keinen direkten Bezug zur Segmentberichterstattung, sondern thematisiert die empirische Wirkung von Informationen der Rechnungslegung auf den Adressaten im Allgemeinen. Die entsprechende Einteilung mit Bezug zur Segmentberichterstattung wird durch Wiederhold genutzt, vgl. Wiederhold (2008), S. 116.

beispielhaft bei *Kinney*, der Evidenz für eine bessere Voraussage des Gewinns durch die Nutzung segmentierter Umsätze und Gewinne im Vergleich zu aggregierten Daten bietet.[223] Sowohl bei der Untersuchung von *Kinney* als auch bei den weiteren unten genannten Untersuchungen muss jedoch die Tatsache betrachtet werden, dass lediglich der Ausweis segmentierter Umsätze und Ergebnisse empfohlen werden kann, da eine Betrachtung der weiteren möglichen Ausgestaltung des Segmentberichtes ausbleibt.[224]

Die **verhaltensbezogenen Untersuchungen** belegen schwerpunktmäßig die Vorteilhaftigkeit einer Veröffentlichung segmentierter Daten. Die gewünschte Ausgestaltung aus Unternehmens- bzw. aus Adressatensicht findet jedoch kaum Berücksichtigung.[225] *Bradish* stellt bei der Befragung von Finanzanalysten fest, dass diese die segmentierte Berichterstattung nach Tätigkeitsbereichen als wünschenswert erachten.[226] *Stallman* geht der Frage nach, ob die segmentierte Berichterstattung erfolgswirksamer Positionen zu einer Verbesserung der Berichterstattung führt.[227] In seinem Experiment kann ebenso wie im Experiment von *Ortman* Evidenz dafür gefunden werden, dass die segmentierte Berichterstattung einen positiven Einfluss auf die Aktienbewertung durch Finanzanalysten hat.[228] Eine über einfache Bestätigung der Vorteilhaftigkeit von berichteten disaggregierten Daten hinausgehende und somit für die vorliegende Arbeit besonders relevante Veröffentlichung erfolgt durch *Maines/McDaniel/Harris*. Im Rahmen ihres Experimentes können sie nachweisen, dass den Segmentdaten durch Finanzanalysten eine höhere Zuverlässigkeit zugerechnet wird, wenn die externe der internen Berichtsstruktur entspricht und eine Zusammenfassung von Produkten mit homogenen Chancen und Risiken erfolgt.[229] Die Untersuchung stützt folglich die konsequente Umsetzung des Management Approach durch den Standardsetzer.

---

223 Vgl. Kinney (1971), S. 136. Weitere Untersuchungen bestätigen diese Ergebnisse, vgl. Collins (1976), S. 175; Silhan (1983), S. 346; Emmanuel/Pick (1980), S. 215; Baldwin (1984), S. 388; Roberts (1989), S. 148; Herrmann (1996), S. 71. Die beiden zuletzt genannten Untersuchungen stellen hierbei explizit auf geografische Segmentdaten ab. Die Untersuchung von Behn/Nichols/Street (2002) kann keine signifikante Vorteilhaftigkeit von segmentierten Daten gegenüber aggregierten Daten feststellen, bietet jedoch Evidenz dafür, dass die gemäß SFAS 131 ermittelten geografischen Segmenterlöse eine bessere Vorhersage ermöglichen, als die Umsatzdaten nach SFAS 14, vgl. Behn/Nichols/Street (2002), S. 43.

224 Vgl. Wiederhold (2008), S. 123.

225 Vgl. Wiederhold (2008), S. 130.

226 Vgl. Bradish (1965), S. 761.

227 Vgl. Stallman (1969), S. 33.

228 Vgl. Stallman (1969), S. 42 bzw. Ortman (1975), S. 304.

229 Vgl. Maines/McDaniel/Harris (1997), S. 22.

Die letzte Gruppe der **kapitalmarktorientierten Untersuchungen** behandelt ebenfalls primär die grundsätzliche Vorteilhaftigkeit einer segmentierten Berichterstattung. Zwei Untersuchungen bestätigen eine bessere Vorhersage zukünftiger Ergebnisse durch die Verfügbarkeit segmentierter Daten.[230] Zudem zeigen *Ronen/Livnat* in ihrer Arbeit einen positiven Zusammenhang zwischen der Veröffentlichung segmentierter Daten und dem Wertpapierkurs auf, während ein Verzicht auf die segmentierte Darstellung negative Effekte mit sich bringen kann.[231] Darüber hinaus kann *Swaminathan* zeigen, dass durch segmentierte Daten eine Verringerung der Aktienkursvariabilität möglich ist.[232] Andererseits kann ein Nachweis des Einflusses einer Veröffentlichung von segmentierten Daten auf die Betafaktoren bzw. auf das systematische Risiko erbracht werden. *Collins/Simonds* zeigen, dass mit einer Line of Business Berichterstattung eine Verringerung des Beta Faktors einhergeht,[233] während *Prodhan* einen solchen Zusammenhang zwischen dem systematischen Risiko und einer nach geografischen Kriterien erstellten Segmentberichterstattung belegt.[234] Im Rahmen der Studie von *Horwirtz/Kolodny* findet sich hierfür keine Bestätigung, da kein Zusammenhang zwischen einer Line of Business Berichterstattung und dem Beta-Faktor festgestellt werden kann.[235]

Abweichend von der isolierten Betrachtung der generellen Vorteilhaftigkeit einer segmentierten Berichterstattung konstatiert *Thomas* eine Wertrelevanz[236] geografischer Segmentinformationen und fordert deren expliziten Ausweis unabhängig davon, ob dieser im Rahmen der primären oder sekundären Segmentierung erfolgt.[237] Darüber hinaus stellen *Kajüter/Nienhaus* einen Anstieg der Wertrelevanz durch den Übergang von IAS 14 auf IFRS 8 fest, wodurch sich ebenfalls Implikationen für die optimale Ausgestaltung der Segmentberichterstattung ergeben.[238]

---

230 Vgl. Kochanek (1974), S. 258 bzw. Swaminathan (1991), S. 40.

231 Vgl. Ronen/Livnat (1981), S. 474f.

232 Vgl. Swaminathan (1991), S. 40.

233 Vgl. Collins/Simonds (1979), S. 380.

234 Vgl. Prodhano (1986), S. 29.

235 Vgl. Horwitz/Kolodny (1977), S. 247.

236 Eine Wertrelevanz ist gegeben, „if the information is relevant to an investors equity investment decision and reliable to be considered", vgl. Kajüter/Nienhaus (2014), S.2.

237 Vgl. Thomas (2000), S. 152.

238 Vgl. Kajüter/Nienhaus (2014), S.21.

Bei den dargestellten Untersuchungen wurde vorwiegend auf den Investor als Nutzer der segmentierten Angaben abgestellt. Bei der Beurteilung des Nutzens einer externen Segmentberichterstattung spielen jedoch weitere Adressaten eine wichtige Rolle. Daher werden diese im nachfolgenden Abschnitt näher betrachtet.

#### 2.3.2.5 Adressaten der externen Segmentberichterstattung

Trotz der Fokussierung der IFRS-Rechnungslegung auf die Anteilseigner sind für die Erfüllung der mit der Segmentberichterstattung angestrebten Zielsetzung ebenfalls weitere Adressatengruppen relevant. Die Relevanz der Gruppen kann hierbei zum einen aus der Berücksichtigung durch das Unternehmen bei den Bilanzierungsentscheidungen und zum anderen aus der Beeinflussung der dem Anteilseigner zur Verfügung stehenden Informationen resultieren.[239]

Ein in der Theorie thematisiertes Problem ist die aus dem Management Approach resultierende Gefahr der Veröffentlichung von für **konkurrierende Unternehmen** relevanten Daten, die zu einer Schädigung der kompetitiven Situation des Unternehmens führen könnten.[240] Die hieraus resultierenden indirekten Kosten spielen aus Sicht der Unternehmen eine relevante Rolle im Rahmen der Gesamtkosten einer Segmentberichterstattung.[241] Eine Reaktion der berichtenden Unternehmen könnte daher der Verzicht auf einen zu hohen Detaillierungsgrad bzw. die Darstellung einer verschleierten und somit die Entscheidungsrelevanz beeinträchtigenden Berichterstattung sein.[242]

Weitere, für die vorliegende Arbeit relevante Adressaten- bzw. durch die Segmentberichterstattung nach IFRS 8 betroffene Personengruppen sind neben den bereits angesprochenen Anteilseignern Finanzanalysten und Wirtschaftsprüfer. Die Informationsverarbeitung bei diesen Adressatengruppen wird in einem eigenständigen Kapitel thematisiert. Allerdings soll vorab für die Beurteilung der Entscheidungsfindung beim Hauptadressaten eine

---

239 Der Wirtschaftsprüfer stellt durch die Prüfung des Segmentberichtes dessen Normenkonformität sicher, (vgl. Kapitel 4.3.1) während der Analyst über seine Empfehlungen die Entscheidung des Anteilseigners beeinflussen kann, (vgl. Kapitel 2.4.3).

240 Vgl. bspw. Fey/Mujkanovic (1999), S. 262.

241 Vgl. Gray/Radebaugh/Roberts (1990), S. 607.

242 Eine genauere Betrachtung erfolgt in Kapitel 4.2.

genauere Betrachtung der oftmals sehr pauschal dargestellten, jedoch hinsichtlich Expertise und Arbeitsaufwand sehr heterogenen Gruppen von Finanzanalysten und Investoren erfolgen.[243]

**Finanzanalysten** sind „Personen, die aufgrund allgemein verfügbarer Informationen und spezieller Vorkenntnisse eine Beurteilung und Bewertung von Wertpapieren von Unternehmen und deren Derivaten (...) in der Form von zumeist schriftlichen Analysen vornehmen. Die Ergebnisse der Arbeit der Analysten dienen privaten und institutionellen Anlegern (...) als Grundlage für Anlageentscheidungen."[244]

Die Gruppe der **Investoren** kann grundsätzlich in institutionelle und private Investoren[245] unterschieden werden, welche sich hinsichtlich des Volumens des einzusetzenden Kapitals und ihrer Expertise unterscheiden.[246] Während private Investoren im Rahmen ihrer Urteilsbildung ebenfalls auf institutionelle Investoren sowie Finanzanalysten vertrauen,[247] greifen institutionelle Investoren neben den von Finanzanalysten erstellten Informationen[248] auf die veröffentlichten Geschäftsberichte zurück oder führen Gespräche mit dem Management.[249]

Für die vorliegende Arbeit ist somit einschränkend zu beachten, dass das auf die Auswertung der im Jahresabschluss vorhandenen Daten bezogene Verhalten von Analysten nicht vollumfänglich auf private Investoren übertragen werden kann. Aufgrund der unterstellten größeren Expertise im Vergleich zu privaten Investoren sowie der Nutzung vergleichbarer Informationsquellen wird im Folgenden jedoch von einer vergleichbaren Informationsverarbeitung von Analysten und institutionellen Investoren ausgegangen.[250] Darüber hinaus berücksichtigen auch institutionelle Investoren Analystenmeinungen bei ihrer Ent-

---

[243] Vgl. Nölte (2008), S. 33-34.

[244] DVFA (2000), S. 48.

[245] Der Anteil privater Investoren am gehandelten Aktienvolumen in Deutschland betrug 2011 11,3%. Weitere Aktionäre sind zu 41,2% Unternehmen, 19,3% Übrige Welt, 12% Investmentfonds, 9,2% Versicherungen, 4,5% Banken und 2,6% Staat, vgl. DAI (2013), 08.1-3-1-b.

[246] Vgl. Nölte (2008), S. 33-34.

[247] Vgl. Brennan/Tamarowski (2000), S. 34.

[248] Vgl. Ridder (2006), S. 38.

[249] Vgl. Bassen (2002), S. 257. Gerade vierteljährliche Conference Calls stellen eine wichtige Informationsquelle für Analysten und institutionelle Investoren dar, vgl. Tasker (1998), S. 139.

[250] Vgl. Nölte (2008), S. 34.

scheidungsfindung, wodurch eventuell auftretende kognitive Fehler der Analysten ebenfalls einen indirekten Einfluss auf die Investoren haben. Zu beachten sind hierbei die mit einer sinkenden Unternehmensgröße einhergehende abnehmende Analystendichte[251] sowie die geringere Anzahl der stattfindenden persönlichen Gespräche zwischen institutionellen Investoren und Unternehmen.[252] Aus diesem Zusammenhang ergibt sich durch die im Vergleich zu den in den anderen Untersuchungen geringere Unternehmensgröße innerhalb der betrachteten Untersuchungsgesamtheit in Kapitel 3.4 eine erhöhte Relevanz der Qualität der Jahresabschlussinformationen.[253]

### 2.3.3 Segmentberichterstattung nach IFRS 8

Im Anschluss an die allgemeinen Grundlagen zur externen Segmentberichterstattung soll der im Fokus der vorliegenden Arbeit stehende IFRS 8 einer detaillierteren Betrachtung unterzogen werden. Neben der allgemeinen Zielsetzung des Standards werden hierbei die Konzeption der Segmentberichterstattung nach IFRS 8 dargestellt und aktuelle Entwicklungen beleuchtet.

#### 2.3.3.1 Die Zielsetzung des IFRS 8 aus Sicht des Standardsetzers

Ein Finanzbericht hat nach dem IASB nicht zum Ziel, den Wert eines Unternehmens konkret darzulegen, sondern soll Informationen beinhalten, mit denen die Adressaten diesen Wert möglichst gut einschätzen können. (RK.OB7) Aus dieser Aussage kann abgeleitet werden, dass die Segmentberichterstattung keinen Unternehmenswert beinhalten soll, es jedoch Ziel ist, auch in ihrem Rahmen relevante Informationen zu veröffentlichen, die eine Bestimmung des Unternehmenswertes zulassen.

Gemeinsam mit dem FASB hat das IASB im September 2002 entschieden, ein Projekt mit dem Ziel der Verringerung von Unterschieden zwischen den IFRS und den US-GAAP durchzuführen. (IFRS 8.BC2) Hierdurch rückte unter anderem die **Segmentberichterstattung** in den Fokus. Ihre Überarbeitung als Teil des Short-Term Convergence Project

251 Vgl. Stanzel (2007), S. 96.

252 Vgl. Bassen (2002), S. 257.

253 Vgl. Stanzel (2007), S. 193. Darüber hinaus dürfte durch die geringere Analystendichte ein Anstieg der Relevanz von direkten Gesprächen mit dem Management einhergehen.

oblag hierbei nur dem IASB.[254] Das Ziel des Projektes war eine Reduktion von Unterschieden zwischen den Segmentberichterstattungen nach IFRS und US-GAAP.[255] Im Januar 2006 wurde der Exposure Draft (ED) 8 veröffentlicht, die Phase zu dessen Kommentierung endete im Mai 2006 und im November 2006 erfolgte die endgültige Veröffentlichung von IFRS 8.[256]

Neben der Darstellung von Unterschieden zwischen IAS 14 und SFAS 131 (IFRS 8.BC4-BC5) werden in der **Basis for Conclusion** die aus empirischen Untersuchungen der Anwendung des SFAS 131 (IFRS 8. BC6) abgeleiteten Vorteile[257] des Management Approach dargestellt. Bspw. *Berger/Hann* belegen in ihrer Studie ein Mehr an berichteten Segmenten sowie an relevanten und disaggregierten Informationen durch den Übergang von SFAS 14 auf SFAS 131.[258]

Weiterhin werden die Ergebnisse der erfolgten Konsultation mit Anwendern des SFAS 131 dargestellt. Kritiker des Management Approach bevorzugen eine Änderung des SFAS 131 zu IAS 14, da durch die Vorgaben zur Segmentierung sowie der Bilanzierung und Bewertung von Größen anhand der IFRS-Vorgaben eine bessere Vergleichbarkeit zwischen den Unternehmen sichergestellt werden könnte. (IFRS 8.BC11) Ein weiterer kritisch diskutierter Punkt ist unter anderem der Zweifel daran, ob die Veröffentlichung von Werten, die von den Bilanzierungs- und Bewertungsmethoden der IFRS abweichen, sinnvoll ist. (IFRS 8.BC12)

Zusammenfassend geht das Board jedoch davon aus, dass die Vorteile des Management Approach dessen Nachteile überwiegen, (IFRS 8.BC16) aus welchem Grund seine Anwendung durch eine **Übernahme des Wortlauts des SFAS 131** auch in den IFRS erfolgt. (IFRS 8.BC16) Im Weiteren wurde die Behandlung einzelner Positionen kritisch disku-

---

254 Eine sonst übliche Working Group wurde nicht gebildet. Ebenso wurde ein Discussion Paper als nicht notwendig erachtet. Dieses Vorgehen ist kritisch zu hinterfragen, da sich durch den Wegfall einiger Schritte des Standardsetzungsverfahrens die Vernachlässigung der Meinung einiger Interessengruppen ergeben haben könnte.

255 Vgl. IASB (2006), Rn. 1.

256 Vgl. IASB (2006), Rn. 4.

257 Als Vorteile wurden ein Anstieg an berichteten Segmenten und Informationen, ein Rückgang der Bereitstellungskosten durch die Nutzung vorhandener, aus Sicht des Managements erstellter Daten, eine gestiegene Konsistenz mit anderen Teilen des Jahresabschlusses und die Berichterstattung von mehreren verschiedenen Messwerten für die segmentbezogene Ertragskraft genannt, vgl. IFRS 8.BC6.

258 Vgl. Berger/Hann (2003), S. 184.

tiert, letzten Endes ergaben sich Abweichungen zu SFAS 131 jedoch lediglich hinsichtlich der Definition langfristiger Vermögenswerte (IFRS 8.BC60(a)), der Verpflichtung zur Veröffentlichung von Segmentschulden (IFRS 8.BC60(b)) sowie der Behandlung von Unternehmen mit einer Matrix-Organisation (IFRS 8.BC60(c)).

#### 2.3.3.2 Konzeption des IFRS 8

##### 2.3.3.2.1 Identifikation und Abgrenzung von Segmenten

Von Unternehmen, deren „Schuld- bzw. Eigenkapitalinstrumente an einem öffentlichen Markt gehandelt werden" (IFRS 8.2), ist sowohl im Einzel- als auch im Konzernabschluss ein Segmentbericht zu veröffentlichen.[259]

Der Aufbau der Segmentberichterstattung kann grundsätzlich in die Teile Segmentidentifikation, Festlegung der zu berichtenden Segmente sowie Identifikation und Ermittlung der berichtspflichtigen Segmentinformationen untergliedert werden.

Eine zweckgerichtete Segmentberichterstattung bedarf in einem ersten Schritt einer sinnvollen **Identifikation** der bestehenden Segmente. Ein Segment, als eine – wie anfänglich dargestellt – „subdivison of a larger business" [260], ist gemäß IFRS 8 ein Unternehmensbestandteil, „der Geschäftstätigkeiten betreibt, mit denen Umsatzerlöse erwirtschaftet werden und bei denen Aufwendungen anfallen können [...], dessen Betriebsergebnis[261] regelmäßig von der verantwortlichen Unternehmensinstanz [...] überprüft wird und für den separate Finanzinformationen vorliegen". (IFRS 8.5 (a)-(c)) Aufgrund dieser Definition ist eine Segmentierung anhand aller denkbaren Segmentierungskriterien möglich[262]

---

[259] Sofern diese Verpflichtung besteht, muss das Unternehmen darüber hinaus Segmentinformationen in den Anhang seines Zwischenabschlusses aufnehmen, vgl. IAS 34.16A (g). Anzugeben sind der Messwert des segmentbezogenen Gewinns oder Verlusts sowie eine dazugehörige Überleitungsrechnung auf den Gewinn oder Verlust des gesamten Unternehmens vor Steuern, Änderungen in der Segmentierungsgrundlage oder der Bemessung von Gewinn/Verlust und – falls eine regelmäßige Berichterstattung an den Hauptentscheidungsträger erfolgt – interne und externe Umsatzerlöse sowie Vermögenswerte und Schulden der berichtspflichtigen Segmente, vgl. IAS 24.16A (g).

[260] Backer/McFarland (1968), S. 17.

[261] „Durch die Fokussierung auf operative Erträge und Aufwendungen stellen jedoch Unternehmensteile, mit Leitungs- oder Stabsfunktion, wie etwa Konzernholdings oder reine cost center, die ihre Erträge ausschließlich über Konzernumlagen erwirtschaften, keine eigenständigen Geschäftssegmente dar." Schulz-Danso (2013), Rn. 21. Daher werden diese im Rahmen der empirischen Untersuchung auch nicht als eigenständige Segmente bewertet.

[262] Vgl. Müller/Peskes (2006), S. 821.

und kann daher nach Geschäftsbereichen, geografischen Segmenten, Sparten oder Tochterunternehmen usw. vorgenommen werden.[263]

Die **Festlegung eines zu berichtenden Segmentes** erfolgt, wenn dieses gemäß den oben genannten Kriterien abgegrenzt wurde und es einen der nachfolgenden, in IFRS 8.13 geregelten Schwellenwerte in Höhe von 10% des Wertes aller Geschäftssegmente überschreitet: (IFRS 8.11)

- Die Umsatzerlöse mit externen sowie internen Abnehmern
- Den Gewinn oder Verlust[264]
- Die Vermögenswerte

Falls zwei oder mehr Segmente zwar einen der oben genannten Werte übersteigen, sie jedoch vergleichbare wirtschaftliche Merkmale aufweisen und hinsichtlich der Art der Produkte und Dienstleistungen, der Produktionsprozesse, der Kunden, der Vertriebsmethoden oder der Erbringung von Dienstleistungen etc. vergleichbar sind, ist ebenfalls eine Zusammenfassung möglich. (IFRS 8.12) Darüber hinaus können ebenfalls Segmente, die nicht die oben genannten Schwellenwerte übersteigen, aufgenommen werden.[265] Möglichkeiten hierzu ergeben sich zum einen im Falle vergleichbarer langfristiger Ertragsentwicklungen,[266] bei welchen eine Zusammenfassung von mindestens zwei Segmenten vorgenommen werden kann. (IFRS 8.11) Daneben können Segmente, die die oben genannten Schwellenwerte nicht übersteigen, auch ohne eine Zusammenfassung aufgenommen werden, sofern die Geschäftsführung eine besondere Bedeutung für den Abschlussadressaten sieht, welche in diesem Fall gesondert anzugeben ist. (IFRS 8.13)

Diese Ausnahmeregelungen sind gleichzeitig notwendig, um der weiterhin vorgeschriebenen Darstellung von Segmenten, die mindestens 75% der gesamten Erträge des Unternehmens umfassen, nachkommen zu können. (IFRS 8.15) Über diese wertmäßige Grenze hinaus besteht gemäß IFRS 8.16 weiterhin die Pflicht, eine zusammenfassende Darstellung der nicht nach IFRS 8.5 als Geschäftssegment zu bezeichnenden oder die Schwel-

[263] Vgl. Trapp/Wolz (2008), S. 87.

[264] Bei dieser Untersuchung dürfen die Gewinne und Verluste des Segmentes nicht miteinander verrechnet werden. Vgl. Schulz-Danso (2013), Rn. 29.

[265] Vgl. Fink/Hütten (2014), Rn. 50.

[266] Vgl. Fink/Hütten (2014), Rn. 35.

lenwerte aus IFRS 8.11 nicht überschreitenden und damit nicht berichtspflichtigen Segmente[267] sowie anderer Geschäftstätigkeiten[268] in Form eines Sammelpostens vorzunehmen. Abbildung 5 fasst die Vorgehensweise zur Bestimmung berichtspflichtiger Segmente zusammen.

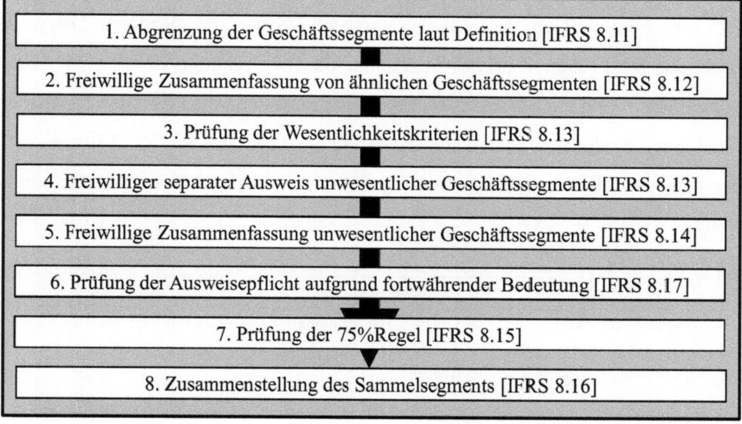


**Abbildung 5: Bestimmung berichtspflichtiger Segmente[269]**

Als Obergrenze für die Berichterstattung werden nach IFRS 8.19 zehn Segmente als sinnvoll empfunden, dieser Wert ist jedoch lediglich ein Richtwert und keine verpflichtende Vorgabe.[270]

### 2.3.3.2.2 Identifikation und Ermittlung der Segmentinformationen

Die aus der **Identifikation und Ermittlung der zu berichtenden Segmentinformationen** resultierenden Angabepflichten beziehen sich auf qualitative und quantitative Segmentangaben.[271]

---

[267] Sowie der Segmente, die nicht durch eine Zusammenfassung oder die vom Management empfundene Wesentlichkeit bei Nicht-Erfüllung der wertmäßigen Wesentlichkeitsgrenzen erfasst werden, vgl. Fink/Hütten (2014), Rn. 49-50.

[268] Die Aufnahme von anderen Aktivitäten des Unternehmens in den Sammelposten wird in der Literatur kritisiert, da diese eher der im weiteren Verlauf darzustellenden Überleitungsrechnung zuzurechnen sind, vgl. Ebeling (2010), Rn. 48.

[269] In Anlehnung an Schulz-Danso (2013), Rn. 43.

[270] Vgl. Schulz-Danso (2013), Rn. 31.

[271] Vgl. Grottke/Krammer (2008), S. 672-673.

Zum einen müssen Angaben darüber getätigt werden, auf welchen Faktoren basierend die Identifikation der berichtspflichtigen Segmente vorgenommen wurde bzw. welche Organisationsgrundlage vorliegt und auf welche Produkte bzw. Dienstleistungen sich die Umsatzerlöse des jeweiligen Segmentes beziehen. (IFRS 8.22) Die quantitativen Angabepflichten sind wiederum stark an den Anforderungen des Management Approach orientiert. Daher ist der Umfang der gesetzlich vorgeschriebenen, anzugebenden Daten – wie in Abbildung 6 zu sehen – auf das Segmentergebnis beschränkt. (IFRS 8.23) Weitere Informationen[272] sind nur darzustellen, falls diese im Rahmen der internen Steuerung in regelmäßigen Abständen an den Chief Operating Decision Maker (CODM) weitergegeben werden oder falls sie bei der Bewertung des intern genutzten Gewinns bzw. Verlusts einbezogen werden. (IFRS 8.23)

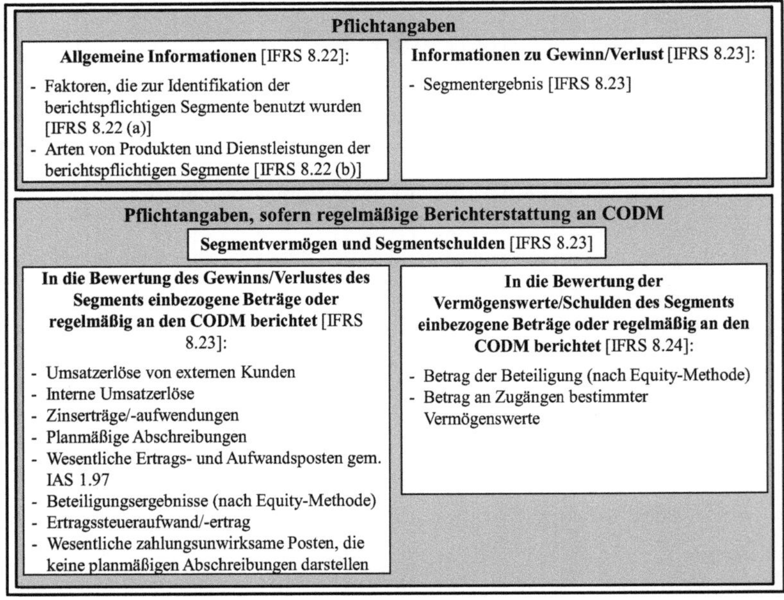


**Abbildung 6: Angabepflichten von berichtspflichtigen Segmenten**

Die verpflichtend anzugebenden Ergebnisgrößen sind nicht genau definiert, da die Größen anzugeben sind, die auch für die interne Steuerung eingesetzt werden. (IFRS 8.25)

---

[272] Zu denen nach dem Annual Improvement Project 2009 und somit für Geschäftsjahre ab dem 01.01.2010 auch das Segmentvermögen zu zählen sind, vgl. Kapitel 2.3.3.3.

Bei mehreren Ergebnisgrößen für das gleiche Segment soll diejenige Größe angegeben werden, die der CODM als am ähnlichsten zum externen Jahresabschluss erachtet. (IFRS 8.26)

Über die quantitative Angabe der oben genannten Positionen hinaus hat eine **qualitative Angabe** der Bewertungsgrundlagen für die Erfolgsgrößen sowie die Vermögenswerte und Schulden zu erfolgen.

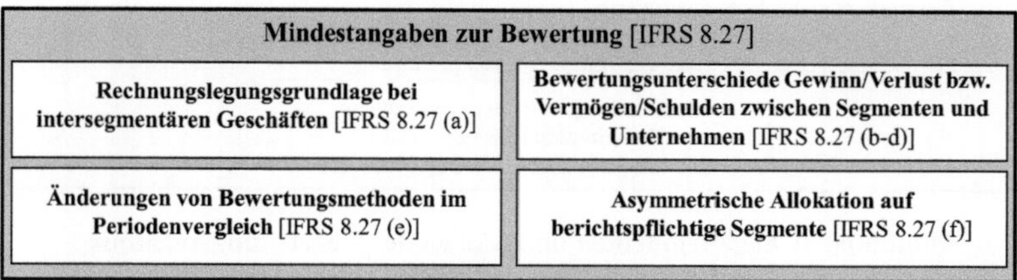


**Abbildung 7: Mindestangaben zur Bewertung**

Aus diesem Grund sind – wie in Abbildung 7 dargestellt – unter anderem Angaben zu Geschäften zwischen Segmenten und unterschiedlicher Bilanzierung von Segmentergebnis, -vermögen sowie -schulden im Vergleich zur Unternehmensbilanz bzw. -GuV, die nicht bereits im Rahmen der Überleitungsrechnung dargestellt wurden, zu machen. Daneben müssen wechselnde Bilanzierungs- und Bewertungsmethoden und eine asymmetrische Verteilung auf die Segmente (bspw. die Zuordnung des Abschreibungsaufwands zu einem Segment, ohne diesem den entsprechenden Vermögensgegenstand zuzuordnen) erläutert werden. (IFRS 8.27)

Die Segmentberichterstattung basiert aufgrund der Durchsetzung des Management Approach auf dem Management Reporting, aus welchem Grunde eine **Überleitungsrechnung** zur Herstellung eines quantitativen Zusammenhangs zwischen den aggregierten und den für die einzelnen Segmente angegebenen Daten erstellt werden muss.[273] Hierdurch sollen die im internen Rechnungswesen angewandten Bilanzierungs- und Bewertungsmethoden, bspw. in Form von kalkulatorischen Größen oder Wiederbeschaffungskosten, transparent dargestellt werden.[274] Überleitungsrechnungen müssen daher – wie in

273 Vgl. Haller (2000), S. 783.

274 Vgl. Alvarez/Büttner (2006), S. 313.

Abbildung 8 dargestellt – für den Gesamtbetrag der Umsatzerlöse, des Ergebnisses, der Vermögenswerte, der Schulden sowie aller anderen wesentlichen Informationen der berichtspflichtigen Segmente angegeben werden. (IFRS 8.28)

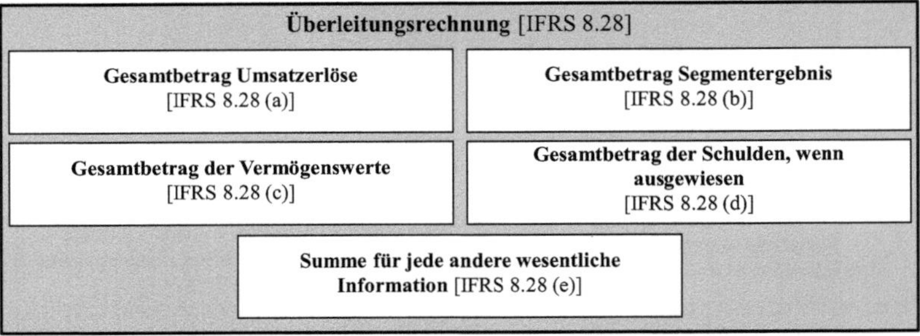


**Abbildung 8: Angabepflichten im Rahmen der Überleitungsrechnung**

Alle Unternehmen, die IFRS 8 anwenden, haben – sofern im Rahmen der primären Segmentberichterstattung noch nicht aufgeführt – weitere sogenannte **unternehmensweite Angaben** (vgl. Abbildung 9) über Produkte und Dienstleistungen (IFRS 8.32) sowie geografische Gebiete (IFRS 8.33) auszuweisen. Während für Produkte und Dienstleistungen nur die Angabe externer Umsatzerlöse vorgegeben ist, müssen für geografische Regionen die mit externen Kunden erzielten Umsatzerlöse sowie die langfristigen Vermögenswerte angegeben werden. Die Ermittlung der unternehmensweiten Angaben hat nach den Bilanzierungs- und Bewertungsmethoden des Konzernabschlusses und folglich nicht nach dem Management Approach zu erfolgen. (IFRS 8.32 bzw. 8.33) Auf die Angabe kann sowohl für Produkte als auch Regionen verzichtet werden, wenn die benötigten Daten nicht verfügbar sind und diese nur mit unverhältnismäßig hohen Kosten ermittelt werden können. IFRS 8.34 fordert abschließend Angaben über Kunden, mit denen mindestens 10% des Unternehmensumsatzes erwirtschaftet wird. Für diese Kunden muss dargelegt werden, welche Gesamtumsätze mit ihnen erzielt wurden und durch welche Segmente die Umsätze abgewickelt wurden. Die Identität des Kunden und eine wertmäßige Aufteilung auf die einzelnen Segmente muss allerdings nicht preisgegeben werden. (IFRS 8.34)

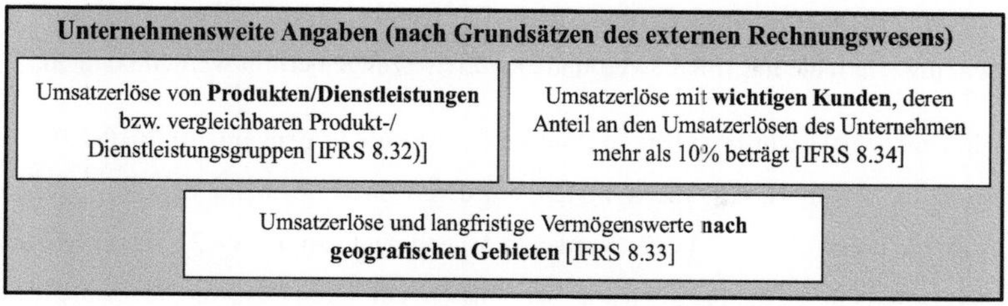

| Unternehmensweite Angaben (nach Grundsätzen des externen Rechnungswesens) | |
|---|---|
| Umsatzerlöse von **Produkten/Dienstleistungen** bzw. vergleichbaren Produkt-/ Dienstleistungsgruppen [IFRS 8.32)] | Umsatzerlöse mit **wichtigen Kunden**, deren Anteil an den Umsatzerlösen des Unternehmen mehr als 10% beträgt [IFRS 8.34] |
| Umsatzerlöse und langfristige Vermögenswerte **nach geografischen Gebieten** [IFRS 8.33] | |

**Abbildung 9: Unternehmensweite Angaben**

Über die in IFRS 8 explizit genannten Angaben hinaus kann das ausstellende Unternehmen ebenfalls zusätzlich freiwillige Angaben wie bspw. segmentbezogene Cashflows,[275] Mitarbeiterzahlen oder zur Segmentsteuerung herangezogene Kennzahlen tätigen.[276]

### 2.3.3.3 Aktuelle Entwicklungen bei IFRS 8

Neben Unklarheiten zur Abgrenzung von Kunden, die im September 2008 durch das IASB diskutiert wurden,[277] wurde im Februar 2009 durch ein **Amendment** zu IFRS 8.23 die im vergangenen Abschnitt bereits berücksichtige Regelung, dass die Berichterstattung über Segmentvermögen nur erfolgen muss, wenn eine regelmäßige Berichterstattung an den CODM erfolgt, umgesetzt.[278]

Im Februar 2010 wurde darüber hinaus die Erstellung eines **PIR**[279] für das Jahr 2011 geplant.[280] Ziel des PIR ist die im Anschluss an die verbindliche Vorgabe eines Standards durchzuführende Analyse der Effekte, die mit der Einführung dieses Standards einhergegangen sind.[281] Im Rahmen des Prozesses sollen strittige Belange in Augenschein genommen, eine Betrachtung von Problemen bei der Implementierung durchgeführt sowie der

---

275 Diese Angabe entspricht einer Empfehlung aus IAS 7.50(d).

276 Vgl. Schulz-Danso (2013), Rn. 77.

277 Vgl. IASB (2008), S. 5.

278 Vgl. IASB (2009), S. 3.

279 Post-Implementation Review, vgl. Kapitel 1.

280 Vgl. IASB (2010), S. 9.

281 Vgl. Ewert/Wagenhofer (2012), S. 278.

Eintritt unerwarteter Kosten untersucht werden.[282] Darüber hinaus soll eine Analyse stattfinden, inwiefern die mit IFRS 8 verbundenen Zielsetzungen erfüllt werden konnten.[283]

Im November 2011 wurde zudem im Rahmen der **Annual improvements 2010-2012** die Problematik diskutiert, dass die Kriterien, auf deren Basis Segmente zusammengefasst wurden, nicht klar waren.[284] Daher wurde ein Amendment von IFRS 8.22 vorgenommen, so dass Unternehmen die Faktoren angeben müssen, auf deren Basis die Segmente identifiziert werden, falls eine Zusammenfassung von Segmenten stattfindet.[285] Weiterhin wurde aufbauend auf dem Amendment von 2009 die Anpassung an IFRS 8.28 vorgenommen, dass eine Überleitung des Segmentvermögens nur berichtet werden muss, wenn der CODM regelmäßig Informationen zum Segmentvermögen bekommt.[286] Im Dezember 2013 wurden die annual improvements 2010-2012 abgeschlossen, eine verbindliche Anwendung gilt für Geschäftsjahre die am 1. Juli 2014 oder später beginnen.[287]

### 2.3.4 Segmentberichterstattung nach DRS 3 und IAS 14

#### 2.3.4.1 Segmentberichterstattung nach DRS 3

Aufgrund der vorgesehenen konzeptionellen Überarbeitung des IFRS 8 aus der Perspektive deutscher Unternehmen soll im Folgenden ebenfalls eine Betrachtung der Segmentberichterstattung nach HGB bzw. den Vorgaben des DRS 3 erfolgen. Die Betrachtung bietet vordergründig die Möglichkeit, Ideen zur zweckmäßigen Überarbeitung des Standards für eine bessere Umsetzung bei deutschen Unternehmen abzuleiten. Daneben ist diese sinnvoll, da Probleme bei deutschen Unternehmen auftreten können, die erst in der jüngeren Vergangenheit von einer Berichterstattung nach HGB auf IFRS umgestellt haben.

Die Segmentberichterstattung nach HGB ist nicht verpflichtend. In § 297 Abs. 1 Satz 2 HGB wird für Konzernmutterunternehmen jedoch das Wahlrecht eingeräumt, einen Seg-

---

282 Vgl. IASB (2012b), S. 4.

283 Vgl. IASB (2012b), S. 4. Die detaillierte Betrachtung des PIR erfolgt in Kapitel 3.3.

284 Vgl. IASB (2011), S. 6.

285 Vgl. IASB (2013a), S. 28. Neben den Änderungen im Standard selber hat sich eine Erweiterung der Basis for Conclusion in Form der BC30A und BC30B ergeben, vgl. IASB (2013a), S. 29.

286 Vgl. IASB (2013a), S. 28.

287 Vgl. IASB (2013a), S. 28. Aus diesem Grund kann keine Untersuchung der Umsetzung in der Praxis stattfinden. Die Erweiterung des Standards muss jedoch bei der Interpretation der Ergebnisse aus der empirischen Erhebung berücksichtigt werden.

mentbericht zu erstellen. Vorschriften zur Ausgestaltung der Segmentberichterstattung finden sich im HGB nicht. Vielmehr findet sich eine genaue Beschreibung nur im DRS 3, welcher die Ausführungen des HGB inhaltlich konkretisiert.[288] DRS 3 gilt für „alle Mutterunternehmen, die ihren Konzernabschluss gemäß § 297 Abs. 1 Satz 2 HGB um eine Segmentberichterstattung erweitern“ (DRS 3).

Im Folgenden soll die Segmentberichterstattung nach DRS 3 kurz dargestellt werden. Diese folgt im Grundsatz dem Management Approach, da für die **Segmentabgrenzung** die Daten der internen Berichtseinheiten herangezogen werden. (DRS 3 Tz. 9.) Allerdings soll bei mehreren möglichen Segmentierungen diejenige herangezogen werden, die eine möglichst optimale Darstellung der unternehmensbezogenen Risiken und Chancen zulässt. (DRS 3.11) Hieraus ergibt sich, dass der für die Entwicklung der DRS zuständige Deutsche Standardisierungsrat (DSR) in Teilen auch dem Risk and Reward Approach gefolgt ist.[289]

Verpflichtend anzugebende **Segmentinformationen** sind nach DRS 3.31 die segmentbezogenen Umsatzlöse, das Segmentergebnis, das Segmentvermögen, die Segmentinvestitionen in das langfristige Vermögen, die Segmentschulden und -abschreibungen, wesentliche nicht zahlungswirksame Posten, Ergebnisbeiträge von nach der Equity-Methode bewerteten Anteilen sowie Erträge aus anderen Beteiligungen.[290]

Die Ausführungen zur Segmentberichterstattung nach deutschem Recht zeigen, dass eine Nutzung des Management Approach grundsätzlich als sinnvoll erachtet wird. Allerdings folgt der DRS 3 dem Management Approach nur teilweise, da einerseits Größen nur dann berichtet werden müssen, wenn diese unternehmensintern genutzt werden, andererseits jedoch ebenfalls Größen unabhängig von der internen Nutzung verpflichtend anzugeben sind.[291] Zudem wird bei der Segmentdatenermittlung ein Bruch mit dem Management Approach in Kauf genommen, da die Bilanzierungs- und Bewertungsmethoden des Abschlusses heranzuziehen sind. (DRS 3.19f.) Grund hierfür ist, dass ein sich aus der Ver-

---

288 Vgl. Alvarez (2002), S. 2057.

289 Vgl. Baetge/Kirsch/Thiele (2013), S. 503.

290 Darüber hinaus wird in DRS 3.36 die Angabe des Cashflows aus laufender Geschäftstätigkeit empfohlen.

291 Vgl. Hahn/Gottwick (2010), Rn. 68.

öffentlichung interner Daten eventuell ergebender zusätzlicher Nutzen für den Bilanzadressaten nach Meinung des DSR mit der Gefährdung der Objektivität und Verlässlichkeit der Daten einhergeht und dieser daher unterbunden werden sollte.[292]

#### 2.3.4.2 Segmentberichterstattung nach IAS 14

Die Betrachtung von IAS 14 ist zur Analyse der mit IFRS 8 einhergehenden Änderungen in der Segmentberichterstattung notwendig. Zudem können auch aus den Regelungen des IAS 14 Implikationen für die Überarbeitung abgeleitet werden.

IAS 14 und SFAS 131 wurden in einem gemeinsamen Projekt des International Accounting Standards Committee (IASC) und des FASB mit dem Ziel der Schaffung einheitlicher Standards entwickelt. Die letztendlichen Vorschriften fallen durch den unterschiedlichen Einsatz des Management Approach allerdings sehr unterschiedlich aus.[293]

Thema der grundlegenden Betrachtung soll hierbei der IAS 14 revised (IAS 14R) sein, der für ab dem 1. Juli 1998 beginnende Geschäftsjahre verpflichtend anzuwenden war. (IAS 14.EF1). Dieser überarbeitete Standard „stellt detailliertere Leitlinien als der ursprüngliche IAS 14 zur Bestimmung von Geschäftssegmenten und geografischen Segmenten bereit. Er verlangt, dass sich ein Unternehmen zum Zweck der Bestimmung solcher Segmente an seiner internen Organisationsstruktur und seinem internen Berichtswesen orientiert“ (IAS 14.EF3) Daneben wurde statt einer vom Umfang her gleichen Segmentierung sowohl für Industrie- als auch für geografische Segmente durch die Überarbeitung eine Berichterstattung über primäre sowie sekundäre Segmente gefordert, während die Berichtspflicht letzterer vom Informationsumfang her wesentlich geringer gehalten wurde. (IAS 14.EF4)[294]

Nach IAS 14 wird die **Segmentabgrenzung** bzw. die Entscheidung, ob das primäre Berichtsformat nach geografischen oder produktspezifischen Kriterien unterschieden wird, durch den „Ursprung und die Art der Risiken und Erträge eines Unternehmens bestimmt.“ (IAS 14.26) Sofern die Risiken aus Unterschieden in Produkten oder Dienstleistungen resultieren, sind die Geschäftssegmente als primäres und die geografischen Segmente als

---

292 Vgl. Baetge/Kirsch/Thiele (2011), S. 475.

293 Vgl. Haller/Park (1999), S. 59

294 Weitere Unterschiede zwischen IAS 14 und IAS 14R finden sich in IAS 14.EF5-EF14. Diese werden hier aufgrund der Fokussierung auf IAS 14R jedoch nicht weiter behandelt.

sekundäres Berichtsformat auszuwählen et vice versa. (IAS 14.26) Eine Bestimmung der Herkunft sowie der Art von Risiken kann normalerweise mit Hilfe der internen Organisation bzw. der Managementstruktur erfolgen. Sofern diese sowohl durch produktspezifische als auch geografische Kriterien beeinflusst wird, ist als primäres Format eine disaggregierte Darstellung nach Geschäftssegmenten zu wählen. (IAS 14.27a) Wenn die Managementstruktur auf keinem der Kriterien basiert, muss das bilanzierende Unternehmen bestimmen, welches der beiden Kriterien den größeren Einfluss hat. (IAS 14.27b) Die einzelnen Segmente sollten bei diesem sogenannten Risk and Reward Approach so abgegrenzt werden, dass innerhalb der Segmente eine möglichst große Homogenität[295] und zwischen den Segmenten eine Heterogenität von Chancen und Risiken besteht.[296] Ziel dieses Ansatzes ist es, dem Adressaten korrespondierend zu den erwirtschafteten Ergebnissen die mit der diversifizierten Geschäftstätigkeit einhergehenden Chancen und Risiken zu verdeutlichen.[297] Diese Methode wird auch als „Management Approach with a Risks-and-Rewards Safety Net“[298] bezeichnet.

Anhand der Darstellung in IAS 14.27 wird deutlich, dass der Standardsetzer grundsätzlich davon ausgeht, dass die Chancen und Risiken bereits bei der internen Organisationsstruktur berücksichtigt wurden. Wenn dies der Fall ist, führen der Risk and Reward Approach des IAS 14 und der Management Approach des IFRS zur gleichen Segmentabgrenzung.[299] Die mit dem Management Approach einhergehenden Spielräume bei der Gestaltung wurden im Rahmen des Risk and Reward Approach allerdings durch die vorgeschriebene Festlegung der zwei dargestellten Varianten der Segmentabgrenzung sowie die bei der Ermittlung von Segmentinformationen vorgeschriebene Einhaltung der in den IFRS geregelten Bilanzierungs- und Bewertungsmethoden eingeschränkt.[300]

---

295 Vgl. Trapp/Wolz (2008), S. 87.

296 Vgl. Kirsch (2001), S. 1513.

297 Vgl. Coenenberg (2001b), S. 594.

298 McConnell/Pacter (1995), S. 36.

299 Vgl. Schulz-Danso (2009), Rn. 15. Folglich ist auch in der nachfolgenden Untersuchung zu berücksichtigen, dass nicht zu beobachtende Änderungen in der Segmentabgrenzung respektive in der Anzahl berichteter Segmente auf die Ausgestaltung des internen Rechnungswesens und nicht zwingend auf eine nicht erfolgreiche Einführung des IFRS 8 zurückzuführen sind.

300 Vgl. Schulz-Danso (2009), Rn. 16. Bei der Ermittlung von Segmentinformationen ist die verursachungsgerechte Zuteilung einzelner Positionen auf die Segmente vorgeschrieben, vgl. Adler/Düring/Schmaltz (2005), Rn. 5.

Der Standardsetzer schreibt in IAS 14.50-.67 auf **primärer Ebene** die Angabe von Segmenterträgen, -ergebnis, -vermögen, -schulden, -investitionen in Sachanlagen und immaterielles Vermögen, planmäßige -abschreibungen, nicht zahlungswirksame Aufwendungen, Ergebnisbeiträge aus und Buchwerte von nach der Equity-Methode bewerteten Anteilen, Wertminderungsaufwendungen und Wertaufholungen sowie einer Überleitungsrechnung vor.[301] Auf **sekundärer Ebene** sind – mit bestimmten Ausnahmen[302] – lediglich die Segmenterlöse, das Segmentvermögen sowie die Segmentinvestitionen verpflichtend anzugeben. (IAS 14.69-.70) Seitens des IASB besteht nach IAS 14.49 jedoch die Empfehlung, alle auf primärer Ebene berichteten Angaben ebenfalls für die Segmente der sekundären Ebene darzustellen.

### 2.3.5 Zusammenfassende Gegenüberstellung der Segmentberichterstattung nach IFRS 8, IAS 14 und DRS 3

Im Folgenden sollen vorwiegend die Unterschiede zwischen IAS 14 und IFRS 8 betrachtet werden. Lediglich bei den zu berichtenden Informationen wird ebenfalls der Vergleich zu DRS 3 vorgenommen, da sich hieraus weitere Implikationen für die im Hauptteil zu diskutierenden Angabepflichten ergeben.

Die **Identifikation von Segmenten** bringt durch den Übergang vom Risk and Reward zum Management Approach einige neue Herausforderungen mit sich. Bspw. kann nach IFRS 8 eine Segmentierung nun ebenfalls anhand der verschiedenen Kundengruppen vorgenommen werden, während sich das bilanzierende Unternehmen nach IAS 14 strikt an die Abgrenzung nach Regionen oder nach Produkten bzw. Dienstleistungen halten musste.[303]

Bei der **Festlegung der zu berichtenden Segmente** können keine weitreichenden Änderungen durch den Übergang festgestellt werden. Im Rahmen von IFRS 8 wird lediglich

---

301 Adler/Düring/Schmaltz (2005) , Rn. 137f.

302 Das IASB unterscheidet in IAS 14.69/70 die beiden Fälle einer sekundären Segmentberichterstattung nach geografischen Segmenten/Geschäftssegmenten. Nach IAS 14.69 hat die Darstellung der Umsatzerlöse für geografische Segmente zu erfolgen, die mehr als 10% des Gesamtumsatzes ausmachen. Das Vermögen sowie die Investitionen sind für solche Segmente zu berichten, deren Vermögen mehr als 10% des Gesamtvermögens darstellt. IAS 14.70 dagegen fordert die Angabe aller drei Positionen, sobald entweder die Umsätze oder das Vermögen von produktbezogenen Segmenten die 10%-Hürde übersteigen.

303 Vgl. Schulz-Danso (2009), Rn. 41.

eine Obergrenze von zehn zu berichtenden Unternehmen empfohlen, während IAS 14 keine maximale Anzahl an zu berichtenden Segmenten empfiehlt.[304] Darüber hinaus können nach IFRS 8 Segmente in die Berichterstattung einfließen, die ausschließlich unternehmensinterne Leistungen erbringen.[305]

| | | DRS 3 | IAS 14 | IFRS 8 |
|---|---|---|---|---|
| Wesentliche Segmentinformationen | Segmenterträge bzw. -umsätze mit Dritten | x | x | x** |
| | Intersegm. Segmenterträge bzw. Umsätze | x | x | x** |
| | Segmentergebnis | x | x | x |
| | Zinsertrag | x*** | - | x** |
| | Zinsaufwand | x**+x*** | - | x** |
| | Abschreibungen | x* | x | x** |
| | (Wesentliche) zahlungsunwirksame Aufw. | x* | x | x** |
| | Außerordentliche Erträge/Aufwendungen | - | - | - |
| | Außergewöhnliche/wesentliche Ertr./Aufw. | - | - | x** |
| | Steueraufwendungen bzw. -erträge | x**** | - | x** |
| | Ergebnisbeiträge aus Equity-Beteiligungen | x* | x | x** |
| | Segmentvermögen | x | x | x** |
| | Segmentschulden | x** | x | x** |
| | Segmentinvestitionen | x | x | x** |
| | Bet. an at-equity konsolid. Unternehmen | - | x | x** |
| Weitere Erläuterungen | Verrechnungspreise | x | x | x |
| | Zusammensetzung Segmente | x | x | x |
| | Ermittlung der Segmentdaten | x | - | x |
| | Bruch mit der Stetigkeit | x | x | x |
| | Bedeutsame Kunden | x | - | x |

* Angabepflicht, sofern Bestandteil des Segmentergebnisses
** Angabepflicht, sofern Verwendung der Vermögensdaten in der internen Steuerung
*** Angabepflicht nur, wenn als Ergebnis das Ergebnis der gewöhnlichen Geschäftstätigkeit oder das Periodenergebnis ausgewiesen wird
**** Angabepflicht nur, wenn als Ergebnis das Periodenergebnis ausgewiesen wird

**Tabelle 1: Angaben nach DRS 3, IAS 14 und IFRS 8**[306]

Unterschiede bei den zu **berichtenden Informationen** (vgl. Tabelle 1) sind primär auf die mit dem Management Approach einhergehende Abhängigkeit von deren Nutzung im internen Berichtswesen bzw. durch den CODM zu erklären. Durch die zahlreichen Einschränkungen bei den nur im Falle einer internen Nutzung verpflichtend zu berichtenden

[304] Vgl. Orth (2004), Rn. 109.

[305] Vgl. Schulz-Danso (2009), Rn. 37.

[306] In Anlehnung an Haller (2000), S. 779; Coenenberg (2001b), S. 594; Orth (2004), Rn. 122; Hahn/Gottwick (2010), Rn. 65.

Informationen entspricht die Regelung nach DRS 3 eher dem Management Approach als diejenige nach IAS 14, auch wenn DRS 3 ebenfalls Ansätze des Risk and Reward Approach verkörpert.[307] Durch die im Rahmen von DRS 3 und IAS 14 geforderten Angaben hinsichtlich des operativen Segmentergebnisses, der Segmentabschreibungen und weiterer nicht zahlungswirksamer Erfolgsbestandteile kann eine unmittelbare Berechnung des Segment-Cashflows erfolgen.[308] Die Berichterstattung nach IFRS 8 wiederum dürfte zumeist eine Approximation des Segment-Cashflows über den Segment-„Earnings before Interest, Taxes, Depreciation and Amortization" (EBITDA) ermöglichen.[309]

Einen weiteren Unterschied bei der Ermittlung der Segmentinformationen stellt das Bezugsobjekt der Segmentdaten dar. Nach IFRS 8 kann die Segmentberichterstattung durch den Disaggregation Approach und den Autonomous Entity Approach erfolgen, während bei IAS 14 lediglich der Disaggregation Approach zulässig war.[310]

Trotz bestehender Unterschiede bzw. aufgrund der zugestandenen Spielräume kann das Resultat der Einführung von IFRS 8 eine weitgehend deckungsgleiche Segmentberichterstattung zu IAS 14 sein. Voraussetzung hierfür ist die in IAS 14.27 thematisierte – bereits vor IFRS 8 erfolgte – Berücksichtigung der segmentbezogenen Chancen und Risiken bei der internen Organisationsstruktur und eine datenreiche interne Segmentberichterstattung, die den umfangreichen Informationserfordernissen des IAS 14 auch bei Übernahme der extern berichteten Daten aus dem internen Rechnungswesen nachkommt. Darüber hinaus müssten für die Deckungsgleichheit die nach IFRS 8 intern ermittelten und extern berichteten Segmentdaten auf den Bilanzierungs- und Bewertungsvorschriften der IFRS basieren.[311]

---

307 Vgl. Peemöller (2003), S. 383.

308 Vgl. Coenenberg (2001b), S. 596.

309 Vgl. Coenenberg (2001b), S. 596. Coenenberg nimmt Bezug auf den SFAS 131, welcher jedoch aufgrund der hier nicht relevanten Unterschiede zwischen IFRS 8 und SFAS 131 keine Einschränkung mit sich bringt.

310 Vgl. Schulz-Danso (2009), Rn. 45. IAS 14 verpflichtet das Unternehmen zu einer Bewertung nach IFRS-Vorgaben, wobei mit Ausnahme der Kapitalkonsolidierung alle intersegmentäre Vorgänge betreffende Konsolidierungsmaßnahmen rückgängig gemacht werden müssen, vgl. Schulz-Danso (2009), Rn. 52.

311 Die genauere Betrachtung des Übergangs von IAS 14 auf IFRS 8 erfolgt in Kapitel 3.

## 2.4 Die Aufnahme und Verarbeitung von Informationen der Segmentberichterstattung durch Individuen

Die in RK.OB2 geforderte **Entscheidungsnützlichkeit** für Investoren, Kreditgeber und andere Gläubiger soll durch die Vermittlung relevanter sowie glaubwürdig dargestellter Informationen sichergestellt werden. (RK.QC6 und RK.QC12) Diese Entscheidungsnützlichkeit kann einerseits durch die Ziele des bilanzierenden Unternehmens beeinflusst werden. Daher sollte eine „Erklärung des in der Realität beobachtbaren Rechnungslegungsverhaltens durch Herausfinden der diese Verhaltensweisen beeinflussenden Umstände und Faktoren“[312] erfolgen. Andererseits ist zu beachten, dass Informationen zwar grundsätzlich relevant und glaubwürdig dargestellt sein können, die Entscheidungsnützlichkeit jedoch letztendlich von der subjektiven Wahrnehmung des informationsverarbeitenden Individuums abhängig ist.[313] Aus diesem Grund stellt sich bspw. im Rahmen der verhaltenswissenschaftlichen Forschung die Frage nach dem Entscheidungsverhalten des Adressaten sowie dem Einfluss der Ausgestaltung der Rechnungslegung auf dieses.[314]

Zur Urteilsbildung über das Verhalten bei der Erstellung und Verarbeitung der aktuellen Segmentberichterstattungspraxis kann auf mehrere in der wissenschaftlichen Literatur diskutierte Ansätze, die jeweils Vor- und Nachteile mit sich bringen, zurückgegriffen werden. Daher sollen im Weiteren neben dem ökonomischen Verhaltensmodell auch die Prinzipal-Agenten-Theorie als relevantester Teilbereich der Neuen Institutionenökonomik (NIÖ) sowie das Behavioral Accounting skizziert werden.

### 2.4.1 Der ökonomische Ansatz und die Prinzipal-Agenten-Theorie

Den Kern des **ökonomischen Ansatzes** bilden die Annahmen, dass Handlungsträger mit stabilen Präferenzen versuchen, ihren Nutzen zu maximieren und Märkte diese Handlungen koordinieren, wodurch ein Gleichgewicht erreicht wird.[315] Die Annahmen der Nutzenmaximierung sowie stabiler Präferenzen können durch das Modell des Homo oecono-

312 Haller (1994a), S. 597f.

313 Vgl. Stanzel (2007), S. 91f.

314 Vgl. Schönbrunn (1988), S. 26.

315 Vgl. Becker/Vanberg/Vanberg (1982), S. 4.

micus konkretisiert werden.[316] Innerhalb dieses Modells wird darüber hinaus angenommen, dass der Homo oeconomicus rational handelt.[317]

Die rationale Verhaltenstheorie bzw. das Modell des **Homo oeconomicus** besagt folglich, dass der Entscheidungsprozess eines Individuums unter Berücksichtigung seiner ihm bekannten, stabilen und als Nutzenfunktion darstellbaren Präferenzen sowie der bspw. in Form von Budgetbeschränkungen bestehenden Restriktionen zu einer seinen Nutzen maximierenden Auswahl an Handlungen führt.[318] Das Modell ist darüber hinaus durch die Annahmen gekennzeichnet, dass die Individuen basierend auf ihren Präferenzen und den bestehenden Restriktionen dazu im Stande sind, ihren subjektiv maximalen Nutzen sowohl zu ermitteln (Unbounded Rationality) als auch durchzusetzen (Unbounded Self-Control). Darüber hinaus findet bei der Ermittlung der Präferenzen keine Berücksichtigung der Interessen bzw. Präferenzen anderer statt (Unbounded Self-Interest).[319]

Die **Prinzipal-Agenten-Theorie** entfernt sich durch die Annahme unvollständiger Informationen und damit einhergehenden nicht optimalen Entscheidungen in Teilen von der Restriktion einer unbegrenzten Rationalität.[320] In Kombination mit der zweiten grundlegenden Annahme einer individuellen Nutzenmaximierung[321] spielt sie zur Erklärung des Bedarfs nach einer Berichterstattung aufgrund der Trennung von Eigentum und Kontrolle durch Investoren und Management eine besondere Rolle.[322]

Die Prinzipal-Agenten-Theorie thematisiert die Beziehung zwischen einem Entscheidungsträger, dem Agenten, und einem Prinzipal, dessen Wohlstand durch die Handlungen des Agenten beeinflusst wird.[323] In der vorliegenden Arbeit wird der Prinzipal durch den Eigenkapitalgeber bzw. den Investor repräsentiert, der die Verfügungsgewalt über sein Eigentum (Kapital) an den durch das Management vertretenen Agenten abtritt.[324] Wäh-

---

316 Vgl. Hirsch (2007), S. 83.

317 Vgl. Wöhe (2013), S. 41.

318 Vgl. Eichenberger (1992), S. 7f.

319 Vgl. Osterloh (2008), S. 4 i.V.m. Frey (1990), S. 4-8; Mullainathan/Thaler (2000), S. 3.

320 Vgl. Picot/Dietl/Franck/Fiedler/Royer (2012), S. 91f.

321 Vgl. Picot et al. (2012), S. 91.

322 Vgl. Jensen/Meckling (1976).

323 Vgl. Spremann (1987), S. 3.

324 Vgl. Osterloh/Frey (2005), S. 337.

rend der Investor aufgrund bestehender Informationsasymmetrien keine oder nicht ausreichende Informationen zur Verifizierung des Verhaltens des Managements hat,[325] wird der erwartungsnutzenmaximierende Agent sein Arbeitsleid minimieren und den Prinzipal nur dann mit Informationen versorgen, wenn hieraus ein Vorteil bzw. kein Nachteil für ihn zu erwarten ist.[326] Aufgrund der Informationsasymmetrien, annahmegemäß abweichenden Interessen der beiden Parteien sowie Opportunismus des Agenten muss für die Durchsetzung der Interessen des Prinzipals ein System aus Kontrollen innerhalb und außerhalb des Unternehmens errichtet werden.[327]

Folglich entsteht aus Sicht der Prinzipal-Agenten-Theorie der Bedarf nach dem externen Rechnungswesen, welches dem Schutz der Eigentümerinteressen durch die Verringerung von Informationsasymmetrien dient.[328] Die Segmentberichterstattung ist hierbei in besonderem Maße dazu geeignet, Informationsasymmetrien zu verringern, da der Prinzipal durch sie differenzierte Unternehmensinformationen und somit die Möglichkeit der Beurteilung des Segmentmanagements und der Segmentperformance erhält.[329]

### 2.4.2 Behavioral Accounting

#### 2.4.2.1 Weiterentwicklung des standardökonomischen Modells sowie der Prinzipal-Agenten-Theorie

Mit Hilfe des ökonomischen Ansatzes und der Prinzipal-Agenten-Theorie kann ein grundsätzlicher Nutzen der Segmentberichterstattung belegt werden. Das ökonomische Verhaltensmodell basiert jedoch auf einem unbegrenzten Streben nach Eigennutzen, einer unbegrenzten Willenskraft und einer unbegrenzten Rationalität.[330] Zudem unterstellt die Prinzipal-Agenten-Theorie dem handelnden Individuum Egoismus.[331] Diese zur Erstellung eines Modells notwendigen Annahmen sind zugleich aber Grund für einen **Bruch mit der ökonomischen Realität**. Der unbegrenzten Rationalität stehen Fehler bei der Aufnahme und Verarbeitung von Informationen gegenüber, die Willenskraft ist bspw.

---

[325] Vgl. Pratt/Zeckhauser (1985), S. 2-3.

[326] Vgl. Laux (1990), S. 13;17.

[327] Vgl. Osterloh/Frey (2005), S. 335.

[328] Vgl. Ballwieser (2002), S. 298.

[329] Vgl. Hacker (2002), S. 101.

[330] Vgl. Osterloh (2008), S. 4 i.V.m. Frey (1990), S. 4-8; Mullainathan/Thaler (2000), S. 3.

[331] Vgl. Richter/Furubotn (2010), S. 5.

bei unangenehmen Entscheidungen häufig eingeschränkt und der theoretischen Maximierung des Eigennutzens widerspricht ein ebenfalls belegbares altruistisches Verhalten von Individuen.[332] Aufgrund dieser Feststellungen ist zur Erklärung des menschlichen Verhaltens die Hinzunahme psychologischer Erkenntnisse durch die Ergebnisse der Verhaltenswissenschaft[333] unabdingbar. Nur unter deren Berücksichtigung kann die im vierten Kapitel vorzunehmende Beurteilung des Einflusses der Ausgestaltung der Rechnungslegung auf das Entscheidungsverhalten des Adressaten näher beleuchtet werden.[334]

Die oben dargestellten Schwächen des ökonomischen Modells werden in der psychologischen Ökonomik thematisiert. Hier sind die Bereiche Bounded Rationality, Bounded Self-Interest und Bounded Willpower zu unterscheiden.[335]

Das Konzept der **Bounded Rationality** unterstellt dem entscheidenden Individuum aufgrund kognitiver Grenzen bei der Aufnahme, Selektion und Verarbeitung von Informationen ein begrenzt rationales Verhalten. Die begrenzte Rationalität ist auf *Simon* zurückzuführen, der zeigt, dass die kognitiven Fähigkeiten des Individuums begrenzt sind.[336] **Bounded Self-Interest** besagt demgegenüber, dass Individuen bei ihren Handlungen die hiervon Betroffenen aus dem Interesse heraus, selber fair behandelt zu werden, berücksichtigen.[337] Diese Berücksichtigung erfolgt unabhängig davon, ob sie ihnen bekannt oder fremd sind.[338] Die **Bounded Willpower** Problematik thematisiert eine fehlende Willensstärke des Individuums,[339] welche sich bspw. darin äußert, dass Individuen Entscheidungen treffen, die in Konflikt mit ihren eigenen langfristigen Zielen stehen.[340]

---

332 Vgl. Beck (2009), S. 121.

333 Die Verhaltenswissenschaft untersucht „Aspekte und Erscheinungsformen des menschlichen Verhaltens“, Schanz (1993), S. 4522. Der Begriff Verhalten umfasst hierbei einerseits das geplante Agieren andererseits aber auch unbewusstes Reagieren, vgl. Schanz (1993), S. 4522.

334 Vgl. Schönbrunn (1988), S. 26.

335 Vgl. Mullainathan/Thaler (2000), S. 2.

336 Vgl. Simon (1955). *March/Simon* behandeln darauf aufbauend unter Bezugnahme auf die Bounded Rationality sowie der daraus resultierenden Limitationen der kognitiven Kapazitäten Vereinfachungen bei der individuellen Problemlösung, vgl. March/Simon (1958), S. 169-171.

337 Vgl. Jolls/Sunstein/Thaler (1998), S. 1479.

338 Vgl. Jolls/Sunstein/Thaler (1998), S. 1479.

339 Vgl. Mullainathan/Thaler (2000), S. 10.

340 Vgl. Jolls/Sunstein/Thaler (1998), S. 1479. Selbstverständlich weisen die Befunde der psychologischen Ökonomik nicht in allen Teilbereichen eine Relevanz für die vorliegende Arbeit auf. Gerade die dem Konzept der Bounded Rationality zuzuordnenden Problembereiche müssen aber im Rahmen der Informationsvermittlung durch die Segmentberichterstattung einer detaillierteren Untersuchung unterzogen werden.

Bezogen auf ökonomische Fragestellungen im Allgemeinen hat sich für die Weiterentwicklung des standardökonomischen Modells um die oben genannten Merkmale der Begriff der **Behavioral Economics** etabliert.[341] Bezogen auf Fragen der Rechnungslegung spricht man von **Behavioral Accounting**, welches sich mit dem Einfluss des Prozesses der Ermittlung sowie der Berichterstattung von Informationen auf Individuen und Organisationen auseinandersetzt.[342] Die unterschiedlichen Forschungsausrichtungen im Behavioral Accounting beziehen sich auf den Umfang sowie den Nutzen der vermittelten Informationen, die Beurteilung durch den Adressaten sowie die Auswirkungen unterschiedlicher Rechnungslegungsmethoden auf die Entscheidung des Adressaten.[343]

#### 2.4.2.2 Folgen aus der Weiterentwicklung des standardökonomischen Modells sowie der Prinzipal-Agenten-Theorie

Die Verarbeitung von Informationen durch Individuen kann aufgrund ihrer **begrenzten kognitiven Kapazitäten** nie vollständig erfolgen, aus welchem Grund sie Strategien für die Informationsverarbeitung entwickeln die sich in einer vereinfachten individuellen Problemrepräsentation äußern.[344] Dieser Umstand erklärt die unterschiedliche Wahrnehmung gleicher Informationen, da die Aufnahme, Kodierung und Beurteilung von Informationen letztlich abhängig von den bis zu diesem Zeitpunkt gesammelten Erfahrungen ist.[345]

Die Abhängigkeit von Erfahrungen und darüber hinaus von individuell wahrgenommenen Reizen begründet die weitgehende Unfähigkeit zu einem objektiv rationalen Handeln. Ziel ist folglich nicht das Erreichen eines optimalen, sondern lediglich das Erzielen eines befriedigenden Ergebnisses.[346]

---

341 Vgl. Beck (2009), S. 120. „Die Behavioral Economics suchen nach systematischen Abweichungen im menschlichen Verhalten, den Ursachen von Fehlentscheidungen und versuchen, diese zu erklären und zu zeigen, in welchem ökonomischen Kontext sie relevant sind“, Beck (2009), S. 120.

342 Vgl. Bruns/DeCoster (1969), S. 3.

343 Vgl. Riahi-Belkaoui (2012), S. 369.

344 Vgl. Hodgkinson (2003), S. 3.

345 Vgl. Walsh (1995), S. 281.

346 Vgl. Simon (1966), S. 259f. Wenn ein Entscheidungsträger mit mehreren Alternativen konfrontiert wird, wählt er statt alle Alternativen zu untersuchen die erste Alternative mit der er konfrontiert wird, die seine minimalen Anforderungen erfüllt.

Zur Schonung der kognitiven Kapazitäten bei einer zu großen Anzahl bestehender Möglichkeiten werden dabei komplexitätsreduzierende sowie die Suche nach einer Lösung strukturierende – von persönlichen Fähigkeiten abhängige – Regeln und Leitsätze (sog. **Heuristiken**) genutzt.[347] Mit einer optimalen Entscheidung divergierende Tendenzen resultieren folglich aus systematischen Verzerrungen des menschlichen Verhaltens bei der Nutzung dieser Heuristiken.[348] Hieraus können systematische Fehler und somit Abweichungen von der im standardökonomischen Modell unterstellten Rationalität sowohl bei der Urteilsbildung als auch der Entscheidung resultieren.[349] In der Literatur werden primär die Repräsentativitäts-, Verankerungs- und die Verfügbarkeitsheuristik diskutiert.[350]

### 2.4.3 Der Problemlösungszyklus

Für eine Übertragung der im vergangenen Abschnitt dargestellten Problembereiche auf die im vierten Kapitel zu untersuchende Verarbeitung der im Rahmen einer Segmentberichterstattung vermittelten Informationen durch den Adressaten soll der von *Gerling* dargestellte Problemlösungszyklus herangezogen werden.[351]

Ein Problem ist gegeben, wenn sich eine Person in einer für sie nicht wünschenswerten Situation befindet, ihr aber die notwendigen Mittel fehlen, um ihren (internen oder externen) Zustand so zu verändern, damit es eine für sie wünschenswerte Situation erreicht.[352] Der in Abbildung 10 vereinfacht dargestellte Prozess der Problemlösung beginnt mit der **Wahrnehmung eines solchen Problems.**

Neben der Feststellung der aktuellen Situation bzw. des aktuellen Ist-Zustands muss im Rahmen der **Problemrepräsentation** ein Ziel festgelegt werden, aus welchem wiederum der Soll-Zustand abgeleitet werden kann. Hierbei ist die Kenntnis des Soll-Zustands abhängig davon, ob das Problem gut und somit präzise abgrenzbar oder schlecht „definiert“

---

347 Vgl. Medin/Ross/Markman (2005), S. 399.

348 Vgl. Gerling (2007), S. 81.

349 Vgl. Mullainathan/Thaler (2000), S. 5.

350 Vgl. Tversky/Kahnemann (1974). Die differenziertere Betrachtung der Heuristiken erfolgt in Kapitel 4.3.2. Für eine Betrachtung weiterer Probleme, die zu einem nicht rationalen Entscheidungsprozess führen können, wird ebenfalls auf Kapitel 4.3.2 verwiesen.

351 Vgl. Gerling (2007), S. 33. *Gerling* lehnt den Problemlösungszyklus an *Sternberg* an, vgl. Sternberg (2003), S. 361. Für die vorliegende Arbeit werden jedoch schwerpunktmäßig nur die vier nachfolgend dargestellten Schritte untersucht.

352 Vgl. Dörner (1987), S. 10.

ist.[353] Das im Kontext der vorliegenden Arbeit bestehende Problem entspricht einer überhaupt nicht oder nur eingeschränkt möglichen Beurteilung der Segmentperformance bzw. des (Segment-) Managements und ist folglich gut definiert. Durch das Fehlen der für diese Beurteilung notwendigen Mittel besteht jedoch eine Barriere, die verhindert, dass der unerwünschte Anfangszustand in die wünschenswerte Situation (eine sachgemäße Segmentbeurteilung) transformiert werden kann.[354] Die Barriere kann einerseits darin bestehen, dass zur Urteilsbildung notwendige Informationen nicht oder nicht im benötigten Maße vorhanden sind. Andererseits kann dem Individuum die Befähigung zur sachgemäßen Verarbeitung der vorliegenden Segmentangaben fehlen.[355]

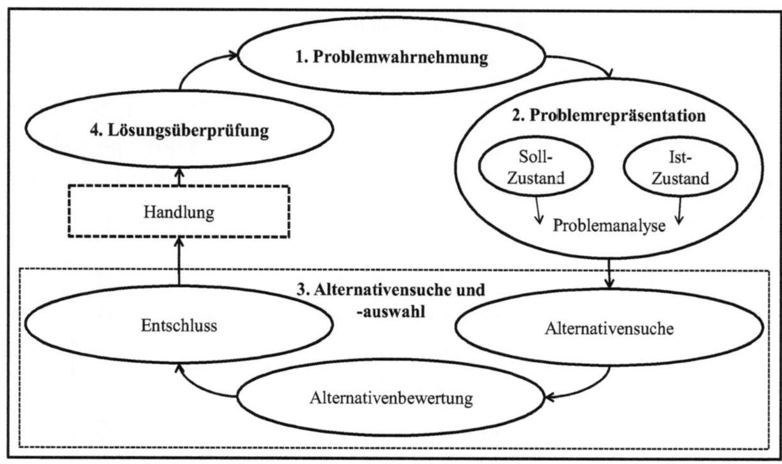


**Abbildung 10: Problemlösungszyklus**[356]

Im Anschluss an die Ermittlung der Diskrepanz zwischen Soll und Ist müssen Operatoren gefunden werden, mit deren Hilfe das Erreichen des Soll-Zustands und somit die Überwindung der Barriere möglich ist.[357] Im Anschluss an diese **Alternativensuche** muss bei Bestehen mehrerer Lösungsmöglichkeiten eine **Alternativenbewertung** vorgenommen

353 Vgl. McCarthy (1956), S. 177. Das Problem ist hierbei gut definiert „if there is a test which can be applied to a proposed solution. In case the proposed solution is a solution, the test must confirm this in a finite number of steps", McCarthy (1956), S. 177.

354 Vgl. Dörner (1987), S. 10.

355 Vgl. Dörner (1987), S. 11.

356 In Anlehnung an Gerling (2007), S. 33.

357 Vgl. Gerling (2007), S. 30; Arbinger (1997), S. 34.

werden, mit deren Hilfe eine Strukturierung der Entscheidung vorgenommen und im Anschluss ein **Entschluss**[358] getroffen werden kann.[359] Bezogen auf die Segmentberichterstattung können verschiedene Alternativen darin bestehen, die quantitativen und qualitativen Daten in einer gewichteten Form für die Bewertung zu übernehmen, Informationen aus anderen Quellen heranzuziehen oder eigene Daten durch eine Weiterverarbeitung der gegebenen Informationen zu entwickeln. Der sachgemäßen Segmentbeurteilung stehen hierbei bspw. eine falsche Gewichtung von Daten oder das Treffen falscher Annahmen bei der Weiterverarbeitung von Informationen[360] gegenüber.

Sofern im Rahmen der nach der Umsetzung des Entschlusses durchzuführenden **Lösungsüberprüfung** Abweichungen vom gewünschten Soll-Zustand festgestellt werden und die Lösung des Problems folglich nicht oder nur unbefriedigend erfolgt ist, besteht die Notwendigkeit, ausgehend von einer erneuten Problemwahrnehmung eine erneute Durchführung des Problemlösungsprozesses vorzunehmen.[361] Die Überprüfung, ob eine sachgemäße Segmentbeurteilung vorgenommen wurde, kann bspw. durch einen nachträglichen Abgleich des erwarteten Erfolgspotenzials mit der realen Entwicklung erfolgen.

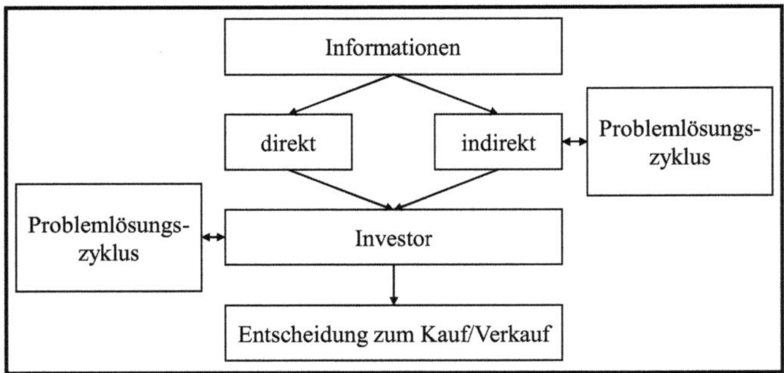


**Abbildung 11: Entscheidungsfindung des Investors**[362]

358 Der bspw. auch durch einen einfachen Münzwurf möglich ist, vgl. Galotti (2013) S. 296.

359 Vgl. Galotti (2013), S. 296.

360 Bspw. durch die Betrachtung der Segmentperformance ohne Berücksichtigung einer evtl. bestehenden Überleitungsrechnung. Für hieraus resultierende Gefahren vgl. Kapitel 4.3.2.2.

361 Vgl. Sternberg (2003), S. 363.

362 In Anlehnung an Stanzel (2007), S. 17.

Die Qualität der **Entscheidungsfindung des Investors** wird nicht nur auf direktem Wege durch seinen persönlichen Problemlösungszyklus beeinflusst. Durch mögliche Informationsintermediäre erfolgt ebenfalls eine Beeinflussung auf indirektem Wege, da diese ihn mit Informationen in Form eines von ihnen erarbeiteten neuen Informationsproduktes versorgen.[363] Durch das auch aus Sicht der Informationsintermediäre bestehende anfängliche Problem müssen diese ebenfalls den Problemlösungszyklus durchlaufen. Hierbei kann bei der Problemrepräsentation sowie der Alternativensuche und -auswahl von einer präferierten Nutzung unternehmensinterner Quellen in Form einer direkten Kommunikation des Informationsintermediärs mit dem betreffenden Unternehmen[364] sowie der öffentliche Publizität dieser ausgegangen werden.[365] In der Folge ist daher zu berücksichtigen, dass bei den im Problemlösungszyklus des Investors einfließenden Informationen bereits aus dem Problemlösungszyklus des Analysten oder anderer Intermediäre resultierende Fehler einfließen können. (Vgl. Abbildung 11)

## 2.5 Nutzung der externen Segmentberichterstattung für die Bilanzanalyse

Neben der einfachen Durchsicht von Jahresabschlussinformationen „ist die Aufbereitung (Verdichtung) sowie die Auswertung erkenntniszielorientierter Unternehmensinformationen mittels Kennzahlen, Kennzahlensystemen und sonstiger Methoden“[366] eine Möglichkeit für deren zweckgerichtete Nutzung. Da ein Ziel der vorliegenden Arbeit die Untersuchung der mit IFRS 8 einhergehenden Vorteile ist, muss ebenfalls überprüft werden, inwiefern sich die in der Segmentberichterstattung vermittelten Daten für eine segmentbezogene Bilanzanalyse eignen. Daher soll vorab die allgemeine Möglichkeit der Nutzung von Informationen aus der Segmentberichterstattung im Rahmen einer solchen Analyse thematisiert werden.

Eine Analyse von Segmentdaten kann sich sowohl auf **reine Bilanz- bzw. GuV-Daten** (in Form von Vermögensstruktur-, Kapitalstruktur- sowie Aufwands- und Ertragsstruk-

---

[363] Vgl. Stanzel (2007), S. 16. Mögliche Informationsintermediäre sind wie oben dargestellt Analysten, die als Individuum ebenfalls den dargestellten Problemlösungszyklus durchlaufen müssen.

[364] Vgl. Tasker (1998), S. 139.

[365] Vgl. Stanzel (2007), S. 95.

[366] Küting (2000), S. 602.

turanalysen) als auch auf eine **Verbindung dieser beiden Bereiche** (in Form von Liquiditäts- und Rentabilitätsanalysen) beziehen.[367] Zur Beurteilung von Unternehmen bzw. im vorliegenden Kontext von Segmenten spielt darüber hinaus die wertorientierte Berichterstattung in Form eines **Value Reporting** eine bedeutende Rolle, da die Adressaten hierdurch eine optimierte Bewertung der Ertragskraft des Unternehmens vornehmen können, während die Unternehmen ihrerseits durch eine freiwillige Berichterstattung ihre Kapitalkosten senken und den Wert des Unternehmens erhöhen können.[368]

Auf Basis der Angaben im Rahmen eines Value Reporting kann neben der klassisch ausgerichteten Bilanzanalyse eine optimierte **strategische Segmentanalyse** erfolgen. Die Kombination der auf Liquidität/Erfolg (finanzielle Segmentanalyse) sowie Erfolgspotenzial (strategische Segmentanalyse) abstellenden Analysen dient aus Sicht des Unternehmensexternen der Kontrolle des Segmentmanagements sowie der Prognoseverbesserung durch eine optimierte Abschätzung der zukünftigen Entwicklung.[369] Zwar verfolgt die segmentierte Darstellung eines diversifizierten Unternehmens grundsätzlich den Zweck, eine bessere Abschätzung dieser zukünftigen Entwicklung vorzunehmen.[370] Im Folgenden muss jedoch herausgestellt werden, inwiefern die aktuelle Segmentberichterstattung die für eine strategische Segmentanalyse notwendigen Daten bereitstellt.

Die strategische Segmentanalyse kann fundamentalstrategisch, ressourcenorientiert oder marktwertorientiert ausgerichtet sein.[371] Die **fundamentalstrategische** Analyse untersucht die Einflüsse der Unternehmensumwelt auf die Segmente.[372] Die **ressourcenorientierte** Analyse betrachtet die finanziellen, materiellen und immateriellen Ressourcen der Segmente. Darüber hinaus erfolgen im Rahmen der **marktwertorientierten** Betrachtung – basierend auf den anderen beiden Analysen – die Prognose des Erfolgs und die Analyse des Marktwertes.[373]

---

367 Vgl. Rogler (2009b), S. 576.

368 Vgl. Coenenberg/Mattner (2000), S. 1829.

369 Vgl. Alvarez (2004), S. 649f.

370 Vgl. Haller (2000), S. 759.

371 Vgl. Alvarez (2004), S. 649.

372 Grundlage jeder Unternehmensbeurteilung sollte hierbei eine Analyse der Branche(n), die für das zu betrachtende Unternehmen relevant ist/sind, sowie eine Beurteilung der Position des Unternehmens am Markt sein, vgl. Küting (2000), S. 602f.

373 Vgl. Alvarez (2004), S. 649f.

Durch das Ziel der Segmentberichterstattung, Einblick in die aktuell verfolgte Portfoliostrategie zu geben, sollte gerade die verbesserte Möglichkeit der Messung des Erfolgspotenzials mit ihr einhergehen.[374] Das Erfolgspotential ist durch die Beeinflussung des zukünftigen Geschäftserfolges gleichzeitig eng mit dem Marktwert des Unternehmens verbunden.[375] Die **Erfolgsprognose** erfolgt in Form von Prognoseverfahren durch die Nutzung vergangenheitsorientierter Daten für die Erklärung der Geschäftsentwicklung oder mit Hilfe der zusätzlichen Berücksichtigung von Expertenwissen, bspw. in Form von Analystenmeinungen.[376] Die **Bestimmung des Marktwertes** eines Unternehmens wird zumeist über den auf Grundlage des Discounted Cashflow ermittelten Zukunftserfolgswert bestimmt.[377] Der segmentbezogene Zukunftserfolgswert ergibt sich durch die Diskontierung der zukünftig von dem Segment erwarteten Free Cashflows mit dem segmentspezifischen Kapitalkostensatz[378] (Weighted Average Cost of Capital - WACC).[379]

Zwar belegen empirische Studien, dass die Bereitstellung segmentierter Daten mit einer Verringerung von Unsicherheiten bei der Prognose und damit mit einer Verringerung der WACC einhergeht.[380] Jedoch muss neben der Berichterstattung über Rentabilität und Wertgenerierung für eine Analyse des Marktwertes auch eine diversifizierte Darstellung des Risikos erfolgen, was eine zunehmende Verzahnung des Segmentberichtes mit der Risikoberichterstattung erfordert.[381] Darüber hinaus besteht ein weiteres Problem in der Verfügbarkeit des segmentbezogenen Free Cashflows,[382] welcher – wie in Tabelle 2 dar-

---

374 Vgl. Coenenberg (2001b), S. 604.

375 Vgl. Coenenberg (2001b), S. 604.

376 Vgl. Alvarez (2004), S. 660.

377 Vgl. Hochstein (2012), S. 32.

378 Entsprechend der den Segmenten zugehörigen Risikostrukturen muss die Bestimmung der Kapitalkosten segmentspezifisch erfolgen, vgl. Coenenberg (2001b), S. 595. Die Ermittlung der segmentbezogenen Kapitalkosten ist nur mit den in der Segmentberichterstattung angegebenen Informationen nicht möglich. Daher muss hierfür ein Rückgriff auf andere Teile des Jahresabschlusses erfolgen, vgl. Alvarez (2003), S. 290.

379 Dieses Vorgehen entspricht dem auf das gesamte Unternehmen abgestellten und in der einschlägigen Literatur gängigen Verfahren der Ermittlung des Unternehmenswertes anhand der aufsummierten zukünftigen freien Cashflows, deren Abzinsung auf den Betrachtungszeitpunkt anhand eines risikoäquivalenten Zinssatzes vorgenommen wird, vgl. Reimund (2003), S. 15.

380 Vgl. bspw. Prodhan/Harris (1989), S. 482.

381 Vgl. Coenenberg (2001b), S. 604.

382 In Kapitel 3.4.2.4 wird ebenfalls überprüft, ob die untersuchten Unternehmen Cashflows berichten.

gestellt – jedoch über die im Segmentbericht in der Regel häufiger verfügbaren Angaben näherungsweise berechnet werden kann.

| | |
|---|---|
| | Betriebliches Segmentergebnis vor Zinsen und nach Steuern |
| + | Segmentabschreibungen |
| +/- | sonstige nicht zahlungswirksame Aufwendungen/Erträge des Segmentes |
| +/- | Veränderung des segmentbezogenen Working Capital |
| - | Investitionen in das langfristige Segmentvermögen |
| **=** | **Brutto-Free Cashflow des Segmentes** |

**Tabelle 2: Berechnung des Segment-Brutto-Free Cashflow**[383]

383 In Anlehnung an Alvarez (2004), S. 661.

# 3 Untersuchung möglicher Problembereiche einer Segmentberichterstattung nach IFRS 8 und Analyse der Umsetzung durch deutsche Unternehmen

## 3.1 In der Literatur diskutierte Probleme der Segmentberichterstattung nach IFRS 8

### 3.1.1 Das Zirkularitätsproblem durch den Management Approach

Wie dargestellt begründet der Standardsetzer die Übernahme des Management Approach mit zahlreichen Vorteilen. (IFRS 8.BC6) Jedoch können mit der Umsetzung des Management Approach in Deutschland nicht nur Vor- sondern ebenfalls einige Nachteile verbunden sein. Hierbei ist sowohl ein **Einfluss auf das interne als auch auf das externe Rechnungswesen** möglich.[384] Als Extremfälle sind zwei Möglichkeiten denkbar. Zum einen kann das bilanzierende Unternehmen den Vorgaben des Standardsetzers uneingeschränkt folgen, indem die unveränderten intern abgegrenzten Segmente sowie die ihnen zugehörigen Informationen bei der Einführung des Management Approach in die externe Berichterstattung übernommen werden.[385] Zum anderen besteht durch die Verpflichtung zur externen Veröffentlichung interner Daten die Möglichkeit der Ermittlung dieser Informationen aus einer subjektiv als sinnvoll erachteten Perspektive.[386] Hieraus resultierend hat das Unternehmen eine faktische Möglichkeit, die interne Berichterstattung ausschließlich an den Anforderungen des Kapitalmarktes – und somit eventuell an einer den Adressaten gegenüber gewünschten Darstellung – auszurichten, ohne hierbei interne Erfordernisse zu beachten.[387] In der Folge kann diese absichtliche Anpassung zu einer eingeschränkten Aussagekraft der externen Segmentberichterstattung führen.[388] Die uneingeschränkte Ausrichtung der internen Berichterstattung an den externen Erfordernissen ist jedoch aus dem Grund der zielgerichteten Unternehmensführung praktisch auszuschließen. Daneben steht die externe Kommunikationsfähigkeit – durch die Offenlegung der Qualität der Unternehmensführung im Rahmen des Management Approach – einer alleinigen Ausrich-

---

384 Es kann sich sowohl ein Einfluss des internen Rechnungswesens auf das externe als auch des externen Rechnungswesens auf das interne ergeben, vgl. Weißenberger (2005), S. 186.

385 Vgl. Haller (2000), S. 768

386 Vgl. Melcher (2002), S. 2.

387 Vgl. Haller/Park (1999), S. 64.

388 Vgl. Grottke/Krammer (2008), S. 676.

tung an den externen Ansprüchen entgegen.[389] Mitunter kann sich allerdings ein positiver Einfluss in Form eines Anpassungsdrucks auf das interne Rechnungswesen ergeben, da Investoren negativ auf die Veröffentlichung eines unzureichenden internen Systems reagieren könnten.[390]

Ausgehend von dem aus diesen Möglichkeiten resultierenden **Zirkularitätsproblem**, werden die beiden Ausprägungsmöglichkeiten in ihrer Extremform genauer untersucht. Zu beachten ist allerdings die Problematik, dass bei deckungsgleichen Zielen eine Optimierung der internen Unternehmensrechnung in einer Nebenfolge zu einer Optimierung der externen Berichterstattung führen kann et vice versa.

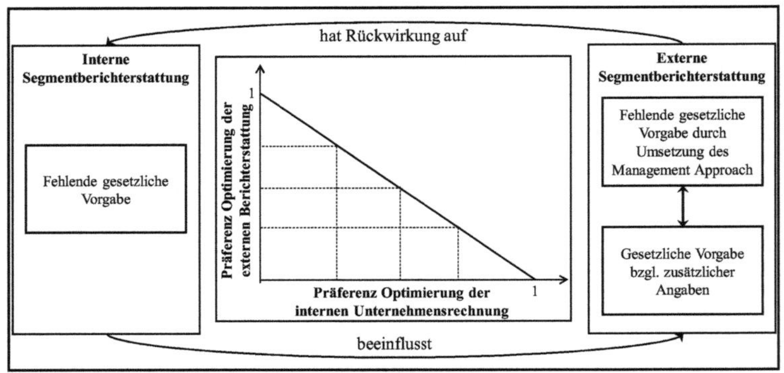


**Abbildung 12: Das Zirkularitätsproblem**[391]

Neben den beiden genannten Zielen kann als weitere Zieldimension eine optimale **Geheimhaltung** konkurrenzsensibler Daten angestrebt werden.[392] Da eine optimale Geheimhaltung auf eine Ausrichtung an den externen Erfordernissen abzielt, werden im Folgenden nur die beiden erstgenannten Fälle betrachtet.[393] Diese zwei Extremfälle sind

---

389 Vgl. Haller/Park (1999), S. 64. Daher wird im Folgenden der Schwerpunkt auf den Einfluss des internen auf das externe Rechnungswesen gelegt.

390 Vgl. Haller/Park (1999), S. 64. Bereits mit der Umstellung auf IFRS ist die Tendenz einhergegangen, dass sich Controller mehr mit dem Thema Bilanzierung auseinandersetzen müssen, vgl. Franz/Winkler (2006b), S. 423. Durch die Segmentberichterstattung nach IFRS 8 ergeben sich folglich weitere, von *Franz/Winkler* auch angesprochene Anforderungen an das Controlling, vgl. Franz/Winkler (2006b), S. 423.

391 In Anlehnung an Himmel (2003), S. 139.

392 Vgl. Grottke/Krammer (2008), S. 675.

393 Vgl. bspw. Fey/Mujkanovic (1999), S. 262; Hahn/Gottwick (2010), Rn. 134. Durch diese Schwerpunktsetzung soll keineswegs eine Herabwürdigung dieses Punktes erfolgen, da gerade die Reaktion der Konkurrenz auf die veröffentlichten Segmentinformationen als kritischer Punkt erachtet wird.

durch eine Vielzahl unterschiedlicher Kombinationsmöglichkeiten gekennzeichnet und in Abbildung 12 durch die gestrichelten Linien beispielhaft gekennzeichnet.

### 3.1.2 Einfluss der internen Ermittlung der Segmentdaten auf das externe Berichtswesen

Im Folgenden soll eine Betrachtung der sich aus der Übernahme interner Daten in der externen Segmentberichterstattung ergebenden Problembereiche erfolgen. Im Mittelpunkt steht hierbei eine nicht den Vorstellungen des Standardsetzers entsprechende Berichterstattung. Probleme können sich unter anderem bei der Identifikation und Abgrenzung der berichtspflichtigen Segmente sowie der berichtspflichtigen Informationen ergeben. Darüber hinaus bieten die Überleitungsrechnung und die Darstellung der Segmentberichterstattung Möglichkeiten für eine bilanzpolitisch geprägte Gestaltung. Die folgende Abbildung fasst den Aufbau des Kapitels grafisch zusammen:

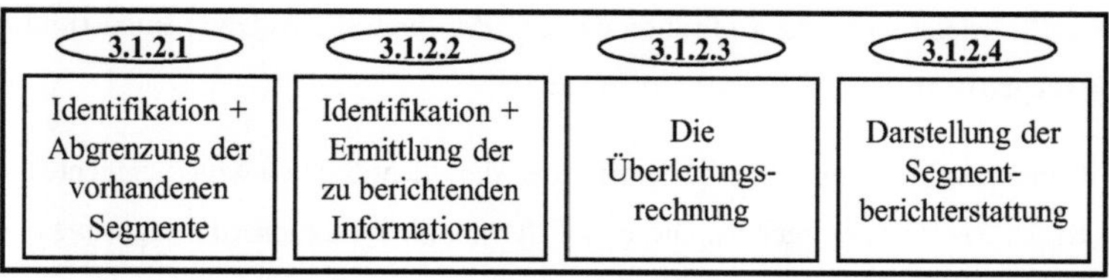


**Abbildung 13: Spielräume zur Bilanzpolitik**

#### 3.1.2.1 Problembereiche bei der Bestimmung von Segmenten

##### 3.1.2.1.1 Problembereiche bei der Identifikation von Segmenten

Bei der **Identifikation von Segmenten** und der damit verbundenen Wahl der operativen Berichtsebene muss die Organisation des Unternehmens berücksichtigt werden, woraus sich mehrere bilanzpolitische Spielräume ergeben. Neben der Verwendung unbestimmter Rechtsbegriffe können die Identifikation eines Segmentmanagers und die Auswahl der relevanten Berichtsstruktur bei der Existenz mehrerer Berichtsstrukturen mit Problemen behaftet sein.

Ein Segment ist wie beschrieben ein Unternehmensbestandteil, „der Geschäftstätigkeiten betreibt, mit denen Umsatzerlöse erwirtschaftet werden und bei denen Aufwendungen anfallen können [...], dessen Betriebsergebnis regelmäßig von der verantwortlichen Unternehmensinstanz [...] überprüft wird und für den separate Finanzinformationen vorliegen". (IFRS 8.5 (a)-(c)) Aus der durch den Standardsetzer vorgegebenen Definition des Segments ergibt sich hierbei der Bedarf der genaueren Deklaration des Begriffs des CODM. (IFRS 8.7)

Die verantwortliche Unternehmensinstanz muss nicht zwingend ein Manager mit bestimmter Bezeichnung sein, sondern kann bspw. auch durch eine Gruppe geschäftsführender Direktoren dargestellt werden, die die Aufgabe hat, eine effiziente Allokation vorhandener Ressourcen für die Geschäftssegmente vorzunehmen, sowie deren Ertragskraft zu bewerten. (IFRS 8.7) Entsprechend des F. 35 ist nicht zwingend anhand der rechtlichen Gestaltung, sondern gemäß der wirtschaftlichen Gegebenheiten zu bilanzieren.[394] Durch die Berücksichtigung der wirtschaftlichen Gegebenheiten wird der Einhaltung des Management Approach genüge getan, da zur Identifikation des CODM ein Rückgriff auf interne Berichtsstrukturen oder Dokumente des Vorstands oder Aufsichtsrates zu erfolgen hat.[395] Jedoch bietet die Definition des CODM durch die Nutzung **unbestimmter Rechtsbegriffe** implizite Ermessensspielräume.[396]

Ein weiterer unbestimmter Rechtsbegriff, der die Identifikation von Segmenten erschwert, ist das Betriebsergebnis. Dieses soll für die Identifikation von Segmenten herangezogen werden, wenn es vom CODM für die Ressourcenallokation und die Bewertung der segmentbezogenen Ertragskraft herangezogen wird. (IFRS 8.5 (b)) Jedoch besteht die Möglichkeit, dass ein Unternehmen für die beiden Zwecke jeweils unterschiedliche Gewinngrößen einsetzt.[397] Zudem kann sich je nach der mit einer Allokation verbundenen Entscheidung eine unterschiedliche Segmentierung ergeben, da bspw. Investitionsbudgets für Geschäftsmodelle oder Personalbudgets je nach Standort vergeben werden.[398]

---

394 Vgl. F.35 i.V.m. Heintges/Urbanczik/Wulbrand (2008), S. 2773.

395 Vgl. Heintges/Urbanczik/Wulbrand (2008), S. 2773-2774. Die konsequente Umsetzung des Management Approach wird auch an dem bei der Segmentabgrenzung vorausgesetzten Vorliegen von eigenen finanzwirtschaftlichen Daten deutlich, vgl. Grottke/Krammer, S. 671.

396 Vgl. Rogler (2009a), S. 501.

397 Vgl. Rogler (2009a), S. 501. *Rogler* führt an, dass für die Ressourcenallokation bspw. ein EBIT und zur Leistungsbeurteilung ein CVA herangezogen werden könnten.

398 Vgl. Böckem/Pritzer (2010), S. 616. *Böckem/Pritzer* betrachten weiterhin einige weiterführende praktische Anwendungsprobleme.

Falls ein CODM mehr als eine Reihe von Segmentinformationen für die interne Steuerung des Unternehmens verwendet und eine Abgrenzung im Sinne der oben genannten Definition nicht möglich ist, müssen andere Faktoren zur Identifikation von Segmenten herangezogen werden. (IFRS 8.8) Zu nennen sind hier die Wesensart der Geschäftstätigkeit, das Vorhandensein von für den Bereich verantwortlichen Führungskräften und die Informationen, welche der Geschäftsführung respektive dem jeweiligen Aufsichtsorgan zur Verfügung gestellt werden. (IFRS 8.8)

Die für den Bereich verantwortliche Führungskraft wird im Folgenden auch unter dem **Begriff des Segmentmanagers** verstanden, welcher hierarchisch direkt unter dem CODM angesiedelt ist und sich regelmäßig mit diesem abstimmt. (IFRS 8.9) In der Praxis sind als Segmentmanager unter anderem Bereichsvorstände, Bereichsleiter oder Geschäftsführer von rechtlich eigenständigen Tochterunternehmen denkbar.[399] Durch den nicht genau abgrenzbaren Begriff des Segmentmanagers und die Übernahme interner Daten entsteht ein weiterer Spielraum bei der Identifikation von Segmenten. Bspw. durch die künstliche Schaffung einer zusätzlichen Berichtsebene mit zugehörigem Segmentmanager im internen Rechnungswesen können Segmente zusammengefasst berichtet oder statt eines sektoralen, ein nach geografischen Gesichtspunkten untergliederter Segmentbericht veröffentlicht werden.[400]

Ferner kann bei der Identifikation der zu berichtenden Segmente die **Existenz mehrerer Berichtsstrukturen** einen erschwerenden Einfluss haben. Bspw. erfolgt bei der Organisation eines Unternehmens in Form einer Matrixstruktur die Überwachung einzelner Geschäftsbereiche durch jeweils zwei Verantwortliche. In diesem Fall könnten Segmentmanager für bestimmte Produktbereiche verantwortlich sein, während Bereichsleiter geografische Regionen verantworten. (IFRS 8.10) Da beide Gruppen unter die Definition des Segmentmanagers fallen würden, schreibt IFRS 8.10 vor, dass die Segmentabgrenzung bei unklaren Voraussetzungen nach der Art und Weise vorzunehmen ist, die für den Adressaten den größeren Nutzen aufweist.[401] Diese Regelung stellt einen Unterschied zu SFAS 131 dar, bei welchem für den Fall einer Organisation in Matrixstruktur nach SFAS

---

[399] Vgl. Schulz-Danso (2013), Rn. 27.

[400] Vgl. Haller/Permanschlager (2002), S. 1417. Als Beispiel für eine mögliche Ausnutzung von auf die Identifikation von Segmenten bezogene Spielräume nennen *Haller/Permanschlager* die Coca-Cola AG, welche sich nach Einführung von SFAS 131 als Unternehmen mit nur einem Produkt präsentiert hat.

[401] Vgl. Schulz-Danso (2013), Rn. 28.

131.15 eine externe Berichterstattung nach Produkten vorgeschrieben wird. Das Vorgehen in IFRS 8 kann mit einer konsistenteren Umsetzung des Management Approach begründet werden.[402] Jedoch folgen hieraus ebenfalls Ermessensspielräume für die Unternehmensleitung.[403]

##### 3.1.2.1.2 Problembereiche bei der Abgrenzung von Segmenten

Neben der Identifikation hat eine Abgrenzung der berichtspflichtigen Segmente zu erfolgen. Spielräume bei dieser ergeben sich unter anderem durch die verschiedenen möglichen Abgrenzungskriterien, die Zusammenfassung von Segmenten, die durchzuführenden Wesentlichkeitstest sowie die Behandlung von unwesentlichen Segmenten.

Aufgrund der fehlenden gesetzlichen Vorgaben zur Ausgestaltung von Segmenten im internen Rechnungswesen ergibt sich bei der Abgrenzung der operativen Segmente ebenfalls ein Gestaltungsspielraum, zumal durch die konsistente Umsetzung des Management Approach neben der Abgrenzung anhand von Produkten oder Regionen nun auch Kunden, rechtliche Einheiten oder Profit Center als **Abgrenzungskriterien** herangezogen werden können.[404] Die im ersten Schritt identifizierten Segmente sind jedoch nicht zwangsläufig berichtspflichtig, da hierzu bestimmte Wesentlichkeitskriterien erfüllt werden müssen, die auch durch eine Zusammenfassung von Segmenten erreicht werden können.[405]

Eine **Zusammenfassung von Segmenten** muss mit dem in IFRS 8.1 dargestellten Grundprinzip einer Vermittlung von Informationen, anhand derer die Geschäftstätigkeit sowie das Unternehmensumfeld beurteilt werden können, vereinbar sein. (IFRS 8.12) Spielräume bei der Zusammenfassung von operativen Segmenten ergeben sich jedoch unter anderem durch die recht offene Formulierung des Grundprinzips. Auch die geforderte Beurteilung ähnlicher wirtschaftlicher Merkmale anhand von zukünftigen Entwicklungen eröffnet Spielräume,[406] da die Unsicherheit zukünftiger Daten dahingehend ausgenutzt

---

[402] Vgl. Beine/Nardmann (2011), Rn. 33.

[403] Vgl. Baetge/Haenelt (2008), S. 45.

[404] Vgl. Schulz-Danso (2013), Rn. 29.

[405] Vgl. Rogler (2009a), S. 502.

[406] Vgl. Fink/Hütten (2014), Rn. 36.

werden kann, dass der Tatbestand erfüllt ist.[407] Darüber hinaus ist die Umschreibung der für eine Zusammenfassung vorausgesetzten Übereinstimmungsmerkmale teils recht vage und bietet daher Ermessensspielräume. Weiterhin ist auffällig, dass die in IFRS 8.12 genannten Homogenitätskriterien nicht auf nach geografischen Kriterien abgegrenzte Segmentierungen anwendbar sind, worin sich trotz der konsequenten Umsetzung des Management Approach eine Präferenz des IASB für eine sektorale Segmentierung andeutet.[408]

Der Standardsetzer hat die Gefahr einer möglichen Ausnutzung von Ermessensspielräumen bei der Zusammenfassung durchaus erkannt und deswegen umfangreiche Anforderungen an diese gestellt, welche sich in den annähernd die vollständige Wertschöpfungskette abdeckenden Kriterien für die Aggregation zeigen.[409] Trotzdem bestehen durch die dargestellten Problembereiche einige Schlupflöcher, die den bilanzierenden Unternehmen Möglichkeiten einer bilanzpolitisch beeinflussten Segmentberichterstattung einräumen.

Erst nachdem die Zusammenfassung von Segmenten geprüft wurde, kann eine Überprüfung der Wesentlichkeit anhand der in IFRS 8.13 genannten Schwellenwerte erfolgen. (IFRS 8.BC30 i.V.m. IFRS 8.IG7) Wie im Grundlagenkapitel dargestellt besteht die Pflicht zur Aufnahme von Segmenten, wenn diese den als wesentlich erachteten Schwellenwert von 10% übersteigen.[410] Die damit verbundenen **Wesentlichkeitstests** sind jedoch aufgrund mehrerer Punkte angreifbar. Erstens ist eine sinnvolle Aggregation und damit verbunden auch eine sinnvolle Bestimmung der 10% Grenze nicht möglich, wenn innerhalb des Konzerns aufgrund divergierender Tätigkeiten in den Bereichen die Segmenterfolgsgrößen unterschiedlich bestimmt werden.[411] Zweitens ist die Abhängigkeit der Größen von der Verrechnungspreisbestimmung kritisch zu hinterfragen, da über diese sowohl eine Beeinflussung der segmentbezogenen Erträge und Ergebnisse als auch des

---

407 Vgl. Rogler (2009a), S. 502.

408 Vgl. Haller (2010), Rn. 55.

409 Vgl. Böckem/Pritzer (2010), S. 617.

410 Vgl. Kapitel 2.3.3.2.1.

411 Vgl. Fink/Ulbrich (2006), S. 241. Bspw. wenn ein Segment schwerpunktmäßig finanzielle Tätigkeiten durchführt, wäre bei dessen Erfolgsermittlung auch die Berücksichtigung von Zinserfolgen sinnvoll, vgl. Fink/Ulbrich (2006), S. 241.

Segmentvermögens[412] erfolgen kann.[413] Drittens kann durch die bereits dargestellte Zusammenfassung von Segmenten eine Beeinflussung der Wesentlichkeit erfolgen, da Segmente durch sie erst berichtspflichtig werden können und sich durch eine Aggregation eine Veränderung der absoluten Vergleichsgröße ergibt.[414]

Als weiterer Punkt ist die Behandlung der als **unwesentlich eingestuften Segmente** für die Entscheidungsfindung zu berücksichtigen. Aufgrund des faktisch bestehenden Wahlrechtes der Aufnahme durch eine aus Sicht der Geschäftsführung bestehende Bedeutung nach IFRS 8.13 oder die vereinfachte Zusammenfassung nach IFRS 8.14, bieten sich dem bilanzierenden Unternehmen erneut zu beachtende Ermessenspielräume.[415] Sollte eine Zusammenfassung nicht möglich und die 75%-Schwelle noch nicht erreicht sein, so liegt die Auswahl der zusätzlich aufzunehmenden Segmente – unter Beachtung des Grundprinzips – grundsätzlich im Ermessen des Abschlusserstellers.[416] Durch die Handlungsspielräume des Managements zeigt sich die verstärkte Realisierung des Management Approach.[417] Diese Einflussmöglichkeiten des Managements zeigen sich weiterhin im IFRS 8.17, welcher es ermöglicht, im Vorjahr berichtspflichtige Segmente auch bei aktueller Nicht-Erfüllung der Wesentlichkeitsgrenzen in der Segmentberichterstattung zu berücksichtigen, sofern die Segmente als für das Unternehmen weiterhin bedeutend eingeschätzt werden.[418] Demgegenüber besteht – wiederum zurückzuführen auf den Management Approach – kein explizites Stetigkeitsgebot für die Abgrenzung der Segmente, sondern nur die Pflicht zur Angabe von angepassten Vorjahreswerten.[419]

---

412 Sofern die Vermögenswerte im internen Rechnungswesen nicht auf die Segmente verteilt werden, entfällt deren Angabe wie dargestellt auch im externen Segmentbericht, aus welchem Grunde sie ebenfalls nicht als Wesentlichkeitskriterium heranzuziehen sind, vgl. Haller (2010), Rn. 61.

413 Vgl. Grottke/Krammer (2008), S. 672.

414 Vgl. Rogler (2009a), S. 503.

415 Vgl. Haller (2010), Rn. 63. Die ebenfalls mögliche Übernahme in die Überleitungsrechnung gemäß IFRS 8.16 wird in Kapitel 4.2.2.2 kritisch gewürdigt.

416 Vgl. Schulz-Danso (2013), Rn. 32.

417 Vgl. Grottke/Krammer (2008), S. 672.

418 Vgl. IFRS 8.17 i.V.m. Grottke/Krammer (2008), S.672.

419 Vgl. Haller (2010), Rn. 72.

### 3.1.2.2 Problembereiche bei der Identifikation und Ermittlung der zu berichtenden Segmentinformationen

Neben Problemen bei der Identifikation und Abgrenzung von Segmenten ergeben sich durch die Umsetzung des Management Approach auch bei der Identifikation und Ermittlung von Segmentinformationen mehrere Problembereiche. Zwar wird in der Literatur teilweise die Meinung vertreten, dass die subjektive Prägung der intern genutzten und extern veröffentlichten Daten positiv zu beurteilen ist, da sie durch die Personengruppe erfolgt, die das Unternehmen am besten beurteilen kann.[420] Inwiefern die bereitgestellten Informationen subjektiv geprägt sein können und folglich Raum für bilanzpolitisches Ermessen bieten, soll im Folgenden jedoch genauer untersucht werden. Die Untersuchung hinsichtlich der Spielräume bei der Ermittlung von segmentbezogenen Informationen wird dabei aufgeteilt in allgemeine Problembereiche sowie Probleme bei der Ermittlung bestimmter Positionen.

#### 3.1.2.2.1 Allgemeine Problembereiche bei der Identifikation von Segmentinformationen

Bei der Identifikation von relevanten Segmentinformationen ist nicht nur durch bezwecktes bilanzpolitisches Verhalten mit Problemen zu rechnen. Durch eine mit dem Management Approach verbundene fehlende Vorgabe besteht bereits in der **Auswahl der relevanten Segmentinformationen** eine Herausforderung, welche anhand einer typischen Organisationsstruktur verdeutlich werden kann: Ein Mitglied des Gesamtkonzernvorstandes könnte ebenfalls Verantwortung für einen untergeordneten Geschäftsbereich tragen. Auf dieser Ebene erhält er regelmäßig differenziertere Informationen, als die für den Vorstand aufgearbeiteten, aggregierten Größen. Für den Fall, dass der CODM durch den Konzernvorstand repräsentiert wird, kann folglich eine Divergenz zwischen dem für Steuerungszwecke verwendeten Wissen und dem Wissen, das den Berichten an den Vorstand zu entnehmen ist, bestehen.[421]

---

420 Vgl. Benecke (2000), S. 213.

421 Vgl. Heintges/Urbanczik/Wulbrand (2008), S. 2774. Hier wird ebenfalls das oben dargestellte Beispiel verwendet, jedoch wird hier nur bei Beteiligung aller Konzernvorstandsmitglieder auf unteren Ebenen eine Berücksichtigung der gesamten, im Reporting kommunizierten Informationen sowie deren Rolle im Entscheidungsprozess gefordert.

Sowohl bei der Ermittlung verpflichtender als auch freiwilliger Angaben bestehen aufgrund des Management Approach Probleme hinsichtlich der **Vergleichbarkeit** der veröffentlichten Daten. Diese kann hierbei in eine zwischenbetriebliche, intersegmentäre und zeitliche Vergleichbarkeit unterteilt werden.[422]

Durch die Übernahme der internen Daten und die Verschiedenartigkeit der internen Unternehmensstrukturen ist eine **zwischenbetriebliche Vergleichbarkeit** in theoretischer Hinsicht aufgrund der möglichen Nutzung unterschiedlich ermittelter Positionen eher kritisch zu beurteilen.[423] Dies ist vor allem auf den zu erwartenden unterschiedlichen Umfang der Angaben sowie die differierende Abgrenzung von Größen zurückzuführen.[424] Problematisch könnte eine fehlende zwischenbetriebliche Vergleichbarkeit vor allem bei der Prognose zukünftiger Ergebnisse und Cashflows oder der Beurteilung der wirtschaftlichen Lage eines Segmentes durch Benchmarking sein.[425] Negative Auswirkungen sind hierdurch besonders auf kleinere Investoren zu erwarten, da diese zumeist nicht die Möglichkeit haben, zusätzliche Informationen direkt vom Management zu beziehen, was die Bedeutung von Analysten als Informationsintermediär zusätzlich erhöht.[426]

Die **intersegmentäre Vergleichbarkeit** könnte bspw. durch die im Rahmen des Management Approach erlaubte Veröffentlichung unterschiedlich ermittelter Segmentergebnisgrößen im Falle einer unterschiedlichen internen Steuerung eingeschränkt sein, wobei gerade in komplexen Großunternehmen aus praktischer Sicht einheitliche Modalitäten notwendig sind.[427] Daneben kann die Vergleichbarkeit zwischen Segmenten durch eine unterschiedliche Abgrenzung oder Berücksichtigung von Komponenten bspw. bei der Zusammensetzung des Vermögens stark eingeschränkt werden,[428] wobei auch hier die Effektivität für die interne Steuerung und die externe Kommunizierbarkeit kritisch zu hinterfragen ist.[429]

---

[422] Vgl. Haller (2000), S. 798.

[423] Vgl. Benecke (2000), S. 218.

[424] Vgl. Rogler (2009b), S. 583.

[425] Vgl. Fey/Mujkanovic (1999), S. 265.

[426] Vgl. Salter/Swanson/Achleitner/De Lembre/Khanna (1996), S. 121.

[427] Vgl. Böcking/Benecke (1998), S. 99.

[428] Vgl. Haller (2000), S. 798.

[429] Vgl. Alvarez/Büttner (2006), S. 313; Haller (2000), S. 798.

Die **zeitliche Vergleichbarkeit** ist unter anderem für zukunftsgerichtete Analysen von Erfolgspotenzialen bedeutsam.[430] Aus diesem Grund sind nach IFRS 8.29-30 im Falle einer Änderung der internen Berichterstattung an die neue Struktur angepasste Vorjahresangaben auszuweisen. Auf den Ausweis kann jedoch verzichtet werden, wenn hierfür notwenige Informationen nicht vorhanden sind und durch deren Ermittlung zu hohe Kosten entstehen würden.[431] Eine Anpassung der Vorjahresangaben ist jedoch nur notwendig, wenn sich erfolgswirksame Auswirkungen ergeben, während bei Änderungen der Zusammensetzung von Segmentdaten oder hinsichtlich deren Bemessung keine Anpassung vorgenommen werden muss.[432] Dies wirkt sich natürlich negativ auf die intertemporale Vergleichbarkeit aus, weshalb das bilanzierende Unternehmen die Möglichkeit zusätzlicher Angaben im Sinne einer gesteigerten Verständlichkeit und Entscheidungsrelevanz nutzen sollte.[433]

Neben den mit den konkreten Vorschriften des IFRS 8 verbundenen Problembereichen, welche im nachfolgenden Abschnitt betrachtet werden, ist besonders das grundsätzlich vom IASB verfolgte Ziel der Bereitstellung zusätzlicher Informationen (IFRS 8.BC6) kritisch zu hinterfragen. So ist nicht alleine die Quantität an Informationen, sondern im Gegensatz hierzu deren präzise und auf die wesentlichen Punkte beschränkte Aufarbeitung, ausschlaggebend für die Qualität der Berichterstattung.[434] Daher sollte eine Fokussierung auf die für den Adressaten relevantesten Punkte erfolgen, da bei der undifferenzierten Veröffentlichung zusätzlicher Informationen die Gefahr eines **Information Overload** beim Adressaten besteht.[435] Diese Forderung geht ebenfalls mit dem Wunsch der Unternehmenspraxis einher, die Einfachheit und Verständlichkeit der Rechnungslegung

---

430 Vgl. Benecke (2000), S. 218.

431 Vgl. Grottke/Krammer (2008), S. 678.

432 Vgl. Rogler (2009b), S. 583.

433 Vgl. Haller (2010), Rn. 106f.

434 Vgl. Ewelt/Knauer/Sieweke (2009), S. 715.

435 Vgl. Ewelt/Knauer/Sieweke (2009), S. 715. Neben der Ausrichtung der Segmentberichterstattung auf eine möglichst geringe Anzahl an veröffentlichten Informationen oder eine möglichst verstreute Darstellung von Pflichtangaben im Jahresabschluss könnte die Veröffentlichung einer Vielzahl an nicht nützlichen Daten aufgrund eines bezweckten Disclosure Overload beim Adressaten eine dritte Strategie zur Verschleierung von Segmentinformationen sein. Ein Disclosure Overload beschreibt hierbei die fehlende Möglichkeit des Informationsadressaten, die für seine Entscheidung relevanten Angaben in einer angemessenen Zeit aus der Fülle an vorliegenden Informationen zu erfassen, vgl. Groves (1994), S. 11. Die praktische Relevanz eines Disclosure Overload zeigen bspw. KPMG (2011).

zu fördern.[436] Bedingt durch den mit Einführung des IFRS 8 möglichen Komplexitätsanstieg der Bilanzierungspraxis kann sich hieraus ein aus Adressatensicht bestehendes Problem bei der Aufnahme und Verarbeitung der Segmentinformationen ergeben. Demgegenüber steht jedoch der Vorteil, dass durch die Veröffentlichung interner Daten die Einholung von Informationen über Kontakte in den Unternehmen einen Teil seiner Bedeutung verliert. Damit verbunden ist die Einheitlichkeit der intern genutzten und extern kommunizierten Werte ein weiterer Vorteil von IFRS 8, was im Vergleich zur vorherigen Situation[437] für eine einfachere Verarbeitung durch professionelle Anleger spricht.[438]

#### 3.1.2.2.2 Probleme bei der Ermittlung beispielhafter Positionen

Durch die vorgegebene Verwendung interner Daten im externen Rechnungswesen ergeben sich neben den bisher betrachteten Problembereichen einige, die Ermittlung mehrerer Positionen beeinflussende Probleme. Diese werden im Folgenden exemplarisch dargestellt.

Die bereits beschriebene Problematik der Vielzahl intern anwendbarer und durch den Management Approach extern kommunizierbarer Gewinngrößen kann anhand der Betrachtung möglicher **Ergebnisgrößen** verdeutlicht werden. Deren Ermittlung kann bspw.

- rechnungslegungsbezogen ("Earnings before Taxes" (EBT), „Earnings before Interest and Taxes" (EBIT), Jahresüberschuss),
- cashflownah (EBITDA, „Cashflow Return on Investement" (CFROI), operativer Segment-Cashflow),
- wertschöpfungsorientiert (Return on Investment (ROI), Economic Value Added (EVA)) oder
- kostenorientiert (Rohergebnis, Deckungsbeitrag, Betriebsergebnis sowie weitere adjustierte Ergebnisgrößen)

erfolgen.[439] Im internen Rechnungswesen ist daneben die Nutzung von Zusatz- oder Anderskosten möglich,[440] welche die Vergleichbarkeit sowie die Nachvollziehbarkeit der

---

436 Vgl. Hirsch/Schneider (2010), S. 15.

437 Im Falle der persönlichen Gespräche mit dem Management und der Nutzung der im Rahmen von IAS 14 vermittelten Daten lagen zwei verschiedene Datenbasen vor.

438 Vgl. Hirsch/Schneider (2010), S. 25.

439 Vgl. Schulz-Danso (2013), Rn. 64.

440 Vgl. Blase/Müller (2009), S. 541.

verschiedenen Ergebnisgrößen weiter einschränken kann. Den Zusatzkosten sind bspw. Opportunitätskosten bei der Berücksichtigung kalkulatorischer Eigenkapitalkosten im Rahmen der internen auf eine Wertorientierung ausgerichteten Steuerung zuzuordnen; Anderskosten wiederum haben ihre Ursache in einer abweichenden internen Bewertung.[441] Aus der bereits beschriebenen Schlüsselungsproblematik ergeben sich zudem Ermessensspielräume durch die Bestimmung von Verrechnungspreisen, bei deren Ermittlung teilweise hypothetische Werte genutzt werden müssen.[442] Ein weiteres Problem bei der Schlüsselung ergibt sich dadurch, dass IFRS 8.25 eine Schlüsselung auf einer vernünftigen Grundlage verlangt. Sofern diese im internen Rechnungswesen nicht vorgenommen wurde, kann sich also durchaus die Notwendigkeit der Abweichung vom Management Approach ergeben.[443] Daneben besteht die Möglichkeit, die Zuteilung von Positionen, die das Ergebnis tangieren, auf die Segmente asymmetrisch vorzunehmen. Dies eröffnet vor dem Hintergrund der bereits angesprochenen intersegmentären Vergleichbarkeit einen weiteren Ermessensspielraum.[444] Sofern im internen Bereich mehrere Ergebnisgrößen genutzt werden, ist nach IFRS 8.26 in der externen Berichterstattung der Wert anzugeben, der am ehesten den für den Konzernabschluss gewählten Bewertungsgrundsätzen entspricht. Dies bietet eine Möglichkeit zur Gestaltung, da bei einer nicht gegebenen Bereitschaft zur Veröffentlichung eines internen Wertes eine zusätzliche IFRS-nahe Größe als vermeintliche interne Entscheidungsgrundlage genutzt und somit extern berichtet werden könnte.[445]

Bei der Ermittlung der **Segmenterträge** können durch den Management Approach im externen Rechnungswesen normalerweise nicht ausweisbare Andererträge berücksich-

---

441 Vgl. Müller/Peskes (2006), S. 823. Bspw. können Anderskosten auf die differierende Erfassung von Kosten aus Forschung und Entwicklung zurückgeführt werden. *Ewert/Wagenhofer* zeigen auf, wie bei der Berechnung der Lebenszykluskosten Forschungsaufwendungen im internen Bereich – losgelöst von Vorgaben des externen Rechnungswesens – berücksichtigt werden können, vgl. Ewert/Wagenhofer (2014), S. 284-286.

442 Vgl. Ordelheide/Stubenrath (2000), S. 396.

443 Vgl. Beine/Nardmann (2011), Rn. 59. Dies ist die durch *Beine/Nardmann* vertretene Meinung, die sich u.a. auch bei *Ebeling* (vgl. Ebeling (2010), Rn. 69) findet. Fraglich ist jedoch, ob der Standardsetzer dies bezweckt, da er erkennbar an einer konsistenten Umsetzung des Management Approach interessiert ist.

444 Kirsch (2007), S. 66.

445 Vgl. Ebeling (2010), Rn. 70. *Ebeling* schließt die Nutzung des Scheinwertes als Entscheidungsgrundlage jedoch aus, weshalb seine externe Berichterstattung nach IFRS 8.25 nicht zulässig wäre.

tigt werden.[446] Die Segmenterträge können darüber hinaus durch in der Überleitungsrechnung auszuweisende und in der Konsolidierung zu eliminierende Innenumsätze höher ausfallen.[447] Der Ausweis von **Zinserträgen und -aufwendungen** hat grundsätzlich unsaldiert zu erfolgen; auf den Ausweis kann dagegen verzichtet werden, wenn diese nur saldiert an den CODM berichtet werden.[448] Die **planmäßigen Abschreibungen** sind für immaterielle Vermögenswerte und Sachanlagen auszuweisen und dürfen auch kalkulatorische Bestandteile bspw. in Form von Kosten der Wiederbeschaffung enthalten. Demgegenüber darf für die Bewertung von **Wertminderungen und -aufholungen** gem. IAS 36 nicht der intern ermittelte Wert herangezogen werden, da die Angabepflicht für diese nicht auf IFRS 8 sondern auf IAS 36 beruht.[449] Die Forderung der Veröffentlichung **wesentlicher Aufwands- und Ertragsposten gemäß IAS 1.97**[450] bietet einen Spielraum, da keine klare Abgrenzung der Wesentlichkeit durch den Standardsetzer erfolgt. Aus diesem Grund obliegt die Bestimmung wesentlicher Posten dem bilanzierenden Unternehmen, welches sich aus Gründen einer besseren Darstellung der Vermögens-, Finanz und Ertragslage jedoch am Segmentergebnis oder an den Segmentaufwendungen orientieren sollte.[451] Das Problem der Wesentlichkeitsbestimmung besteht auch bei den **wesentlichen zahlungsunwirksamen Posten,** bei denen es sich nicht um Abschreibungen und Wertminderungen handelt. Diese können darüber hinaus durch die fehlende Vorgabe sowohl brutto als auch netto ausgewiesen werden, aus Gründen der Entscheidungsnützlichkeit ist aber die Angabe von Netto-Werten als vorteilhaft anzusehen.[452]

Das **Segmentvermögen**, welches sowohl materielle als auch immaterielle Vermögenswerte enthalten soll, muss nach IFRS 8.BC57 nur als Summe dargestellt werden. Problematisch bei der Bestimmung des Segmentvermögens wie auch bei den **Segmentverbindlichkeiten** ist wiederum die Verteilung von gemeinschaftlich genutzten Größen, welche

---

446 Vgl. Schulz-Danso (2013), Rn. 67. Als Beispiel werden hier Erträge genannt, die sich in der Periodisierung unterscheiden.

447 Vgl. Blase/Müller (2009), S. 541.

448 Eine Ausnahme stellt der Fall dar, dass die Tätigkeit des Unternehmens vordergründig die Erzielung von Zinserträgen ist und dass nur auf Basis dieser Erträge die Beurteilung der Ertragskraft und die Allokation von Erträgen erfolgt, vgl. Schulz-Danso (2013), Rn. 69.

449 Vgl. Schulz-Danso (2013), Rn. 70-71.

450 Vgl. für beispielhaft innerhalb dieser Kategorie zu berichtende Größen Fink/Hütten (2014), Rn. 87.

451 Vgl. Schulz-Danso (2013), Rn. 73.

452 Vgl. Fink/Hütten (2014), Rn. 89.

mit zunehmender Dezentralisierung des Unternehmens abnehmen.[453] Da diese der Beanspruchung durch das Segment entsprechen, sollte die Zuteilung gemeinschaftlich genutzter Komponenten nur für Positionen erfolgen, die verursachungsgerecht zugeteilt werden können.[454] Auch hier könnte sich bei einer im internen Rechnungswesen nicht sachgemäß durchgeführten Schlüsselung der im Rahmen der Segmentergebnisbestimmung thematisierte Bedarf nach einer Abweichung vom Management Approach ergeben, da interne Daten aufgrund der oben genannten Einschränkung nicht extern berichtet werden dürfen.[455] Der hieraus resultierende Ermessensspielraum bei der Zuordnung stellt den Abschlussprüfer, der die Zuordnung zu beurteilen hat, vor eine schwierige Aufgabe.[456] Falls bei der Zusammenstellung der segmentierten Vermögenswerte berücksichtigt, hat nach IFRS 8.24 ebenfalls eine gesonderte Darstellung von nach der **Equity-Methode bilanzierten Beteiligungen** sowie von **Investitionen** zu erfolgen, die letztlich ebenfalls den dargestellten Problemen unterliegen. Spielräume bei der Bewertung des Segmentvermögens und der Segmentverbindlichkeiten ergeben sich bspw. durch die im internen Rechnungswesen mögliche unterschiedliche Behandlung von stillen Reserven/Lasten, des derivativen/originären Goodwills oder selbsterstellter immaterieller Vermögenswerte.[457]

Neben den genannten Positionen ist weiterhin die Aufnahme **freiwilliger Informationen**, die eine verbesserte Einsicht in die wirtschaftliche Lage des Unternehmens ermöglichen, zulässig.[458] Gebräuchliche Angaben sind segmentbezogene Cashflow-Größen, Forschungs- und Entwicklungsaufwendungen, relative Kennzahlen oder Mitarbeiterzahlen.[459]

Durch die Umsetzung des Management Approach haben die nach IFRS 8.27 berichtspflichtigen **qualitativen Angaben**, wie bspw. die Bewertungsgrundlage für den Gewinn

---

453 Vgl. Haller (2010), Rn. 104.

454 Vgl. Haller (2000), S. 781.

455 Vgl. Beine/Nardmann (2011), Rn. 59.

456 Vgl. Geiger (2002), S. 1909.

457 Vgl. Müller/Peskes (2006), S. 823. Unterschiede bei stillen Reserven und Lasten können bspw. aus Konzernverflechtungen sowie originären und derivativen Geschäfts- oder Firmenwerten entstehen, vgl. Müller/Peskes (2006), wobei bspw. ein originärer Goodwill nach IAS 38.48 im IFRS-Abschluss nicht angesetzt werden darf.

458 Vgl. Hahn/Gottwick (2010), Rn. 82.

459 Vgl. Hahn/Gottwick (2010), Rn. 83-87.

oder Verlust der Segmente, eine erhebliche Bedeutung für das Verständnis der Segmentberichterstattung.[460] Aus diesem Grund hat der Wirtschaftsprüfer sicherzustellen, dass die in diesem Rahmen angegebenen Informationen, die ebenfalls weitreichende Ermessensspielräume mit sich bringen, nicht zu einer verfälschten Beurteilung der wirtschaftlichen Situation des Unternehmens führen.[461]

Daneben ist der mit dem Übergang von IAS 14 auf IFRS 8 verbundene Wegfall des sekundären Berichtformats bzw. dessen Ersatz durch die im Grundlagenteil dargestellten **unternehmensweiten Angaben**[462] gemäß IFRS 8.31 als kritisch zu betrachten. Innerhalb des sekundären Berichtsformats unter IAS 14 wurden schwerpunktmäßig Informationen über geografische Segmente berichtet.[463] Die Segmentierung anhand geografischer Kriterien weist eine Wertrelevanz auf,[464] da durch sie bspw. makroökonomische Faktoren berücksichtigt und damit verbunden fundierte Bewertungen zukünftiger Entwicklungen eines Segments ermöglicht werden können.[465] Daher ist im Rahmen der empirischen Untersuchung ebenfalls zu analysieren, wie sich die Berichterstattung geografischer Angaben unter IFRS 8 entwickelt.

Zuletzt fordert das IASB in IFRS 8.34 im Rahmen der unternehmensweiten Angaben Informationen über wichtige Kunden. Durch eine Angabe der mit diesen erzielten Erträgen sowie die Zuordnung zu einem Segment soll der mit einem wesentlichen Kunden einhergehenden Konzentration von Risiken Rechnung getragen werden. (IFRS 8.BC108) Kritisch zu hinterfragen ist bei der Regelung die vom IASB selber als „arbitrary" bezeichnete 10%-Hürde, ab welcher über Kunden zu berichten ist (IFRS 8.BC108), sowie die eventuell mit der Berichterstattung einhergehende Veröffentlichung wettbewerbsschädli-

---

460 Vgl. Baetge/Haenelt (2008), S. 50.

461 Vgl. Marten/Quick/Ruhnke (2011), S. 577.

462 Da im Rahmen der unternehmensweiten Angaben neben dem Ausweis wichtiger Kunden schwerpunktmäßig Informationen zu Produkten/Dienstleistungen bzw. geografischen Gebieten vermittelt werden, erfolgt im weiteren Verlauf die Gegenüberstellung von sekundären (IAS 14) und auf Produkte oder Regionen bezogenen unternehmensweiten (IFRS 8) Angaben. Daher werden die Begriffe der sekundären und der unternehmensweiten Berichterstattung teilweise synonym verwendet.

463 Vgl. Langguth/Brunschön (2006), S. 626. Im Rahmen der Erhebung von *Langguth/Brunschön* wurde der Anteil der Unternehmen, deren sekundäre Berichterstattung nach geografischen Kriterien abgegrenzt wurde, mit 70% beziffert.

464 Vgl. Thomas (2000), S. 152.

465 Vgl. Centre for financial market integrity (2006), S. 9.

cher Informationen.[466] Genau wie bei den unternehmensweiten Angaben nach Produktgruppen und Dienstleistungen (IFRS 8.32) sowie nach Regionen (IFRS 8.33) erfolgt auch bei den Angaben zu wichtigen Kunden ein Bruch mit dem Management Approach, da Angaben auch für den Fall verlangt werden, dass diese nicht im internen Rechnungswesen genutzt werden.[467]

#### 3.1.2.3 Problembereiche bei der Überleitungsrechnung

Eine Überleitungsrechnung ist aufgrund möglicher Abweichungen zwischen internen und externen bzw. segmentierten und aggregierten Erlösen, Ergebnissen, Vermögenswerten und Verbindlichkeiten notwendig.[468] Sie dient der Darstellung des Zusammenhangs von segmentierten und auf Konzernebene aggregierten Daten.[469] Ihr kommt daher eine wesentliche Bedeutung für die Verständlichkeit der externen Segmentberichterstattung zu.[470]

**Gründe für Abweichungen** finden sich – wie in Abbildung 14 dargestellt – in intersegmentären Transaktionen, nicht berichtspflichtigen Segmenten sowie abweichenden Bewertungsmethoden im internen und externen Rechnungswesen.[471] Weiterhin können auf Unternehmensebene Erträge/Aufwendungen bzw. Vermögenswerte/Schulden anfallen, die keinem der berichtspflichtigen Segmente zugeordnet werden können.[472] Für den Fall, dass das Unternehmen ein vollkommen konvergentes Rechnungswesen aufweist und alle

---

466 Bspw. gibt die Medion AG in ihrer Segmentberichterstattung an: „Da eine quantitative Aufgliederung der Umsätze für wichtige Kunden nach vernünftiger kaufmännischer Beurteilung geeignet ist, dem Unternehmen einen erheblichen Nachteil zuzufügen, hat sich der Vorstand im Einvernehmen mit dem Aufsichtsrat dazu entschlossen, eine solche Aufgliederung der Umsatzerlöse zu unterlassen und die in der Folge insoweit zwangsläufige Einschränkung des Bestätigungsvermerks hinsichtlich der Angaben der Umsätze mit wichtigen Kunden im Sinne von IFRS 8.34 hinzunehmen.“, Medion (2014), S. 142.

467 Vgl. Wenk/Jagosch (2008), S. 669.

468 Darüber hinaus ist nach IFRS 8.28 für wesentliche Positionen des Segmentberichtes eine Überleitung zu erstellen, vgl. Zülch/Burghard (2007), S. 22.

469 Vgl. Kapitel 2.3.3.2.2.

470 Vgl. Haller (2010), Rn. 109.

471 Vgl. Schulz-Danso (2013), Rn. 79.

472 Vgl. Ebeling (2010), Rn. 74. Beispiele für Erträge, Aufwendungen, Vermögenswerte und Schulden, die den Bedarf einer Überleitungsrechnung mit sich bringen, finden sich in Kapitel 3.1.2.2.2 zu den Problemen bei der Ermittlung beispielhafter Positionen.

zu berichtenden Positionen vollständig auf die Segmente verteilt werden konnten, entfällt die Notwendigkeit der Erstellung einer Überleitungsrechnung.[473]

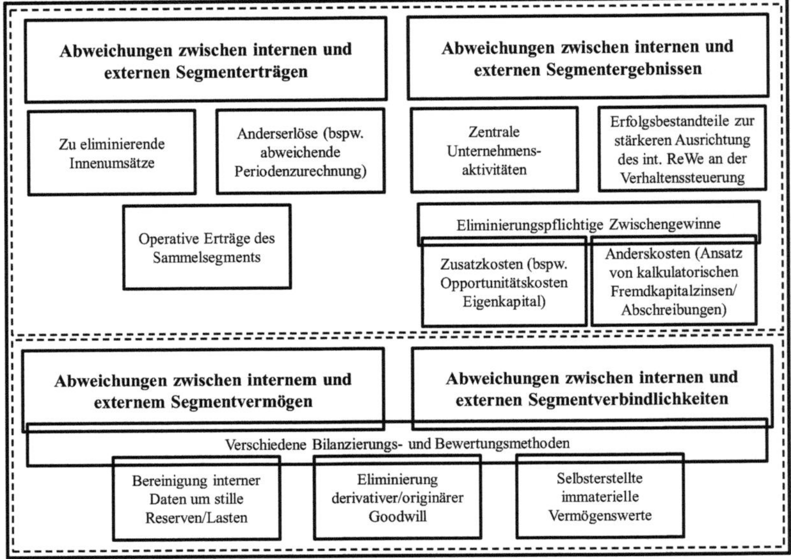


**Abbildung 14: Gründe für Überleitungsrechnungen**[474]

Die Entscheidungsnützlichkeit der durch die Segmentberichterstattung vermittelten Daten hängt, wie bereits erläutert, in großem Umfang von der Qualität der Überleitungsrechnung ab. Hierbei steigt deren Bedeutung mit der Höhe der Überleitungsbeträge zwischen der Summe der Segmentergebnisse und dem im Jahresabschluss ausgewiesenen Gesamtergebnis.[475] Die **Verständlichkeit der Überleitungsrechnung** wird jedoch durch die Tatsache eingeschränkt, dass sie nicht für die einzelnen Segmente angewendet wird, sondern nur für die Summe aus den Werten aller berichteten Segmente.[476] Hieraus folgt, dass

---

473 Vgl. Dassler (2009), S. 221.

474 In Anlehnung an Blase/Müller (2009), S. 540.

475 Vgl. Weißenberger/Franzen/Kurth (2013), S. 141. Aufgrund der Bedeutung der Überleitungsrechnung, vor allem im Fall von großen Abweichungen zwischen der Summe der Segmentgrößen und der gesamten Unternehmensgrößen, sollen im Rahmen der empirischen Untersuchungen und besonders im Rahmen der eigenen empirischen Untersuchung die Überleitungsrechnungen genauer betrachtet werden.

476 Vgl. IFRS 8.BC42. i.V.m Grottke/Krammer (2008), S.674.

aus den Überleitungsrechnungen für einzelne Segmente wenige Zusatzinformationen gewonnen werden können.[477]

Wie die bisherigen Ausführungen zeigen, wurde vor dem Hintergrund der Umsetzung des Management Approach sowie der Zielsetzung einer Konvergenz mit US-GAAP auf eine **detaillierte Darstellung der Überleitungsrechnung** im Standard selber verzichtet.[478] Aus diesem Grund bieten sich für einen bilanzpolitisch motivierten Ausweis gerade die mit ihrer Erstellung verbundenen Ermessens- und Gestaltungsspielräume an. Hieraus ergibt sich wiederum die Empfehlung, dass der Abschlussprüfer ihr eine zentrale Rolle bei der Prüfung der Segmentberichterstattung zukommen lassen sollte.[479]

Abschließend kann konstatiert werden, dass die Erstellung der Überleitungsrechnung bei einem nicht konvergenten Rechnungswesen mitunter mit einem sehr hohen Aufwand verbunden sein kann, der den durch das IASB dargestellten Kostenvorteilen durch die Übernahme vorhandener Daten gegenüberstehen könnte.[480] Hieraus ergibt sich jedoch gleichzeitig ein Anreiz für das bilanzierende Unternehmen, die Differenzen zwischen der internen und der externen Berichterstattung zu verringern,[481] zumal große Abweichungen zu einem Vertrauensverlust der Adressaten führen könnten.[482]

#### 3.1.2.4 Gestaltungsaspekte bei der grafischen Darstellung des Segmentberichtes

Ein ebenfalls zu berücksichtigendes Kriterium bei der theoretischen Bewertung der Segmentberichterstattung nach IFRS 8 sollte die Art und Weise ihrer Darstellung sein. Innerhalb der „Guidance on implementing IFRS 8 Operating Segments“ (IFRS 8 IG) finden

---

477 Vgl. Grottke/Krammer (2008), S.674.

478 Vgl. Blase (2012), S. 116f. Beispiele für die Darstellung der Überleitungsrechnung gibt das IASB innerhalb der nicht verbindlichen Anwendungsleitlinien IFRS 8.IG4. Gegenstand der durchzuführenden empirischen Untersuchung wird aus diesem Grund ebenfalls sein, inwiefern die berichtenden Unternehmen die Vorgaben berücksichtigen bzw. inwiefern die Anwendungsrichtlinien für eine optimalere Informationsübermittlung konkretisiert werden könnten.

479 Vgl. Marten/Quick/Ruhnke (2011), S. 577. Beispielhaft kann eine nicht der Realität entsprechende Zuordnung von Erfolgsbestandteilen auf die Segmente durch eine Überleitung im Sammelsegment verschleiert werden, weswegen bei der Prüfung stichprobenartig die Segmentzuordnung betrachtet werden sollte.

480 Vgl. Alvarez/Büttner (2006), S. 318.

481 Vgl. Haller (2010), Rn. 111.

482 Vgl. Müller/Peskes (2006), S. 824.

sich einige Anwendungshinweise zu den allgemeinen Informationen über berichtspflichtige Segmente (IFRS 8.IG2), berichtenden Informationen (IG3), der Überleitungsrechnung (IG4), geografischen Informationen (IG5) sowie wichtigen Kunden (IG6). Diese Anwendungshinweise sind jedoch eher oberflächlich und klammern einige relevante Bereiche aus. Bspw. können die primäre sowie die unternehmensweite Segmentierungsebene neben der isolierten auch einer gemeinsamen Darstellung zugeführt werden.[483] Die gemeinsame Darstellung der produktbezogenen und geografischen Angaben in Form des sog. **Matrixformats**[484] bietet dem Nutzer einen besseren Überblick über die Nutzung ausländischer Niederlassungen für die Produktion oder den Vertrieb einzelner Produkte.[485] Jedoch können mit dieser Darstellungsform sowohl auf Ersteller- als auch auf Adressatenseite Probleme einhergehen, da die Datengenerierung komplexer wird und bei vielen zu vermittelnden Informationen die Übersichtlichkeit und Verständlichkeit eingeschränkt werden könnte.[486] Insofern ist es ratsam, nur ausgewählte Größen in dieser Form darzustellen.[487]

### 3.1.3 Theoretische Auswirkungen von IFRS 8 auf die Grundsätze der IFRS-Rechnungslegung

Wie im Grundlagenkapitel dargestellt, soll die vom IASB als Ziel gesetzte Entscheidungsrelevanz der Daten durch die beiden qualitativen Anforderungen der Relevanz sowie der glaubwürdigen Darstellung erreicht werden. (RK.QC6 u. .QC12) Nach der Darstellung der Konzeption des IFRS 8 sowie der theoriebasierten Probleme soll daher nun eine theoretische Überprüfung der Zielerreichung anhand der Erfüllung der beiden qualitativen Kriterien vorgenommen werden.

Grundsätzlich sind die bereits dargestellten Ziele des internen Rechnungswesens die Schaffung von Transparenz innerhalb eines Unternehmens sowie die Versorgung interner Entscheidungsträger mit entscheidungsrelevanten Informationen.[488] In Verbindung mit der Umsetzung des Management Approach sollten diese Ziele folglich auch im externen

483 Vgl. Haller (2010), Rn. 133.

484 Vgl. Schulz-Danso (2013), Rn. 78.

485 Vgl. Colson et al. (1994), S. 78.

486 Vgl. Haller (2010), Rn. 133.

487 Vgl. Schulz-Danso (2013), Rn. 78.

488 Vgl. Botta et al. (2001), S. 26.

Rechnungswesen sichergestellt sein. Demgegenüber sind jedoch Unzulänglichkeiten des internen Rechnungswesens denkbar[489] und es können Bestrebungen bestehen, den Aussagegehalt des externen Rechnungswesens durch eine bilanzpolitisch motivierte Gestaltung zu verändern.[490]

Trotz einer per se vorteilhaften Veröffentlichung von durch das Management genutzten Daten kann sich eine Einschränkung der **Relevanz** von extern veröffentlichten Angaben bspw. durch die mit der internen Rechnungslegung verfolgte Verhaltenssteuerung ergeben. Grund sind mit diesem Ziel einhergehende Modifikationen der Informationen, die einen Wertverlust aus Investorsicht mit sich bringen.[491] Daneben kann die fehlende Bereitschaft des Unternehmens, relevante Informationen zu veröffentlichen, die Relevanz der Segmentberichterstattung einschränken.[492] Dieses bilanzpolitische Vorgehen kann durch die damit verbundene verzerrte Informationsweitergabe gleichsam eine Einschränkung der **glaubwürdigen Darstellung** mit sich bringen.[493] Eine glaubwürdige Darstellung liegt nach dem IASB dann vor, wenn Vollständigkeit, Neutralität und Fehlerfreiheit gegeben sind. (RK.QC12) Während bei dem genannten Beispiel die Vollständigkeit eingeschränkt wäre, ist vor allem der Punkt einer fehlerfreien Darstellung aufgrund der Schlüsselungsproblematik von Segmentvermögen und -verbindlichkeiten kritisch zu hinterfragen. Allerdings kann auch von einer glaubwürdigen Darstellung ausgegangen werden, wenn „der Betrag klar und genau als eine Schätzung beschrieben ist, die Art und die Grenzen des Schätzungsprozesses erläutert werden und bei der Auswahl und Anwendung eines angemessenen Prozesses zur Entwicklung der Schätzung keine Fehler gemacht wurden.“ (RK.QC15) Grundsätzlich wäre bei einer Angabe der Schätzungsparameter also von einer Vorteilhaftigkeit einer Bilanzierung auszugehen. Sofern die Schätzungsparameter trotz einer unsachgemäßen Schlüsselung nicht angegeben werden, muss von einer daraus resultierenden mangelhaften Entscheidungsgrundlage ausgegangenen werden. Daher kann die Möglichkeit eines Verzichts der Angabe bei Nicht-Nutzung im internen

---

489 Welche Rolle diese Unzulänglichkeiten in der deutschen Bilanzierungspraxis spielen, wird in Kapitel 4.2.2.1 näher beleuchtet.

490 Eine Betrachtung der möglicherweise bilanzpolitisch motivierten Gestaltung der Segmentberichterstattung nach IFRS 8 in Deutschland erfolgt in Kapitel 4.2.2.2.

491 Vgl. Weißenberger/Franzen (2011), S. 330f. Ein weiteres Problem könnte bspw. bestehen, wenn die Segmentabgrenzung nicht das interne Chancen-Risiko-Verhältnis wiedergibt.

492 Vgl. Rogler (2009b), S. 582.

493 Vgl. Weißenberger/Franzen (2011), S. 332.

Rechnungswesen nicht per se als nachteilig für die Qualität der Segmentberichterstattung gewertet werden.

Der Nutzen der relevanten und glaubwürdig dargestellten Informationen soll durch **weiterführende qualitative Anforderungen** sichergestellt werden. (RK.QC19) Während die qualitative Anforderung der Zeitnähe (RK.QC29) durch die im internen Rechnungswesen vorhandenen Daten gegeben ist, sind die vom Konvergenzgrad abhängige Verständlichkeit (RK.QC30) und die Nachprüfbarkeit (RK.QC26) durch die fehlende Standardisierung[494] genau wie die Vergleichbarkeit (RK.QC20) kritisch zu hinterfragen. Die Kostenrestriktion (RK.QC35) ist auf den ersten Blick durch die kostengünstige Übernahme nützlicher interner Daten beachtet. Bei der Kostenerfassung sollten jedoch über die direkten Kosten der Erstellung hinaus bspw. die aus der Prüfung oder der Veröffentlichung konkurrenzsensibler Daten resultierenden Kosten berücksichtigt werden. Das Hauptziel der Prüfungsdurchführung besteht in einer sichergestellten Einhaltung der qualitativen Charakteristika des Conceptual Framework.[495] Um diesem Ziel gerecht zu werden, bedarf es gegenüber der Prüfung des IAS 14 durch die notwendige intensivere Analyse des internen Rechnungswesens eines eventuell erheblich größeren Prüfungsaufwands.[496] Kosten durch die Veröffentlichung konkurrenzsensibler Daten können unter anderem durch eine Produktionsanpassung direkter Konkurrenten, zusätzliche Markteintritte oder eine steigende Übernahmegefahr entstehen.[497]

In der Konsequenz bestehen Möglichkeiten einer beeinträchtigten Entscheidungsrelevanz der Segmentberichterstattung nach IFRS 8, welche durch die Einschränkung von Relevanz und Verlässlichkeit sowie der weiterführenden qualitativen Anforderungen verstärkt werden können. Im weiteren Verlauf sollen zur Bewertung des „Endproduktes" daher Untersuchungen der Bilanzierungspraxis dargestellt und analysiert werden.

---

[494] Welche jedoch durch umfangreiche qualitative Angaben ausgeglichen werden soll.

[495] Vgl. Marten/Quick/Ruhnke (2011), S. 574.

[496] Vgl. Baetge/Haenelt (2008), S. 50.

[497] Vgl. Hacker (2002), S. 108.

## 3.2 Überblick über die bisherigen empirischen Untersuchungen zur Segmentberichterstattung nach IFRS 8 auf dem deutschen Kapitalmarkt

### 3.2.1 Untersuchungsgesamtheit

| | |
|---|---|
| 1 | *Blase/Müller* (2009) – Empirische Analyse der vorzeitigen IFRS-8-Erstanwendung - Eine Analyse der Harmonisierung von interner und externer Segmentberichterstattung im Rahmen der vorzeitigen Umstellung auf IFRS 8 bei DAX-, MDAX-, und SDAX-Unternehmen |
| 2 | *Blase/Lange/Müller* (2010) – IFRS: Gesamtergebnisrechnung, Bilanz und Segmentberichterstattung |
| 3 | *Matova/Pelger* (2010) – Integration von interner und externer Segmentergebnisrechnung - Eine empirische Untersuchung auf Basis der Segmentberichterstattung nach IFRS 8 |
| 4 | *Weißenberger/Franzen* (2011) – Herausforderung Management Approach - Theoretische und empirische Analyse der Segmentberichterstattung nach IFRS 8 in deutschen Unternehmen |
| 5 | *Blase* (2012) – Segmentberichterstattung vor dem Hintergrund des Management Approach - Theoretische, regulatorische und empirische Erkenntnisse zur Harmonisierung der Segmentberichterstattung nach IFRS 8 |
| | *Blase/Müller/Reinke* (2012a) – Empirische Analyse der Anwendung von IFRS 8 - Paradigmenwechsel in der Segmentberichterstattung? [498] |
| | *Blase/Müller/Reinke* (2012b) – Fortschritt in der Harmonisierung von internem und externem Rechnungswesen durch den Management Approach des IFRS 8 - Empirische Analyse zur Harmonisierung von Segmentsteuerung und Segmentberichterstattung bei den Unternehmen des DAX, MDAX und SDAX[499] |
| 6 | *Nichols/Street/Cereola* (2012) – An analysis of the impact of adopting IFRS 8 on the segment disclosures of European blue chip companies |
| 7 | *Weißenberger/Franzen/Bremer/Pelster* (2013) – Verbessert sich unter IFRS 8 die Konsistenz von Segmentbericht und Lagebericht? - Eine empirische Analyse der HDAX- und SDAX-Unternehmen |
| 8 | *Kajüter/Nienhaus* (2014) – The Impact of IFRS 8 Adoption on the Value Relevance of Segment Reports[500] |
| 9 | *Franzen/Weißenberger* (2014a) – The adoption of IFRS 8 - No Headway Made? Evidence from Segment Reporting Practices in Germany[501] |
| 10 | *Franzen/Weißenberger* (2014b) – Capital Market Effects of Mandatory IFRS 8 Adoption: An Empirical Analysis of German Firms[502] |

**Tabelle 3: Übersicht der bisherigen empirischen Untersuchungen**

498 Da die beiden Veröffentlichungen von *Blase/Müller/Reinke* die gleichen Ergebnisse darstellen, die neben weiteren Erkenntnissen auch in der Veröffentlichung von *Blase* enthalten sind, werden im Folgenden nur die Ergebnisse von *Blase* betrachtet.

499 S.o.

500 Entspricht "*Kajüter/Nienhaus* (2012) – Value relevance of segment reporting - Evidence from German companies" aus dem PIR.

501 Entspricht "Weißenberger/Franzen (2012a) – The application of IFRS 8 - A step in the right direction?" aus dem PIR.

502 Entspricht "Weißenberger/Franzen (2012b) – The impact of mandatory IFRS 8 application on information asymmetry in Germany: Much ado about nothing?" aus dem PIR.

Im Folgenden sollen bestehende Beiträge, die die Umsetzung der Segmentberichterstattung nach IFRS 8 auf dem deutschen Kapitalmarkt empirisch untersuchen, systematisch erfasst werden. Ziel dieser systematischen Erfassung ist ein vorläufiges Urteil über die finale Ausgestaltung der quantitativen sowie qualitativen Segmentinformationen der deutschen Unternehmenspraxis.

Tabelle 3 gibt einen Überblick über bisherige Veröffentlichungen[503], die eine empirische Untersuchung der auf IFRS 8 basierenden Segmentberichterstattungspraxis für deutsche Unternehmen durchführen.[504]

| | DAX | MDAX | SDAX | TecDAX | Restl. Prime St. | Anzahl der Unternehmen | Isolierte Betrachtung | Vergleich IAS 14/IFRS 8 | Sonstiges |
|---|---|---|---|---|---|---|---|---|---|
| **1** | x | x | x | | | 13 | x | | |
| **2** | x | x | x | | | 30/24[505] | | x | |
| **3** | x | x | x | x | | 41 | x | | |
| **4** | x | x | x | x | | 72 | x | | |
| **5** | x | x | x | | | 68[506] | x | x | x |
| **6** | x | | | | | 30 | | x | |
| **7** | x | x | x | x | | 83 | | x | x |
| **8** | x | x | x | x | | 98 | | x | x |
| **9** | x | x | x | x | | 73 | | x | |
| **10** | x | x | x | x | x | 125 | | x | x |

**Tabelle 4: Untersuchungsgegenstand der bisherigen Veröffentlichungen**

Die Untersuchungen beziehen sich – wie in Tabelle 4 dargestellt – zum Großteil auf die Indizes DAX, MDAX und SDAX. In mehreren Fällen wird zudem der TecDAX hinzugezogen. Darüber hinaus kann eine Unterscheidung hinsichtlich der Anzahl der unter-

---

503 Ausgehend vom PIR wurden die dort angegebenen, auf den deutschen Kapitalmarkt bezogenen Beiträge hinsichtlich relevanter Untersuchungen analysiert. Darüber hinaus wurden – sofern vorhanden – die aktuellen Versionen der im PIR genutzten Workingpaper beschafft. Auf diesem Wege wurden zehn im weiteren Verlauf genauer zu betrachtende Untersuchungen identifiziert.

504 Im weiteren Verlauf werden die durchlaufenden Ziffern für die Kenntlichmachung der Beiträge genutzt.

505 Nach IAS 14 nur 24 betrachtete Unternehmen, vgl. Blase/Lange/Müller (2010), S. 159. Die Abweichung der in 2007 und 2008 betrachteten Grundgesamtheiten schränkt daher die Vergleichbarkeit ein.

506 Da *Blase* im Rahmen seiner Untersuchung verschiedene Grundgesamtheiten mit unterschiedlichen Merkmalen untersucht, wird für die vergleichende Analyse die „verkürzte" Zusammenstellung gewählt, die den Kriterien der in Kapitel 3.4 durchgeführten Untersuchung am ehesten entspricht, vgl. Blase (2012), S. 173.

suchten Unternehmen und des Zeitraums der Untersuchung vorgenommen werden. Weiterhin können die Untersuchungen in die drei Kategorien einer isolierten Betrachtung der Segmentberichterstattung nach IFRS 8, einer vergleichenden Betrachtung der Segmentberichte nach IFRS 8 und IAS 14 sowie einer von diesen beiden Sichtweisen abweichenden Untersuchung unterschieden werden. Beispiele für die Kategorie „Sonstiges" sind hierbei die Analyse der Konsistenz zwischen Segment- und Lagebericht[507] oder die Untersuchung der Wertrelevanz[508] der veröffentlichten Segmentdaten.

### 3.2.2 Primäre Berichtsebene

#### 3.2.2.1 Segmentierungskriterien und Anzahl der berichteten Segmente

Der Großteil der betrachteten Unternehmen nimmt die Abgrenzung der Segmente unter IFRS 8 anhand von **produkt- oder dienstleistungsorientierten Kriterien** vor. Der Anteil variiert hierbei zwischen 77%[509] und 83%[510] der in den Untersuchungen gewählten Grundgesamtheit. Im Vergleich zu IAS 14 ergibt sich hierdurch überwiegend ein geringfügiger Rückgang der produkt- und dienstleistungsorientierten Segmentierung, welche sich in den betrachteten Untersuchungen zwischen 76 %[511] und 88%[512] bewegt.[513] Grundsätzlich kommt es also zu keinen starken Veränderungen bei der Wahl der Abgrenzungskriterien. Dies wird ebenfalls durch *Franzen/Weißenberger* (2014a) belegt, die zeigen, dass 95% der Unternehmen, die unter IAS 14 nach produktorientierten Kriterien segmentiert haben, dies auch unter IFRS 8 tun.[514] Mit der Umstellung auf IFRS 8 geht daneben ein Anstieg der Segmentierung anhand einer Mischung von produkt- und regionalorientierten Kriterien von maximal 6%[515] der betrachteten Unternehmen einher. Weiterhin wird in einigen Untersuchungen der geringfügige Anstieg der nun ebenfalls möglichen

---

507 Vgl. bspw. Weißenberger/Franzen/Bremer (2013).

508 Die Wertrelevanz beschreibt die Relevanz für die Investitionsentscheidung des Investors, vgl. Kajüter/Nienhaus (2014), S.2.

509 Vgl. bspw. Blase/Lange/Müller (2010), S. 161.

510 Vgl. Nichols/Street/Cereola (2012), S. 89.

511 Vgl. Weißenberger et al. (2013), S. 17.

512 Vgl. Blase/Lange/Müller (2010), S. 161. Der extreme Rückgang des Anteils sektoraler Segmentierung von 88% auf 77% muss jedoch aufgrund der geringen Grundgesamtheit kritisch hinterfragt werden.

513 Die einzige Veröffentlichung, in der ein marginaler Anstieg der sektoralen Segmentierung konstatiert wird, ist die Veröffentlichung von Kajüter/Nienhaus (2014), S. 16.

514 Vgl. Franzen/Weißenberger (2014a), S. 17.

515 Vgl. Kajüter/Nienhaus (2014), S. 16. Der Anstieg erfolgt von 2% unter IAS 14 auf 8% unter IFRS 8.

Segmentierung anhand sonstiger Kriterien festgestellt; mit gerade einmal 4%[516] der betrachteten Unternehmen ist dieser Faktor jedoch zu vernachlässigen.

Aus den Ergebnissen ergibt sich eine Bestätigung der Auffassung des IASB, dass bereits unter IAS 14 die interne Steuerung anhand von Risiken und Chancen erfolgte und die interne Segmentierung gleichsam die Grundlage für die Segmentbestimmung darstellte (IAS 14.27).[517] Der Anteil an Unternehmen, die darüber hinaus eine Mischsegmentierung bzw. eine anderweitige Segmentierung vornehmen, ist eher gering, wodurch die bereits thematisierte Vergleichbarkeitsproblematik in Bezug auf die Abgrenzung eher vernachlässigbar erscheint.

Die **Anzahl der berichteten Segmente** ist in allen Untersuchungen, die sie zum Gegenstand haben, angestiegen. Während die durchschnittlich berichtete Anzahl nach IAS 14 zwischen 2,9[518] bis 4,3[519] Segmente betrug, ist diese nach Berücksichtigung von IFRS 8 auf ca. 3,07[520] bis 4,7[521] Segmente angestiegen. Der Anstieg liegt hierbei im Durchschnitt zwischen 0,17[522] und 0,6[523] Segmenten.

Daneben wird teilweise untersucht, in wie viel Prozent der Fälle eine **Erhöhung, Verringerung oder Beibehaltung** der berichteten Segmentanzahl beim Übergang von IAS 14 auf IFRS 8 erfolgte. Gemein ist den Untersuchungen hierbei, dass der Anteil an Unternehmen, bei dem eine Erhöhung der Segmentanzahl festgestellt werden kann, weitaus

---

516 Vgl. Blase (2012), S. 177.

517 Vgl. Blase (2012), S. 177.

518 Vgl. Franzen/Weißenberger (2014b), S. 55.

519 Vgl. Nichols/Street/Cereola (2012), S. 92. Zu beachten ist bei dieser Angabe die alleinige Untersuchung der DAX Unternehmen durch *Nichols/Street/Cereola*. Bei den anderen Untersuchungen beträgt die durchschnittliche Segmentanzahl maximal 3,2.

520 Vgl. Franzen/Weißenberger (2014b), S. 55.

521 Vgl. Nichols/Street/Cereola (2012), S. 92. Zu beachten ist bei dieser Angabe die alleinige Untersuchung der DAX Unternehmen durch *Nichols/Street/Cereola*. Bei den anderen Untersuchungen beträgt die durchschnittliche Segmentanzahl maximal 3,8. Es besteht folglich der Hinweis darauf, dass größere Unternehmen durchschnittlich mehr Segmente berichten.

522 Vgl. Franzen/Weißenberger (2014b), S. 55.

523 Vgl. Blase/Lange/Müller (2010), S. 161.

größer ist (ca. 18%[524] bis 19,3%[525]) als der Anteil, bei dem eine verringerte Zahl an Segmenten zu beobachten ist (3,6%[526] bis 8%[527]).

Grundsätzlich kann aufgrund der dargestellten Ergebnisse von einer Erfüllung der **Zielsetzung des IASB** hinsichtlich des Anstiegs an berichteten Segmenten ausgegangen werden. Eine für die weitere Arbeit zu berücksichtigende Erkenntnis bei der Analyse der berichteten Segmentanzahl wird bei einer Aufschlüsselung der Werte nach Indizes durch *Blase/Lange/Müller* deutlich. Während in ihrer Untersuchung bei Unternehmen des DAX durchschnittlich 4,4 statt vorher 3,3 Segmente berichtet werden, ist bei Unternehmen des SDAX ein geringfügiger Rückgang von 3,5 auf 3,4 Segmente und damit die umgekehrte Tendenz zu beobachten.[528] Hieraus ergibt sich wiederum der Bedarf einer dezidierteren Betrachtung der bisher vernachlässigten kleineren Unternehmen des CDAX, da das Ergebnis auf wesentliche Unterschiede bei der Umsetzung des IFRS 8 in großen und kleinen Unternehmen hindeutet.

Dieser Eindruck wird durch die Untersuchung von *Franzen/Weißenberger* (2014b) verstärkt, da hier alle Unternehmen des Prime Standard untersucht werden. Dieser umfasst zwar ebenfalls die in den anderen Untersuchungen beinhalteten Unternehmen aus DAX, MDAX, SDAX und TecDAX, weist jedoch mit einem Anstieg um durchschnittlich 0,17 Segmente die geringste Steigerung auf.[529] Folglich gilt es, in Kapitel 3.4 zu untersuchen, ob diese Tendenz auch bei den kleineren Anwendern in Deutschland erkennbar ist, da die bisherigen Ergebnisse den Eindruck vermitteln, dass gerade bei diesen Unternehmen Probleme bei der Anwendung von IFRS 8 aufgetreten sind. Eine weitere Besonderheit der zuletzt angesprochenen Untersuchung ist die getrennte Betrachtung der freiwilligen frühzeitigen Anwender und der Pflichtanwender zum durch das IASB vorgegeben Ter-

---

[524] Vgl. Kajüter/Nienhaus (2014), S. 16.

[525] Vgl. Weißenberger et al. (2013), S. 17.

[526] Vgl. Weißenberger et al. (2013), S. 17.

[527] Vgl. Kajüter/Nienhaus (2014), S. 16.

[528] Vgl. Blase/Lange/Müller (2010), S. 161.

[529] Vgl. Franzen/Weißenberger (2014b), S. 55. In der Untersuchung findet keine nach Indizes untergliederte Darstellung der Entwicklung statt. Aufgrund der oben genannten Ergebnisse von *Blase/Lange/Müller* sowie der anderen Untersuchungen kann jedoch von einem Anstieg bei den Unternehmen des DAX und MDAX ausgegangen werden. Daher dürfte der geringfügige durchschnittliche Anstieg primär auf die kleineren Unternehmen des Samples von *Franzen/Weißenberger* zurückzuführen sein.

min. Bei dieser kann eine Steigerung der berichteten Segmente nur bei den zuletzt genannten Anwendern festgestellt werden.[530] Eine mögliche Erklärung für diese Auffälligkeit könnte sein, dass Unternehmen IFRS 8 freiwillig vorzeitig anwenden, um bereits in einem früheren Geschäftsjahr die Spielräume bei der Segmentbestimmung ausnutzen zu können.

#### 3.2.2.2 Segmenterfolgsgrößen

Bei der Betrachtung der Berichterstattung über Segmenterfolgsgrößen[531] kann ein negativer Trend für die Veröffentlichung von anderen nicht zahlungswirksamen Positionen (-1%[532] bis -12%[533]) sowie Ergebnissen aus at-equity bilanzierten Beteiligungen (-3%[534] bis -12%[535]) festgestellt werden. Ein eindeutig positiver Trend liegt bei den Ertragssteuern (bei allen Veröffentlichungen 6%) sowie eingeschränkt bei den berichteten intersegmentären Erträgen[536] (4%[537] bis 12%[538]) und den wesentlichen Aufwendungen und Erträgen[539] (2%[540] bis 5%[541]) vor. Während die Angabe von Segmentergebnissen und Umsatzerlösen[542] untersuchungsübergreifend unverändert bei 100% liegt, kann zur Berichterstattung von Zinsen und Abschreibungen kein eindeutiger Trend abgeleitet werden.

Eine Besonderheit zweier Untersuchungen ist die Betrachtung der berichteten Ergebnisgrößen. Bei *Franzen/Weißenberger* (2014a) zeigt sich bei der Gegenüberstellung der Berichterstattung nach IAS 14 und IFRS 8 eine schwache Tendenz zur verstärkten Berichterstattung von cashflownahen Größen wie dem EBITDA, während die Berichterstattung

---

530 Vgl. Franzen/Weißenberger (2014b), S. 55.

531 Differenzierte Angaben über die Berichterstattung einzelner erfolgswirksamer Segmentpositionen finden sich lediglich bei Blase/Lange/Müller (2010), Blase (2012) sowie Franzen/Weißenberger (2014a).

532 Vgl. Blase (2012), S. 181.

533 Vgl. Franzen/Weißenberger (2014a), S. 21.

534 Vgl. Blase (2012), S. 181.

535 Vgl. Blase/Lange/Müller (2010), S. 164.

536 Diese werden von Franzen/Weißenberger (2014a) nicht untersucht.

537 Vgl. Blase/Lange/Müller (2010), S. 164.

538 Vgl. Blase (2012), S. 181.

539 Diese werden von Franzen/Weißenberger (2014a) nicht untersucht.

540 Vgl. Blase/Lange/Müller (2010), S. 164.

541 Vgl. Blase (2012), S. 181.

542 Diese werden von Franzen/Weißenberger (2014a) beide nicht untersucht.

von EBIT, EBT und dem Jahresüberschuss rückläufig ist.[543] Darüber hinaus zeigt sich bei der ebenfalls von *Blase* (2012) durchgeführten isolierten Betrachtung der nach IFRS 8 berichteten Ergebnisgrößen, dass das interne Rechnungswesen nur in wenigen Fällen eine Verrechnung der vordergründig auf Konzernebene gesteuerten Finanzierung vorsieht. Nur 16%[544] bis 26%[545] der betrachteten Unternehmen berichten einen EBT, während die Berichterstattung des EBITDA bei 23%[546] bis 39%[547] und die des EBIT bei 67%[548] bis 89%[549] liegt.[550]

Für die erfolgswirksamen Positionen kann die Zielsetzung des IASB in Form der Veröffentlichung eines Mehr an Informationen zusammenfassend also nur als eingeschränkt erfüllt angesehen werden, zumal die Berichterstattung über zwei Positionen sogar rückläufig ist.

#### 3.2.2.3 Segmentbilanzgrößen

Die Anzahl aller durch die betrachteten Unternehmen veröffentlichten Segmentbilanzgrößen ist beitragsübergreifend rückläufig. Während die Berichterstattung beim Segmentvermögen um 10%[551] bis 17%[552], zu Segmentinvestitionen um 7%[553] bis 13%[554] und zu Buchwerten at-equity um 6%[555] bis 15%[556] zurückgeht, ist bei den Segmentverbindlichkeiten ein besonders starker Rückgang um 28%[557] bis 33%[558] feststellbar.

543 Vgl. Franzen/Weißenberger (2014a), S. 23.
544 Vgl. Franzen/Weißenberger (2014a), S. 23.
545 Vgl. Blase (2012), S. 196.
546 Vgl. Blase/Lange/Müller (2010), S. 165.
547 Vgl. Blase (2012), S. 196.
548 Vgl. Blase/Lange/Müller (2010), S. 165.
549 Vgl. Franzen/Weißenberger (2014a), S. 23.
550 Vgl. Blase (2012), S. 196.
551 Vgl. Blase/Lange/Müller (2010), S. 167.
552 Vgl. Franzen/Weißenberger (2014a), S. 21.
553 Vgl. Blase (2012), S. 183.
554 Vgl. Blase/Lange/Müller (2010), S. 167.
555 Vgl. Blase (2012), S. 183.
556 Vgl. Blase/Lange/Müller (2010), S. 167.
557 Vgl. Blase (2012), S. 183.
558 Vgl. Franzen/Weißenberger (2014a), S. 21.

Einige Autoren untersuchen statt der Veränderung einzelner Segmentbilanz- bzw. Segmenterfolgsgrößen die Veränderung der kumulierten Anzahl an Segmenterfolgs- und Segmentbilanzgrößen. Die durchschnittliche Anzahl der kumulierten Größen ist beim Übergang von IAS 14 auf IFRS 8 um 0,5[559] bis 1,2[560] Größen zurückgegangen, wobei der Wert stark durch den oben dargestellten Rückgang der bilanziellen Größen beeinflusst wird.

Für die Bilanzpositionen sowie die Anzahl der kumulierten Größen kann die Zielsetzung des IASB, dass durch IFRS 8 mehr Informationen vermittelt werden sollen, als nicht erfüllt angesehen werden.

#### 3.2.2.4 Freiwillige Publizität

Die Publizität weiterer – über die Bilanz und GuV hinausgehender – Informationen wird in den Veröffentlichungen nur sehr rudimentär betrachtet, da eine Vielzahl möglicher Angaben getätigt werden kann. Aufgrund weniger vergleichbarer Ergebnisse werden im Folgenden primär die Positionen untersucht, die in mehreren Veröffentlichungen Beachtung finden.

Angaben zu Mitarbeitern und Forschungs- und Entwicklungsaufwendungen finden sich unter IFRS 8 in 27%[561] bis 41%[562] bzw. 10%[563] bis 13%[564] aller betrachteten Fälle. Jedoch betrachten nur vier Veröffentlichungen die genannten Positionen und die Veränderung weist nur bei den Angaben zu Mitarbeitern durch eine Verringerung im Rahmen des Übergangs von IAS 14 auf IFRS 8 die gleiche Wirkungsrichtung auf.

Segmentbezogene Cashflows haben – wie dargestellt – eine hohe Relevanz für die Bilanzanalyse,[565] welche sich jedoch durch ein geringes Niveau sowie einen marginalen Rückgang der Berichterstattung nicht in der Bilanzierungspraxis widerspiegelt. So kon-

---

559 Vgl. Kajüter/Nienhaus (2014), S. 16.

560 Vgl. Franzen/Weißenberger (2014a), S. 20.

561 Vgl. Blase/Lange/Müller (2010), S. 175.

562 Vgl. Blase (2012), S. 186.

563 Vgl. Blase (2012), S. 186.

564 Vgl. bspw. Blase/Lange/Müller (2010), S. 175.

565 Vgl. Kapitel 2.5.

statiert *Blase*, dass unter IAS 14 10%/6%/1% der Unternehmen einen Cashflow aus laufender Geschäftstätigkeit/Investitionstätigkeit/Finanzierungstätigkeit angeben. Unter IFRS 8 betragen diese Werte 9%/6%/0%.[566] *Franzen/Weißenberger* (2014a) konstatieren eine zwar konstante, jedoch noch geringere Veröffentlichung von nicht näher spezifizierten Cashflows durch 5% der betrachteten Unternehmen.[567] *Nichols/Street/Cereola* stellen fest, dass 23% der betrachteten Unternehmen unter IFRS 8 einen Cashflow berichten; der hohe Wert dürfte jedoch auf die isolierte Betrachtung von Unternehmen des DAX zurückzuführen sein.[568]

Neben der weniger umfangreichen Angabe zu Cashflows zeugt auch die eher zurückhaltende Angabe zu verschiedenen Renditen[569] von einer geringen Bereitschaft zur freiwilligen Angabe zusätzlicher Informationen. Daneben erfolgen auch Angaben zu Materialaufwand, Personalaufwand, Aufwand für Vertrieb und Marketing oder zum Auftragseingang nur in Ausnahmefällen, wobei keine signifikanten Änderungen durch den Übergang von IAS 14 auf IFRS 8 zu beobachten sind.[570]

Zusammenfassend kann auch bei den qualitativen und sonstigen Angaben kein Trend zu einer Verbesserung der Berichterstattung erfolgen. Zu berücksichtigen ist jedoch die bereits thematisierte, eher rudimentäre und wenig vergleichbare Betrachtung in den Veröffentlichungen. Die Angaben sind allerdings trotz ihrer Bedeutung für den Investor in einigen Bereichen auf einem sehr niedrigen Niveau, so dass dieser Bereich in der weiterführenden Untersuchung ebenfalls einer genaueren Betrachtung unterzogen werden sollte.

---

566 Vgl. Blase (2012), S. 184. Der Rückgang der Publizität von Cashflow-Größen wird ebenfalls durch Blase/Lange/Müller (2010), S. 175 festgestellt. Hier geben unter IAS 14 38%/21%/13% und unter IFRS 8 20%/13%/7% der Unternehmen einen Cashflow aus laufender Geschäftstätigkeit/Investitionstätigkeit/Finanzierungstätigkeit an. Die höheren Werte im Vergleich zu *Blase* dürften hierbei durch die geringere Untersuchungsgesamtheit sowie die Unternehmensauswahl (frühzeitige Anwender von IFRS 8) zu begründen sein.

567 Vgl. Franzen/Weißenberger (2014a), S. 21.

568 Vgl. Nichols/Street/Cereola (2012), S. 96. Dieser Zusammenhang deutet darauf hin, dass die Berichterstattung größerer Unternehmen mehr Informationen bietet.

569 Diese werden in den Veröffentlichungen von Blase/Lange/Müller (2010), Blase (2012) und Franzen/Weißenberger (2014a) untersucht. Die durchschnittlich am häufigsten berichtete Rendite stellt hierbei die segmentbezogene Umsatzrendite dar, welche nach *Blase* von 18% der untersuchten Unternehmen veröffentlicht wird, vgl. Blase (2012), S. 186. Zu beachten ist vor diesem Hintergrund, dass die Renditen beim Großteil der betrachteten Unternehmen durch die vorhandenen Angaben zumindest näherungsweise berechnet werden können.

570 Vgl. Blase (2012), S. 186.

### 3.2.3 Sekundäre Berichtsebene/unternehmensweite Angaben

Der Vergleich der auf sekundärer Ebene berichteten Informationen ist wegen der unterschiedlichen Vorschriften nur in Teilen möglich,[571] wird jedoch von mehreren Autoren zumindest im Ansatz versucht.

Auf Ebene der sekundären bzw. der unternehmensweiten Berichterstattung dominiert klar eine **geografische** bzw. regionale Segmentierung. Je nach Untersuchung beträgt der Anteil der Unternehmen, die ihre sekundären Segmente nach diesem Kriterium abgrenzen, zwischen 79%[572] und 87%[573]. Der Anteil der Unternehmen, die keine sekundäre Segmentberichterstattung veröffentlichen, liegt zwischen 4%[574] und 20%[575]. Durch den Übergang von IAS 14 zu IFRS 8 ist es nur zu marginalen Änderungen hinsichtlich der Auswahl der Segmentierungskriterien gekommen.[576] Von besonderer Relevanz für die Entscheidungsnützlichkeit der durch die unternehmensweiten Angaben vermittelten Informationen ist die ebenfalls von *Franzen/Weißenberger* untersuchte Aufgliederung der Segmente im Falle einer geografischen Segmentierung. Durch die Umstellung auf IFRS 8 erhöht sich der Anteil der Unternehmen, die neben dem Inland weitere länderspezifische und damit differenzierte Informationen angeben, von 18% auf 34%. Allerdings berichten nach wie vor viele Unternehmen nur über breite geografische Gebiete. 42% der betrachteten Unternehmen geben nur Informationen zum Inland und zu weiteren übernationalen Regionen/Kontinenten, 13% machen neben den Angaben zum Inland nur eine aggregierte Angabe zum Ausland und 10% machen keine konkrete Angabe zum Inland.[577] Der Ausweis entspricht zwar der Gesetzgebung, ermöglicht jedoch nur sehr ungenaue Einblicke in die Geschäftstätigkeit und vernachlässigt folglich die bereits thematisierte Entscheidungsrelevanz geografischer Informationen.

---

571 Vgl. Blase/Lange/Müller (2010), S. 172.

572 Vgl. Franzen/Weißenberger (2014a), S. 24.

573 Vgl. Blase (2012), 177.

574 Vgl. Franzen/Weißenberger (2014a), S. 24.

575 Vgl. Blase/Lange/Müller (2010), S. 161.

576 Vgl. bspw. Blase (2012), S. 177. *Blase* ermittelt einen Anstieg der regional segmentierten Segmente von 84% auf 87%, während sich die sektorale Segmentierung von 7% auf 6% und der Anteil der Unternehmen, die keine sekundäre Segmentberichterstattung ausweisen, von 9% auf 7% verringern. Bei *Franzen/Weißenberger* geht der Anteil der nach geografischen Kriterien abgrenzenden Unternehmen von 84% auf 79% zurück, vgl. Franzen/Weißenberger (2014a), S. 24.

577 Vgl. Franzen/Weißenberger (2014a), S. 25.

Die **Anzahl der berichteten sekundären/unternehmensweiten Segmente** weist in allen Veröffentlichungen einen geringfügigen Anstieg um knapp 0,3[578] Segmente auf. Die Anzahl der durchschnittlich durch die untersuchten Unternehmen berichteten Segmente variiert zwischen 3,7[579] und 4,6[580]. Eine Untergliederung der durchschnittlich berichteten Segmentanzahl nach Indizes offenbart, dass die Anzahl an Segmenten bei DAX- und MDAX-Unternehmen konstant bleibt, während beim SDAX ein Anstieg von durchschnittlich 3,2 auf 4,3 Segmente erfolgt.[581]

Auch auf sekundärer bzw. unternehmensweiter Ebene erfolgt durch einige Autoren eine Untersuchung berichteter **Segmenterfolgs- und Segmentbilanzgrößen**. Alle Untersuchungen berichten hierbei über einen Rückgang der durchschnittlichen Segmentangaben um 1,1[582] bis 1,3[583] segmentbezogene Größen. Pro Segment werden unter IFRS 8 in allen Veröffentlichungen 3,4 durchschnittlich berichtete Größen angegeben.[584]

Die Darstellung von **wesentlichen Kunden** wird von drei Untersuchungen betrachtet und erfolgt in 22%[585] bis 30%[586] der Fälle in einer vollständigen Form. Da teilweise angegeben wird, dass kein wichtiger Kunde existiert oder die vom Standard geforderten Informationen nicht in vollem Umfang angegeben werden, wird bei einer Untersuchungen darauf geschlossen, dass in 53%[587] der Fälle überhaupt keine Informationen zu wesentlichen Kunden vorliegen. Zu beachten ist hierbei jedoch, dass keine Angabepflicht für den Fall besteht, dass keine wesentlichen Kunden vorhanden sind.

---

578 Vgl. bspw. Franzen/Weißenberger (2014b), S. 56.

579 Vgl. Blase (2012), S. 179.

580 Vgl. Franzen/Weißenberger (2014a), S. 25.

581 Vgl. Blase/Lange/Müller (2010), S. 163. Relativierend zu beachten ist hierbei jedoch die geringe Anzahl an betrachteten Unternehmen aus dem SDAX (sechs Unternehmen nach IFRS 8 und fünf nach IAS 14). Interessant ist allerdings der in der vorliegenden Arbeit zu untersuchende Faktor der Wirkung von IFRS 8 auf die Berichterstattung vergleichsweise kleinerer Unternehmen.

582 Vgl. bspw. Franzen/Weißenberger (2014a), S. 27.

583 Vgl. Franzen/Weißenberger (2014b), S. 57.

584 Vgl. bspw. Franzen/Weißenberger (2014a), S. 27.

585 Vgl. Franzen/Weißenberger (2014a), S. 28.

586 Vgl. Blase/Lange/Müller (2010), S. 170.

587 Vgl. Franzen/Weißenberger (2014a), S. 28.

**Qualitative Angaben** werden durch die Untersuchung von Angaben zu Effekten aus asymmetrischen Segmentallokationen in 6%[588] bis 10%[589] der untersuchten Unternehmen berücksichtigt. Demgegenüber geben 53%[590] bis 55%[591] der untersuchten Unternehmen an, dass die Segmentdaten anhand konzerneinheitlicher Bilanzierungs- und Bewertungsgrundlagen ermittelt wurden.

Trotz der nachgewiesenen Relevanz von – vor allem in der sekundären Berichterstattung bzw. den unternehmensweiten Angaben befindlichen – geografischen Daten ist es dem Standardsetzer zusammenfassend nicht gelungen, durch die aktuelle Regelung das Ziel eines Informationszuwachses zu realisieren.

### 3.2.4 Überleitungsrechnung

Die Überleitungsrechnung findet als ein Kernelement für die Entscheidungsrelevanz der Segmentberichterstattung auch in einigen empirischen Untersuchungen Berücksichtigung. Zu unterscheiden sind diese in Untersuchungen, die die Ursache der Überleitungsrechnungen thematisieren, sowie in solche, die sich mit der Konsequenz, also den Angaben bei der Überleitung auf die Konzernwerte und deren Vollständigkeit auseinandersetzen.

Die **Ursachen der Überleitungsrechnung** werden empirisch durch *Matova/Pelger* (2010) sowie *Blase* (2012) beleuchtet. Eine Überleitungsrechnung ist nur notwendig, wenn wesentliche Abweichungen zwischen der internen und der externen Segmentberichterstattung bestehen. In der Untersuchung von *Matova/Pelger* ist dies bei 32% der untersuchten Unternehmen für das **Segmentergebnis** der Fall.[592] Die wesentlichen Abweichungen sind hierbei vordergründig auf zentrale (83%) und nicht zuzuordnende Aktivitäten (58%), Konsolidierungseffekte (58%), von mehreren Segmenten zu verantwortende Tätigkeiten und Ergebnisse mit einmaligem Charakter (25%) sowie Forschungs-

---

588 Vgl. Blase (2012), S. 198.

589 Vgl. Blase/Lange/Müller (2010), S. 172.

590 Vgl. Blase/Lange/Müller (2010), S. 172.

591 Vgl. Blase (2012), S. 198.

592 Vgl. Matova/Pelger (2010), S. 497. Die weitere Betrachtung von 32% der Unternehmen führt zu einer Grundgesamtheit von nur 12 Unternehmen, bei denen die Gründe für die Überleitungsrechnung untersucht werden können.

und Entwicklungskosten (25%) zurückzuführen.[593] Am häufigsten ergibt sich der Bedarf einer Überleitung folglich durch konzernweite gemeinsame Tätigkeiten bspw. in Form allgemeiner Verwaltungstätigkeiten oder des Marketings, durch andere nicht operative Tätigkeiten wie bspw. Ergebnisse aus assoziierten Unternehmen und durch Konsolidierungseffekte.[594]

*Blase* konstatiert, dass die Überleitungsbeträge in vielen Fällen nicht aus Abweichungen zu externen Bilanzierungs- und Bewertungsgrundsätzen resultieren. Vielmehr sind diese auf Verwaltungs- und Vertriebsaufwendungen (69%), nicht dem Segmentergebnis zugeordnete Restrukturierungsaufwendungen (22%), Veräußerungsergebnisse (18%) oder sonstige Sondervorgänge mit einmaligem Charakter (21%) zurückzuführen.[595] Jedoch führen ebenfalls Abweichungen zu IFRS-Grundsätzen, bspw. durch außerplanmäßige Abschreibungen (19%[596]) oder die ausbleibende Berücksichtigung von Sicherungsbeziehungen (Finanzinstrumente nach IAS 39) in der Segmentsteuerung (6%[597]), zum Bedarf nach einer Überleitung. Kalkulatorische Bestandteile, die nur für die interne Steuerung berücksichtigt werden, spielen hingegen eine untergeordnete Rolle, da lediglich 2% der Unternehmen kalkulatorische Zinsen bei der Bestimmung ihres Ergebnisses berücksichtigen.[598]

Neben den Überleitungsbestandteilen des Segmentergebnisses werden weiterhin die Gründe für Abweichungen bei den **Segmenterträgen** beleuchtet. Größtenteils sind diese auf intersegmentäre (94%) sowie durch zentrale Unternehmensaktivitäten generierte oder in einem Sammelsegment zusammengefasste Erträge nicht einzeln berichteter Segmente (69%) zurückzuführen. Bei nur 1% der Unternehmen können durch Anderserlöse Abweichungen bei den Bilanzierungs- und Bewertungsmethoden festgestellt werden.[599]

Die detaillierte Analyse der Überleitungsbestandteile des **Vermögens sowie der Verbindlichkeiten** ist aufgrund unvollständiger bzw. nicht vergleichbarer Angaben unmög-

---

593 Vgl. Matova/Pelger (2010), S. 499.

594 Vgl. Matova/Pelger (2010), S. 499-500.

595 Vgl. Blase (2012), S. 211-212.

596 Bei diesen 19% handelt es sich zum Großteil um außerplanmäßige Abschreibungen des Geschäfts- oder Firmenwertes, vgl. Blase (2012), S. 202.

597 Vgl. Blase (2012), S. 203f.

598 Vgl. Blase (2012), S. 200.

599 Vgl. Blase (2012), S. 194.

lich.[600] Folglich nimmt *Blase* lediglich eine Untersuchung vor, bis zu welchem Maß die Vermögenswerte und Verbindlichkeiten auf die Segmente allokiert werden. 84% der Unternehmen nehmen hierbei eine umfassende Allokation von operativen Vermögenswerten, Sachanlagevermögen sowie immateriellen Vermögenswerten vor.[601] Die Allokation von Verbindlichkeiten dagegen erfolgt in geringerem Maße, da in 60% der betrachteten Fälle eine Allokation nur für die operativen Verbindlichkeiten erfolgt; 29% verteilen darüber hinaus die zinstragenden Verbindlichkeiten auf die Segmente, während nur 12% eine vollständige Aufteilung vorgenehmen.[602] Hier zeigen sich folglich die bereits thematisierten Probleme der Aufschlüsselung von Verbindlichkeiten auf die Segmente.

| | vollständig | unvollständig | fehlend |
|---|---|---|---|
| Erträge | 92% / 93% / 77% | 8% / 1% | 0% / 6% |
| Ergebnis | 69% / 65% / 60% | 31% / 23% | 0% / 12% |
| Vermögen | 38% / 39% / 47% | 38% / 30% | 23% / 30% |
| Verbindlichkeiten | 38% / 33% / 40% | 15% / 30% | 46% / 36% |

**Tabelle 5: Vollständigkeit der Überleitungsrechnung**[603/604/605]

Neben den Ursachen der Überleitungsrechnung wird in der Literatur ebenfalls die **Überleitungsrechnung durch eine Beurteilung ihrer Vollständigkeit** untersucht. Hierzu werden die Überleitungsrechnungen teilweise durch die Einteilung in die Kategorien „vollständig“, „unvollständig“ und „fehlend“ einer genaueren Bewertung unterzogen. Tabelle 5 fasst die Ergebnisse der drei Untersuchungen (Darstellung in der Reihenfolge Blase/Müller (2009) - Blase (2012) - Blase/Lange/Müller (2010)) zusammen, die die Vollständigkeit der Überleitungsrechnung zum Inhalt haben. *Blase/Lange/Müller* untersuchen jedoch nur, ob es möglich ist, die Positionen von den Segmentwerten auf die Konzernwerte überzuleiten.[606] Daher werden diese Werte als vollständig angesehen.

Aufgrund des geringen Stichprobenumfangs in der Untersuchung von *Blase/Müller* ist das in den meisten Fällen bessere Bild bei der Überleitung von Ergebnissen, Vermögen

600 Vgl. Blase (2012), S. 213.

601 Vgl. Blase (2012), S. 215.

602 Vgl. Blase (2012), S. 217.

603 Vgl. Blase/Müller (2009), S. 540.

604 Vgl. Blase (2012), S. 189.

605 Vgl. Blase/Lange/Müller (2010), S. 169.

606 Vgl. Blase/Lange/Müller (2010), S. 169.

und Verbindlichkeiten vorsichtig zu werten. Gemein ist den Untersuchungen jedoch die Problematik einer sehr schlechten Qualität der Überleitung des Segmentvermögens und der Segmentverbindlichkeiten sowie in eingeschränktem Umfang der Segmentergebnisse.

| | Mittelwert | Median | Standardabw. |
|---|---|---|---|
| Erträge | 111% / 104% | 106% / 101% | 12% |
| Ergebnis | 107% / 121% | 105% / 103% | 70% |
| Vermögen | 94% / 89% | 94% / 91% | 20% |
| Verbindlichkeiten | 86% / 77% | 98% / 80% | 36% |

**Tabelle 6: Vergleich der Segmentsummen mit den Unternehmensgrößen**[607/608]

Neben der Untersuchung der Vollständigkeit wird weiterhin der in Tabelle 6 dargestellte Abgleich der Summen aller berichteten Segmenterträge/-ergebnisse/-vermögenswerte/-verbindlichkeiten mit den jeweiligen Unternehmensgrößen vorgenommen. Hierbei zeigt sich, dass Segmentergebnis und Segmentertrag in Summe durchschnittlich größer sind als die aggregierten Konzernwerte, was beim Segmentertrag auf die Berücksichtigung intersegmentärer Beziehungen und beim Segmentergebnis auf die Nicht-Berücksichtigung zentraler Aufwendungen hindeutet. Die geringeren Werte bei Vermögen und Verbindlichkeiten verdeutlichen die nicht vollständige Allokation von Vermögenswerten und Schulden auf die Segmente.[609] Anhand der nur von *Blase* ausgewiesenen Standardabweichung findet darüber hinaus die bereits beschriebene Bedeutung der Überleitungsrechnung für das Verständnis der Segmentberichterstattung eine Bestätigung. Vor allem beim Ergebnis und den Verbindlichkeiten zeigt die im Vergleich höhere Standardabweichung eine sehr hohe Relevanz der Überleitung für die Interpretation der Segmentwerte.[610]

In der Zusammenfassung sind durch die Betrachtung der Überleitungsrechnung einige Schwachpunkte in der Bilanzierungspraxis feststellbar, die der Entscheidungsrelevanz der gesamten Segmentberichterstattung in hohem Maße gegenüberstehen könnten.

607 Vgl. Blase/Müller (2009), S. 541.

608 Vgl. Blase (2012), S. 191.

609 Vgl. Blase (2012), S. 191.

610 Vgl. Blase (2012), S. 191.

### 3.2.5 Weitere Untersuchungen

Neben der Analyse der jeweiligen Angaben auf primärer und unternehmensweiter Berichtsebene erfolgt bei *Blase* sowie bei *Weißenberger et al.* weiterhin die Untersuchung der ebenfalls vom Standardsetzer als Ziel ausgegebenen **Konsistenz der in Lage- und Segmentbericht** veröffentlichten segmentbezogenen Daten.

Beide Veröffentlichungen nehmen die Untersuchung anhand unterschiedlicher Kriterien vor, belegen anhand dieser jedoch eine weitgehende Konsistenz zwischen Segment- und Lagebericht. Die Segmentierungskriterien weisen in 99%[611] der Fälle eine Konsistenz auf. Die Gliederungstiefe ist in 76%[612] bis 90%[613] der Fälle homogen, wobei die Vielzahl der nicht homogenen Untergliederungen auf eine stärker differenzierte Darstellung im Rahmen des Lageberichtes zurückzuführen ist. Beim direkten Vergleich der Angaben unter IAS 14 und IFRS 8 zeigt sich, dass sich sowohl bei der Segmentanzahl (von 87% auf 90%) als auch bei den genutzten Segmentbezeichnungen (von 80% auf 87%) und -kennzahlen (von 78% auf 79%) Verbesserungen ergeben haben.[614] Bezogen auf den veröffentlichten Umfang der finanziellen Segmentinformationen ist in 94% der Abschlüsse ein geringerer und nur in 2% ein höherer Umfang im Lagebericht festzustellen, da in diesem nur einige ausgewählte Größen veröffentlicht werden und der Schwerpunkt auf qualitativen Erläuterungen der Segmentperformance liegt.[615]

Zuletzt thematisieren *Kajüter/Nienhaus* die **Wertrelevanz** und *Franzen/Weißenberger (2014b)* untersuchen den Einfluss der IFRS 8-Einführung auf **bestehende Informationsasymmetrien und die Genauigkeit von Forecasts**. *Kajüter/Nienhaus* stellen durch die Messung des statistischen Zusammenhangs vom Marktwert des Unternehmens und den veröffentlichten Segmentangaben einen Anstieg der Wertrelevanz durch den Übergang von IAS 14 auf IFRS 8 fest.[616] Demgegenüber konstatieren *Franzen/Weißenberger* (2014b), dass durch die Anwendung von IFRS 8 weder eine signifikante Verringerung

611 Vgl. Blase (2012), S. 219.

612 Vgl. Blase (2012), S. 219. In 19% liegt im Lagebericht eine höhere und in 4% eine geringere Segmentierungstiefe vor.

613 Vgl. Weißenberger et al. (2013), S. 17.

614 Vgl. Weißenberger et al. (2013), S. 18-20.

615 Vgl. Blase (2012), S. 223-224.

616 Vgl. Kajüter/Nienhaus (2014), S.21.

von Informationsasymmetrien noch eine signifikante Prognoseverbesserung festgestellt werden konnte.[617]

Die Betrachtung der weiteren Ergebnisse zeichnet ein nicht eindeutiges Bild über den Nutzen der Segmentberichterstattung nach IFRS 8. Einerseits hat sich die Konsistenz zwischen Lage- und Segmentbericht nicht signifikant verbessert, wobei allerdings zu berücksichtigen ist, dass bereits unter IAS 14 beim Großteil der Unternehmen eine konsistente Berichterstattung erfolgte. Auf der anderen Seite findet sich zwar Evidenz für die Wertrelevanz der aktuellen Segmentinformationen, jedoch konnte die Verbesserung von Prognose und Informationsversorgung nicht eindeutig nachgewiesen werden. Der Einfluss von IFRS 8 auf die Entscheidungsrelevanz der vermittelten Segmentinformationen kann anhand der dargestellten Ergebnisse also nicht eindeutig herausgestellt werden.

### 3.2.6 Abschließende Zusammenfassung der bisherigen empirischen Ergebnisse

Beim Übergang zum IFRS 8 haben sich – wie in Tabelle 7 dargestellt – zahlreiche Änderungen in der Bilanzierungspraxis ergeben. Kritisch erscheinen neben der nicht in der Darstellung berücksichtigten Überleitungsrechnung auf primärer Ebene vor allem die segmentbezogenen Bilanzangaben und die freiwilligen Angaben von Mitarbeitern sowie Aufwendungen für Forschung und Entwicklung. Zudem sind die ebenfalls rückläufig berichteten Größen auf sekundärer/unternehmensweiter Ebene auffällig. Über den Rückgang einiger berichteter Größen hinaus ist daneben zu beachten, dass es vereinzelt zwar zu einem Anstieg an Angaben gekommen ist, sich diese jedoch noch immer auf einem teilweise sehr niedrigen und damit ausbaufähigen Niveau befinden.

Aufbauend auf den dargestellten Ergebnissen für deutsche Unternehmen, bei denen die Eignung des Management Approach aufgrund der Rahmenbedingungen kritischer zu hinterfragen ist, als bspw. in den United States of America (USA) oder in Großbritannien,[618] soll jedoch in Kapitel 3.4 die Untersuchung kleinerer, bisher nicht betrachteter deutscher Unternehmen, vorgenommen werden.[619] Vorab wird allerdings noch der vom IASB durchgeführte PIR zu IFRS 8 einer detaillierteren Betrachtung unterzogen.

---

617 Vgl. Franzen/Weißenberger (2014b), S. 39.

618 Vgl. Franzen/Weißenberger (2014a), S. 31 i.V.m. Crawford/Ferguson/Helliar/Power (2014), S. 315.

619 Für die Auswahl sowie die Relevanz der bisher nicht betrachteten Unternehmen vgl. Kapitel 3.4.1.

| | prim. Angaben | | | | | sek./ unternehmensw. Angaben | | |
|---|---|---|---|---|---|---|---|---|
| | Segmentanzahl | Segmenterfolgsgrößen | Segmentbilanzgrößen | Segment Cashflow-Größen | Mitarbeiter sowie FuE | Segmentanzahl | Angaben auf sek. Ebene | Wesentliche Kunden |
| **1** | - | - | - | - | - | - | - | - |
| **2** | ↑ | ↓ | ↓ | ↓ | ↓ | ↑ | ↓ | ↑ |
| **3** | - | - | - | - | - | - | - | - |
| **4** | - | - | - | - | - | - | - | - |
| **5** | ↑ | ↑ | ↓ | ↓ | ↓ | ↑ | - | - |
| **6** | ↑ | - | - | - | - | - | - | - |
| **7** | ↑ | - | - | - | - | - | - | - |
| **8** | ↑ | ↓ | | - | - | - | - | - |
| **9** | ↑ | = | ↓ | = | ↓ | ↑ | ↓ | - |
| **10** | ↑ | ↓ | | - | - | ↑ | ↓ | - |

| | |
|---|---|
| ↑ Anstieg | = Keine Veränderung |
| ↓ Rückgang | - Keine Angabe |

**Tabelle 7: Angaben beim Übergang von IAS 14 zu IFRS 8[620]**

## 3.3 Der Post-Implementation Review: IFRS 8 Operating Segments

Neben der wissenschaftlichen Literatur hat sich ebenfalls das IASB im Rahmen des PIR mit der praktischen Umsetzung des IFRS 8 beschäftigt. Der Fokus liegt hierbei auf der Untersuchung der weltweiten Umsetzung. Allerdings ergeben sich unter anderem durch die Berücksichtigung deutscher Anwender und Adressaten von IFRS 8 wichtige Implikationen für das vierte Kapitel.

---

[620] Bspw. bei den Segmenterfolgs- und den Segmentbilanzgrößen wurden durch die Autoren teilweise unterschiedliche Größen untersucht, die die Vergleichbarkeit der Angaben einschränken könnten. Die Wirkungsrichtung (Anstieg, Rückgang, keine Veränderung) ergibt sich anhand des jeweiligen Mittels aller untersuchten Angaben.

Wie dargestellt ist der PIR ein Instrument des IASB, mithilfe dessen überprüft werden soll, ob die mit der Einführung des IFRS 8 verbundene Zielsetzung erfüllt werden konnte oder ob aufgrund bestehender Probleme Änderungen vorgenommen werden müssen. Im Rahmen der ab Mitte 2012 beginnenden Informationsgewinnungsphase dienten eine öffentliche Konsultation der verschiedenen Interessengruppen durch einen „request for information" (RFI), Aktivitäten mit persönlichem Kontakt sowie der Review von wissenschaftlicher Forschung und anderer verfügbarer Literatur als **Input für den PIR**.[621]

Ein **RFI** stellt eine Möglichkeit dar, mit dem Meinungen der verschiedenen Interessengruppen[622] zur Umsetzung des IFRS 8 eingeholt werden können.[623] Die Fragen bezogen sich hierbei neben dem Background sowie den persönlichen Erfahrungen der Befragten mit IFRS 8 auf die Nutzung des Management Approach, die Berichterstattung von Nicht-IFRS-Größen und den Einfluss des Reportings von intern genutzten Größen.[624]

Ein **persönlicher Kontakt** wurde im Rahmen von Diskussionsforen, Konferenzen, Webcasts und individuellen Treffen ermöglicht. Aufgrund der primären Nutzung der Segmentinformationen durch Investoren und Finanzanalysten wurden gerade für diese Interessengruppen Möglichkeiten der Kontaktaufnahme sowie des Dialogs entwickelt.[625]

Die dritte Möglichkeit zur Informationsgewinnung bot ein **Review der Literatur**, mit welchem das IASB die Effekte der Segmentidentifikation aus Perspektive des Managements, der Nutzung und Berichterstattung von internen und somit teilweise Nicht-IFRS-Daten sowie die Erfahrungen von Unternehmen bei der Implementierung von IFRS 8 untersuchen konnte.[626] Die betrachteten Studien beziehen sich hierbei vordergründig auf die vergleichende Inhaltsanalyse der Berichterstattung im Rahmen des Übergangs von IAS 14 zu IFRS 8 oder die Verbindung von Änderungen in den Vorschriften zur Segmentberichterstattung mit Konsequenzen auf dem Kapitalmarkt. Lediglich eine Untersu-

---

621 Vgl. IASB (2013b), S. 11-15.

622 Die Interessengruppen werden unterteilt in "preparers and industry organisations", "accounting firms and accountancy bodies", "standard-setters", "regulators and government agencies", "investors" und "individuals", vgl. IASB (2013b), S. 12.

623 Vgl. IASB (2013c), Rn. 4.3.

624 Vgl. IASB (2012a), S. 11-18.

625 Vgl. IASB (2013b), S. 14.

626 Vgl. IFRS Foundation (2012), Rn. 4.

chung durch Interviews beinhaltet primär qualitative Elemente.[627] Bezogen auf die **Umsetzung des IFRS 8 in Deutschland** wurden vom IASB die vier folgenden Untersuchungen herangezogen:

| | |
|---|---|
| **1** | *Kajüter/Nienhaus* (2012) – Value relevance of segment reporting - Evidence from German companies. |
| **2** | *Weißenberger/Franzen* (2012a) – The application of IFRS 8 - A step in the right direction? Evidence from segment disclosure in Germany. |
| **3** | *Weißenberger/Franzen* (2012b) – The impact of mandatory IFRS 8 application on information asymmetry in Germany: Much ado about nothing? |
| **4** | *Blase/Müller/Reinke* (2012) – Paradigmenwechsel in der Segmentberichterstattung? |

**Tabelle 8: Umsetzung IFRS 8 in Deutschland aus dem PIR[628]**

Im Anschluss an mehrere Sitzungen des IASB und eine Diskussion der durch die Informationsgewinnungsphasen erarbeiteten Erkenntnisse wurde im Juli 2013 der abschließende Bericht zum PIR veröffentlicht. Das IASB ist mit der Umsetzung des Standards zufrieden, da sich in seinen Augen eine Erfüllung der Ziele und somit eine Verbesserung der finanziellen Berichterstattung ergeben hat.[629] Eine Revision der Prinzipien, auf denen der Standard basiert, soll durch das IASB daher nicht durchgeführt werden.[630] Die Entwicklung von Änderungen bzw. Anpassungen des Standards ist aufgrund der zum Ziel gesetzten und weitestgehend eingehaltenen Konvergenz zu SFAS 131 nur in einem aktiven Dialog mit dem FASB möglich.[631] Allerdings wurden einige Themen identifiziert, für welche Verbesserungen kritisch zu prüfen sind.[632]

---

627 Vgl. IFRS Foundation (2012), Rn. 14. Kritisch bei der Auswahl der verarbeiteten Ergebnisse ist der hohe Anteil an Arbeitspapieren, welche zum Zeitpunkt der Veröffentlichung noch kein Peer Feedback erhalten haben und auch durch das IASB keiner kritischen Überprüfung unterzogen werden, vgl. IFRS Foundation (2012), Rn. 16. Auch bei der Veröffentlichung der Kernergebnisse im Juli 2013 wird ein sehr großer Anteil an Arbeitspapieren berücksichtigt (vgl. IASB (2013b), S. 15), aus welchem Grund diese Problematik einer kritischen Würdigung unterzogen werden sollte. Auch das IASB würdigt das Problem, indem es angibt, dass sich Ergebnisse durch weitere Entwicklung und den Peer Review Prozess ändern können, vgl. IFRS Foundation (2012), Rn. 80. Jedoch werden die Daten trotz der Kritik genutzt.

628 Da die dargestellten Untersuchungen bereits im Rahmen des Überblicks über die empirischen Untersuchungen der Segmentberichterstattung Berücksichtigung gefunden haben, wird von einer weiteren Betrachtung abgesehen.

629 Vgl. IASB (2013b), S. 6.

630 Vgl. IASB (2013b), S. 6.

631 Vgl. IASB (2013b), S. 8.

632 Vgl. IASB (2013b), S. 6. Die Themen werden durch den Staff des IASB untersucht und sollen in der Zukunft bei einem Meeting des IASB präsentiert werden, vgl. IASB (2013b), S. 7.

Die festgestellten Probleme bei der **Identifikation des CODM** werden durch das IASB auf die erstmalige Einführung zurückgeführt, weshalb diesbezüglich nur eine bessere Unterstützung der Erstanwender durch eine klarere Darstellung diskutiert werden soll.[633] Die von den Interessengruppen kritisierte, regelmäßige **Änderung der Segmentabgrenzung** und die damit verbundene Forderung nach einer Ausweitung der Angabe angepasster Informationen für die vergangenen 3-5 Jahre wird aus Aufwandsgründen eher kritisch beurteilt, soll jedoch im Rahmen des Disclosure Project[634] thematisiert werden.[635] Weiterhin wird die **Aggregation von Segmenten** trotz der grundsätzlich positiv beurteilten Entwicklung der durchschnittlich berichteten Segmente im Rahmen der Materiality Diskussion[636] Berücksichtigung finden.[637] Auf die Kritik der **eingeschränkten Vergleichbarkeit** von Segmenten unterschiedlicher Unternehmen hin stellt das IASB die Beibehaltung der unternehmensindividuellen Komponenten und somit des Management Approach in den Vordergrund.[638]

Die erneut aufgeworfene Kritik an der möglichen Veröffentlichung **sensibler Informationen** wird damit entkräftet, dass mit der Integration einer Befreiungsklausel die Schaffung eines Ermessenspielraums zur Nicht-Veröffentlichung von Daten einhergehen könnte.[639] Problematisch bei der Angabe von **nicht den IFRS entsprechenden Daten** ist die Identifikation dieser Daten durch den Abschlussadressaten. Daher soll dieser Problembereich einer weiterführenden Betrachtung unterzogen werden.[640] Daneben wird die rückläufige Berichterstattung **bestimmter Schlüsselpositionen** trotz eines möglichen

633 Vgl. IASB (2013b), S. 25.

634 Das Ziel des Projektes ist es, Leitsätze für die Publizität zu entwickeln, vgl. IFRS Foundation (2014), Rn. 5. Als Ergebnis der Forschung soll bis Ende 2015 ein Diskussionspapier erstellt werden, in welchem die vorläufigen Ergebnisse des IASB bezüglich eines vorläufigen „Disclosure Framework“ dargestellt und die Entwicklung eines „Standards-level project“ überdacht werden soll, vgl. IFRS Foundation (2014), Rn. 8.

635 Vgl. IASB (2013b), S. 19. Hierzu kann aufgrund der bisherigen empirischen Untersuchungen keine Aussage getroffen werden.

636 Das der „Disclosure Initiative“ zugehörige „Materiality Project“ hat zum Ziel, den bilanzierenden Unternehmen, Wirtschaftsprüfern und Regulatoren eine Hilfestellung bei der Anwendung des Wesentlichkeitskonzeptes zu geben. Aus der im dritten Quartal 2014 im Rahmen eines IASB Meetings vorgesehenen Diskussion der Forschungsergebnisse zur Frage, wie das Konzept der Wesentlichkeit in Kommentaren, Wirtschaftsprüferrichtlinien sowie der Gesetzgebung interpretiert wird, sollen der Bedarf nach weiterer Forschung abgeleitet und in einem weiteren Schritt Anwendungsleitlinien entwickelt werden, vgl. IFRS Foundation (2014).

637 Vgl. IASB (2013b), S. 23.

638 Vgl. IASB (2013b), S. 18.

639 Vgl. IASB (2013b), S. 19.

640 Vgl. IASB (2013b), S. 20.

Bruchs und der Befürchtung eines Disclosure Overload durch das IASB im Rahmen der „Disclosure Framework“ Diskussion Berücksichtigung finden.[641]

Weiterhin ist die **Überleitungsrechnung** aufgrund der Kritik durch Regulatoren, dass oftmals eine nicht dem Standard entsprechende Erstellung erfolgen würde,[642] ein potentieller Kandidat für die weitere Betrachtung durch das IASB.[643] Im Rahmen des PIR finden sich keine diesbezüglichen Anmerkungen der bilanzierenden Unternehmen, jedoch wird durch die Adressaten mehrfach die Forderung vorgetragen, dass durch den Standardsetzer ausführlichere Beispiele zur Darstellung der Überleitungsrechnung bereitgestellt werden sollten.[644] Dies deutet darauf hin, dass davon ausgegangen wird, dass die bilanzierenden Unternehmen Probleme bei der Umsetzung haben und die zu bemängelnde Qualität auf diesen Faktor zurückzuführen ist.

Mit der Umsetzung des Management Approach geht letztlich ein Anstieg der **Überwachungskosten** für die Regulatoren einher, weshalb das IASB einen vermehrten Dialog mit ihnen vorsieht.[645]

Abschließend ist die Art der Durchführung des PIR kritisch zu hinterfragen. *Ewert/Wagenhofer* halten fest, dass im Rahmen eines PIR wissenschaftliche Forschung eine signifikante Rolle spielen sollte, Studien zur Earnings Quality Einfluss finden sollten und der PIR-Prozess in der Verantwortung einer Institution liegen sollte, die von den Standardsetzern unabhängig ist.[646] Zwar wurden die ersten beiden Punkte bei dem Review der Segmentberichterstattung grundsätzlich berücksichtigt. Aufgrund der Heterogenität der berücksichtigten wissenschaftlichen Veröffentlichungen und Meinungen sowie der Verwendung von Arbeitspapieren ist die Entscheidungsgrundlage jedoch trotzdem kritisch zu hinterfragen. Darüber hinaus ist der letzte Punkt der Unabhängigkeit vom Standard-

---

641 Vgl. IASB (2013b), S. 21-22. Jedoch gibt es auch Stimmen, welche die Meinung des IASB bestätigen, dass mit dem Reporting der intern genutzten Größen eine Verbesserung der Rechnungslegung einhergeht, da diese nicht durch eine unsystematische Allokation beeinträchtigt und eine bessere Beurteilung des Segmentmanagements ermöglicht wird.

642 Vgl. IASB (2013b), S. 23.

643 Vgl. IASB (2013b), S. 23.

644 Vgl. IASB (2013b), S. 23.

645 Vgl. IASB (2013b), S. 25.

646 Vgl. Ewert/Wagenhofer (2012), S. 289.

setzer nicht gewährleistet. Zwar ist der Prozess des PIR durch eine Beteiligung aller Interessengruppen und ein hohes Maß an Transparenz[647] gekennzeichnet, die Umsetzung von Überarbeitungen obliegt jedoch letztlich dem für die Standardsetzung verantwortlichen IASB.

Eine Einschränkung der Möglichkeiten zur Überarbeitung ergibt sich durch die angestrebte Konvergenz zu SFAS 131 und dem damit verbundenen aktiven Dialog mit dem FASB.[648] Dieser regulatorische Prozess, die Machtverteilung während dieses Prozesses und die damit einhergehende „Amerikanisierung" der internationalen Rechnungslegung werden jedoch auch durch die EU als kritisch erachtet.[649] Folglich bleibt abzuwarten, wie die aufgezeigten Implikationen in einer Überarbeitung der Segmentberichterstattung Berücksichtigung finden.

## 3.4 Empirische Untersuchung der bisher nicht berücksichtigten Unternehmen aus dem CDAX

### 3.4.1 Basis der Untersuchung und Erläuterung der Auswahl

Ergänzend zu den dargestellten, bisherigen Untersuchungen wird untersucht, ob die mit IFRS 8 verfolgte Zielsetzung des IASB sowie die aus seiner Einführung erhofften Vorteile bei kleineren deutschen Unternehmen realisiert werden konnten. Die in der vorliegenden Arbeit zu untersuchende Grundgesamtheit wurde aufgrund der bisherigen Vernachlässigung in der Literatur ausgewählt. Der Großteil der zehn betrachteten empirischen Untersuchungen analysiert Unternehmen, die den Indizes DAX, MDAX, SDAX und TecDAX zuzuordnen sind. Hierdurch werden schwerpunktmäßig 150 Unternehmen betrachtet, während 445 Unternehmen des Prime und General Standard, die ebenfalls potentielle Anwender von IFRS 8 sind, vernachlässigt werden.[650] Die einzige Untersuchung, die ebenfalls Unternehmen berücksichtigt, welche nicht in den oben genannten Indizes

---

647 Bspw. sind alle Comment Letters, die das IASB im Rahmen des RFI erhalten hat, online einsehbar, vgl. IFRS Foundation/IASB (2012).

648 Vgl. IASB (2013b), S. 8.

649 Vgl. Crawford et al. (2014), S. 316.

650 Durch die Indizes DAX, MDAX, SDAX und TecDAX werden zwar mehr als 99% der Marktkapitalisierung des CDAX abgedeckt. Die Marktkapitalisierung der bisher in neun der zehn betrachteten empirischen Untersuchungen vernachlässigten 469 Unternehmen beträgt jedoch immer noch mehr als fünf Mrd. Euro, vgl. Deutsche Börse (2010).

notiert sind, untersucht die 341 Unternehmen des Prime Standard.[651] Da innerhalb des Prime Standard allerdings auch die Unternehmen der oben genannten Indizes enthalten sind,[652] erfolgt auch durch diese keine isolierte Betrachtung kleinerer Anwender des IFRS 8. Aufgrund der nachweislich geringeren Qualität von internem und externem Rechnungswesen[653] sowie einiger Auffälligkeiten bei der betrachteten Anwendung des IFRS 8[654] bei kleineren Unternehmen ist eine isolierte Betrachtung dieser Gruppe für die Beantwortung der anfänglichen Fragestellung allerdings zwingend notwendig. Um eine Aussage zur Umsetzung des IFRS 8 durch die bilanzierenden Unternehmen und in der Folge zur Nutzung durch den Adressaten sowie zum Überarbeitungsbedarf durch das IASB treffen zu können, muss überprüft werden, ob die Umsetzung in den hier betrachteten Unternehmen eine ähnliche Ausprägung wie in den bisher betrachteten Großunternehmen aufweist oder ob sich andere – bisher nicht betrachtete – Probleme der Segmentberichterstattung nach IFRS 8 ergeben.

Aufgrund der dargestellten Vernachlässigung der bisherigen empirischen Untersuchungen besteht die Basis der vorzunehmenden Untersuchungen aus Unternehmen, die bei den bisherigen Untersuchungen kaum Berücksichtigung gefunden haben.[655] Daher werden Unternehmen untersucht, die zum Stichtag 01.06.2010 im CDAX notiert, aber nicht den Indizes DAX, MDAX, SDAX, TecDAX zuzuordnen waren.

Ferner wird die Untersuchungsgesamtheit um Finanzdienstleister[656] und Unternehmen, die insolvent sind oder statt eines IFRS- einen HGB-Abschluss veröffentlichen, bereinigt. Finanzdienstleister wurden anhand der europäischen Systematik für Wirtschaftszweige („Nomenclature statistique des Activités économiques dans la Communauté Européenne“

---

651 Vgl. Franzen/Weißenberger (2014b), S. 17.

652 Vgl. Deutsche Börse (2012), S. 4.

653 Vgl. Dyer/Mc Hugh (1975), S. 219.

654 Bspw. zeigen *Blase/Lange/Müller*, dass die durchschnittlich berichtete Segmentanzahl von Unternehmen des DAX im Rahmen des Übergangs von IAS 14 auf IFRS 8 von 3,4 auf 4,4 Segmente ansteigt, während die Anzahl bei im SDAX notierten Unternehmen von 3,5 auf 3,4 Segmente zurückgeht, vgl. Blase/Lange/Müller (2010), S. 161. Darüber hinaus kann bspw. durch die Untersuchung von *Nichols/Street/Cereola* nachgewiesen werden, dass die besonders großen Unternehmen des DAX wesentlich mehr Angaben zu Cashflows machen, als kleinere Unternehmen.

655 Dies setzt an der Forderung von Franzen/Weißenberger (2014a) an, die aufgrund der Ergebnisse von Crawford et al. (2012) die Untersuchung kleinerer Unternehmen als sinnvoll erachten.

656 Grundlagen zur Segmentberichterstattung für Finanzdienstleister finden sich bspw. bei Barz/Eckes/Flick/Weigel (2012), S. 1631ff.

- NACE) Rev. 2[657] identifiziert, anhand der auch die Branchenübersicht der Untersuchungsgesamtheit erstellt wurde. Bei der Bereinigung um Finanzdienstleister wurden Unternehmen, deren Haupttätigkeit[658] in der Erbringung von Finanz- und Versicherungsdienstleistungen besteht, aus der zu untersuchenden Grundgesamtheit entfernt. Ferner wurden die Unternehmen, welche aufgrund ihrer Haupttätigkeit nicht der oben genannten Gruppe zuzuordnen sind, einer kritischen manuellen Prüfung unterzogen, falls eine ihrer Nebentätigkeiten[659] laut NACS Rev. 2 eine Finanz- oder Versicherungsdienstleistung darstellt. Auf diese Art wurden 29 bei der Untersuchung nicht zu berücksichtigende Unternehmen identifiziert.

Das Ziel der vorliegenden Untersuchung ist – wie bei dem Großteil der im vorhergehenden Kapitel thematisierten Veröffentlichungen – die vergleichende Gegenüberstellung der alten und neuen Bilanzierungspraxis. Deshalb werden weiterhin keine Unternehmen berücksichtigt, die in beiden zu betrachtenden Perioden lediglich ein Segment ausweisen. Weiterhin werden aus diesem Grund Unternehmen nicht betrachtet, die bereits für das vor dem 01.01.2009 beginnende Geschäftsjahr eine Segmentberichterstattung nach IFRS 8 erstellt haben oder bei denen es zwischen 2008 und 2009 aufgrund einer Umstrukturierung bzw. eines Kaufs/Verkaufs von Beteiligungen zu einer Veränderung der Anzahl an berichteten Segmenten gekommen ist. Nach der im Rahmen einer Sichtung der Geschäftsberichte erfolgten Identifikation der Unternehmen, die einem dieser Kriterien entsprechen, ergibt sich die in Tabelle 9 dargestellte Grundgesamtheit von 149 Unternehmen, von denen jedoch zwei weitere Unternehmen keine Segmentberichterstattung nach IFRS 8 aufweisen.

Aufgrund der nicht erläuterten und ebenfalls nicht durch den zuständigen Wirtschaftsprüfer thematisierten,[660] fortgeführten Veröffentlichung einer Segmentberichterstattung nach

---

657 „Die NACE ist die europäische Standardsystematik produktiver Wirtschaftstätigkeiten. Sie stellt die Gesamtheit der Wirtschaftstätigkeiten in einer Untergliederung dar, die die Zuordnung eines NACE-Codes zu der die Tätigkeit ausführenden Einheit ermöglicht.“, Europäische Kommission (2008), Rn. 10.

658 „Die Haupttätigkeit einer statistischen Einheit ist die Tätigkeit, die den größten Beitrag zur gesamten Wertschöpfung dieser Einheit leistet.“, Europäische Kommission (2008), Rn. 49. Zur Methodik der Branchenzuordnung anhand der Haupteinnahmequelle vgl. bspw. Alvarez/Fink (2003), S. 277.

659 „Als Nebentätigkeit gilt jede andere Tätigkeit der Einheit, deren Produktionsergebnis Waren oder Dienstleistungen für Dritte sind. Die Wertschöpfung einer Nebentätigkeit muss geringer sein als die der Haupttätigkeit“, Europäische Kommission (2008), Rn. 49.

660 Es kam nicht zu einer Einschränkung des Bestätigungsvermerks, vgl. W.O.M. (2010), S. 74 bzw. W.O.M. (2011), S. 74.

IAS 14 durch die „W.O.M World of Medicine AG“ für die Geschäftsjahre 2009 und 2010,[661] kann auch dieses Unternehmen nicht bei der Auswertung berücksichtigt werden. Ferner ist bei der WESTAG & GETALIT AG ein Verzicht auf die Veröffentlichung segmentbezogener Daten festzustellen. Begründet wird dieser mit der Vermeidung von Wettbewerbsnachteilen, da „Angaben Wettbewerbern anhand gegeben werden, die aufgrund ihrer fehlenden Kapitalmarktorientierung nicht zu derartigen Angaben verpflichtet sind.“[662] Zur Verhinderung dieser Wettbewerbsnachteile wird letztlich ein eingeschränkter Bestätigungsvermerk in Kauf genommen.[663] Diese Inkaufnahme zeigt die praktische Relevanz der in Kapitel 3.1 dargestellten und in der theoretischen Diskussion der Segmentberichterstattung nach IFRS 8 geäußerten Gefahr.

| **Unternehmen im CDAX zum 01.06.2010: 595 Unternehmen** |
|---|
| - Unternehmen in DAX, MDAX, SDAX, TecDAX: 150 UN |
| - Keine Daten mehr vorhanden aufgrund einer Insolvenz/HGB: 138 UN |
| - Finanzdienstleister: 29 UN |
| - Einsegmentunternehmen, frühzeitige Anwendung, Umstrukturierer: 129 UN |
| - Sonstiges: 2 UN |
| **Untersuchungsgesamtheit: 147 Unternehmen** |

**Tabelle 9: Untersuchungsgesamtheit**

Insgesamt werden im Fortgang der Arbeit – wie in Tabelle 9 dargestellt – **147 Unternehmen** einer detaillierteren Betrachtung unterzogen. Eine Übersicht über die Branchen gibt Tabelle 10.

Im Rahmen der vorzunehmenden qualitativen Inhaltsanalyse[664] werden die Geschäftsberichte bzw. die im Anhang veröffentlichten Segmentberichterstattungen der relevanten Unternehmen aus den Jahren 2008 (bzw. 2008/2009 bei einem vom 01.01.2008 abweichenden Stichtag) und 2009 (bzw. 2009/2010) untersucht.[665] Die Erhebung der Daten er-

---

661 Vgl. W.O.M. (2010), S. 68 bzw. W.O.M. (2011), S. 68.

662 WESTAG & GETALIT AG (2010), S. 56. Dieses Vorgehen wird durch das Unternehmen auch noch im aktuellen Geschäftsbericht für 2013 ausgewiesen, vgl. WESTAG & GETALIT AG (2014), S. 59.

663 Vgl. WESTAG & GETALIT AG (2010), S. 85 bzw. WESTAG & GETALIT AG (2014), S. 92f.

664 Vgl. Mayring (2010), S. 13.

665 Es handelt sich folglich um die Geschäftsberichte, in deren Rahmen die Unternehmen das letzte Mal IAS 14 und das erste Mal IFRS 8 angewendet haben.

folgte hierbei durch die manuelle Erfassung der sich durch die Untersuchungsgesamtheit ergebenden **294 Geschäftsberichte** bzw. deren im Anhang befindliche Segmentberichterstattung.

| | |
|---|---|
| Verarb. Gewerbe, Herst. von Waren, Bergbau ,sonstige Industrie | 45 |
| Baugewerbe/Bau | 3 |
| Handel, Verkehr und Lagerei | 14 |
| Information und Kommunikation | 22 |
| Grundstücks- und Wohnungswesen | 3 |
| Erbringung von freiber., wissensch., techn. und sonst. wirtsch. DL | 57 |
| Öff. Verw., Verteidigung, Gesundheits- und Sozialwesen | 1 |
| Kunst, Unterhaltung und Erholung | 2 |

**Tabelle 10: Branchen der Untersuchungsgesamtheit**

## 3.4.2 Untersuchung der berichteten primären Informationen

### 3.4.2.1 Segmentierungskriterien und Anzahl der berichteten Segmente

Die Auswertung der Geschäftsberichte der 147 Unternehmen betrifft in einem ersten Schritt die **Segmentabgrenzung**. Im Rahmen dieser soll festgestellt werden, ob die Segmentierung auf Basis von Produkten, Regionen oder sonstigen Kriterien erfolgt.

Eine Besonderheit der vorliegenden Untersuchungsgesamtheit ist, dass acht Unternehmen in 2008 und drei Unternehmen in 2009 keine oder nur eine lediglich ein Segment umfassende Berichterstattung veröffentlichen, während sie im zweiten betrachteten Jahr[666] mindestens über zwei Segmente berichten.[667] Auch die Berichterstattung über nur ein Segment wird hierbei im Rahmen der Auswertung so gewertet, als würde keine Segmentberichterstattung erfolgen.[668] Für den Vergleich der berichteten Segmentzahl wird bei allen Unternehmen mit nur einem Segment somit von null berichteten Segmenten ausgegangen. Positiv zu werten ist daher der Rückgang von acht auf drei Unternehmen, die keine oder eine auf ein Segment beschränkte primäre Berichterstattung aufweisen.

666 Also entweder 2008 oder 2009.

667 Im Rahmen des Vergleichs der relativen Angabe segmentierter Größen auf der primären Berichtsebene wird im Weiteren für das Jahr 2008 von einer kleineren Grundgesamtheit von 139 und für 2009 von 144 Unternehmen ausgegangen.

668 Grund hierfür ist, dass Unternehmen mit nur einem Segment i.d.R. auf die Erstellung einer Segmentberichterstattung verzichten, vgl. Blase (2012), S. 173. Um eine Vergleichbarkeit zu gewährleisten, werden daher auch Unternehmen, die eine Segmentberichterstattung über nur ein berichtspflichtiges Segment erstellen, so gewertet, als würden sie auf eine Berichterstattung verzichten.

Bei der in Tabelle 11 dargestellten Betrachtung der **Segmentierungskriterien** sind im Vergleich zu den anderen Untersuchungen die für das Jahr 2009 zu beobachtende geringere Anzahl an Unternehmen mit produktorientierter Segmentabgrenzung und der höhere Anteil an Unternehmen auffällig, die ihre Segmente geografisch abgrenzen. Hinsichtlich der Änderung ergibt sich jedoch kein von den bisherigen Untersuchungen abweichendes Bild. Neben dem Rückgang an rein produkt-/dienstleistungsorientierten sowie geografischen Abgrenzungen in der vorliegenden Untersuchung, nehmen die in der Kategorie „Andere" vertretene Mischung der beiden Abgrenzungsformen[669] sowie über diese hinausgehende Möglichkeiten der Abgrenzung[670] stark zu.

| | **2008** | **2009** | **Δ** |
|---|---|---|---|
| Produkte und DL | 66% | 65% | -1% |
| Geografisch | 19% | 14% | -5% |
| Andere | 10%[671] | 18% | 9% |
| Keine SBE | 5% | 2% | -3% |

**Tabelle 11: Kriterien zur Abgrenzung der primären Segmente[672]**

In Kombination mit Tabelle 12 kann folglich davon ausgegangen werden, dass auch vor der Einführung von IFRS 8 bereits dem Management Approach Folge geleistet wurde, da bei 84% der Unternehmen eine Beibehaltung der Abgrenzungsmerkmale erfolgt. Eine weitere Möglichkeit wäre jedoch auch, dass sowohl unter IAS 14 als auch unter IFRS 8 bestehende Spielräume ausgenutzt wurden und die ausgebliebene Änderung folglich nicht auf die Anwendung des Management Approach bereits vor Einführung des IFRS 8 zurückzuführen ist. Bei den 16% der Unternehmen, bei denen es zu einer Änderung kommt, findet in den meisten Fällen (6%) ein Umstieg auf „Andere" Kriterien statt. Kritisch zu hinterfragen ist in dieser Hinsicht, ob der Umstieg aus einer vorher nicht vorge-

---

669 Auf den in den anderen empirischen Untersuchungen vorgenommenen expliziten Ausweis dieser Mischsegmentierung wurde aufgrund der in Einzelfällen nicht möglichen Abgrenzung verzichtet.

670 Hierunter zu verstehen sind bspw. Kundengruppen, Vertriebswege, juristische Einheiten oder Profit Center, vgl. Schulz-Danso (2013), Rn. 29.

671 Obwohl die Abgrenzung der primären Segmente nach IAS 14 nur anhand von Produkten/Dienstleistungen oder Regionen zulässig ist, grenzen acht Unternehmen ihre Segmente nach Vertriebswegen ab. Darüber hinaus wird bei sechs Unternehmen eine Abgrenzung nach Gesellschaften, Marken oder einer Mischung aus Produkten und Gesellschaften vorgenommen.

672 Aufgrund von Rundungen kann es im Rahmen der Analyse dazu kommen, dass die Summe der Werte von 100% abweicht.

nommenen Berücksichtigung des Management Approach erfolgt oder ob andere Gründe eine Rolle spielen.

| | | |
|---|---|---|
| Keine Änderung | Beide Produkte und DL | 61% |
| | Beide Geografisch | 13% |
| | Beide Andere | 10% |
| Änderung | Keine→ SBE | 5% |
| | SBE → keine | 2% |
| | P/DL → Andere | 3% |
| | Geografisch → Andere | 3% |
| | Geografisch → P/DL | 2% |
| | P/DL→ Geografisch | 1% |
| | Andere → geografisch | 0% |

**Tabelle 12: Veränderung Abgrenzungskriterien der primären Segmente**

Im Rahmen der Untersuchung der berichteten Segmente auf primärer Berichtsebene und im Rahmen der unternehmensweiten Angaben werden lediglich operativ tätige Segmente berücksichtigt. Folglich spielen nicht wesentliche Geschäftsbereiche und zentrale Unternehmensaktivitäten umfassende Segmente keine Rolle bei der Gegenüberstellung der Anzahl berichteter Segmente.[673] Eine weitere Besonderheit ergibt sich hinsichtlich der regionalen bzw. geografischen Segmentierung, da bei dieser häufig eine grobe Unterteilung in Inland, weitere Länder und restliches Ausland[674] vorgenommen wird. Der Ausweis eines zusammengefassten Segmentes „Ausland" wird aus Konsistenzgründen zur Nicht-Berücksichtigung von Sammel- oder sonstigen Segmenten ebenfalls nicht bei der Segmentanzahl berücksichtigt.[675]

---

673 Dieses Vorgehen wird ebenfalls in den bisher betrachteten Untersuchungen gewählt. Vgl. bspw. Weißenberger/Franzen (2011), S. 343: „Dabei wurden Sammelpositionen wie z.B. „sonstige Segmente" nicht als eigenständiges berichtspflichtiges Segment gewertet" oder Blase (2012), S. 177: „Als Konsolidierung, Sammelsegment oder zentrale Unternehmensaktivitäten klassifizierte Unternehmensbereiche wurden nicht als eigenständige Segmente gewertet."

674 Alternative Benennungen sind: „Übrige Welt", „Übriges Ausland" usw. Die Untergliederung in In- und Ausland wird in IFRS 8.33 als Mindestgliederungsschema für die unternehmensweiten Angaben vorgegeben.

675 Sofern ein Unternehmen bspw. die Segmente Deutschland, restliche EU und Nicht-EU ausweist, wird dieses Unternehmen in der Auswertung mit der Angabe von zwei Segmenten berücksichtigt.

Bei der Analyse der Anzahl der primären Segmente zeigt sich wie bei den übrigen empirischen Untersuchungen ein geringfügiger Anstieg der Segmentanzahl. Auffällig ist jedoch die im Vergleich zu den anderen Untersuchungen mitunter geringe durchschnittliche Anzahl an Segmenten, welche auf die geringere Größe der betrachteten Unternehmen zurückzuführen sein dürfte.[676] Der Anteil der Unternehmen, bei denen es zu keiner Veränderung der berichteten Anzahl an Segmenten kommt, beträgt 79%.

Zum einen zeigen die Daten in Tabelle 13, dass der durch das IASB erhoffte Anstieg an Informationen – zumindest bei der isolierten Betrachtung der Anzahl an Segmenten – eingetreten ist. Zum anderen kann die Befürchtung der bilanzpolitischen Ausnutzung von Ermessensspielräumen zum Ausweis einer geringeren Anzahl an Segmenten in den meisten Fällen ausgeschlossen werden, da – wie in Tabelle 14 dargestellt – in 15% der Fälle eine Erhöhung[677] und in nur 6% eine Verringerung[678] der Segmentanzahl erfolgt.

| (n=139/144) | **2008** | **2009** | Δ |
|---|---|---|---|
| Arithmetisches Mittel | 2,68 | 2,83 | 0,15 |
| Median | 2,00 | 3,00 | 1,00 |
| Standardabweichung | 0,98 | 1,10 | 0,12 |
| Maximum | 8,00 | 8,00 | 0,00 |
| Minimum | 2,00 | 2,00 | 0,00 |
| Wilcoxon-Test[679] | z = -1.842* | | |

**Tabelle 13: Anzahl der primären Segmente**

Übergreifend kann durch den Übergang auf IFRS 8 ein leichter Rückgang von Unternehmen mit null bis zwei zu Gunsten von drei und mehr berichteten Segmenten konstatiert werden.

Auffällig ist darüber hinaus, dass trotz der grundsätzlich gleichen Abgrenzung der Segmente in 8% der Fälle eine Veränderung der berichteten Segmentanzahl zu beobachten

[676] Die Anpassung des in der vorliegenden Arbeit „strengen“ Kriteriums, bei einer geografischen Segmentierung sonstige/übrige Länder etc. nicht als Segment zu werten, spielt hierbei nur eine untergeordnete Rolle, da dieses nur bei rund 5% der Unternehmen Anwendung findet.

[677] Die Erhöhung betrug in 32% der Fälle ein Segment, in 36% zwei Segmente, in 18% drei Segmente, in 9% vier Segmente und in 5% fünf Segmente.

[678] Die Verringerung betrug in 56% der Fälle ein Segment, in 44% zwei Segmente.

[679] Aufgrund der abzulehnenden Normalverteilung (Shapiro-Wilk-Test; $p < 0,001$) wurde ein gepaarter Wilcoxon-Rang-Test durchgeführt, vgl. bspw. Nussbaum (2014), S. 190-193. * repräsentiert das 10% Signifikanz-Niveau.

ist, was zumindest in Teilen gegen eine interne Segmentierung nach Chancen und Risiken spricht, da sich die prozentualen Wertgrenzen für die Berichterstattungspflicht nicht verändert haben.[680] (Vgl. Tabelle 15)

| Keine Veränderung der Segmentanzahl | 79% |
|---|---|
| Weniger Segmente | 6%[681] |
| Mehr Segmente | 15%[682] |
| Arithmetisches Mittel (Abweichung) | 0,24 |
| Median (Abweichung) | 0 |
| Standardabweichung (Abweichung) | 1,00 |
| Maximum (Abweichung) | 5 |
| Minimum (Abweichung) | -2 |

**Tabelle 14: Änderung der Segmentanzahl beim Übergang von IAS 14/IFRS 8**

| **Gleiche Segmentabgrenzung** | **83%** |
|---|---|
| Gleiche Anzahl an Segmenten | 75% |
| Mehr in 2009 | 4% |
| Weniger in 2009 | 4% |
| **Änderung Segmentierungskriterium** | **17%** |
| Gleiche Anzahl an Segmenten | 4% |
| Dadurch mehr Segmente in 2009 | 11%[683] |
| Dadurch weniger Segmente in 2009 | 2%[684] |
| **Besonderheiten** | **9%** |
| Keine SBE in 08 | 5% |
| Keine SBE in 09 | 2% |
| Int. Gründe für Änderung Krit. o. Auswirkung auf Segmentanzahl | 2% |

**Tabelle 15: Veränderung der Segmentierungskriterien sowie der -anzahl**

Darüber hinaus liefert die differenziertere Betrachtung der Änderung der Segmentabgrenzung ein Indiz dafür, dass die Unternehmen keine bilanzpolitisch motivierte Umstrukturierung ihrer Segmentberichterstattung anstreben, da von den 17 % der Unternehmensgesamtheit, die das Kriterium der Abgrenzung ändern, 4% die gleiche, 11% eine höhere und

---

680 Eine Rolle hierbei könnte jedoch eine unterschiedliche Ermittlung der Werte durch die Akzeptanz der Abweichung von den Bilanzierungs- und Bewertungsmethoden der IFRS spielen.

681 Darunter die drei Unternehmen, die in 2009 keine Segmentberichterstattung veröffentlicht haben.

682 Darunter die acht Unternehmen, die in 2008 keine Segmentberichterstattung veröffentlicht haben.

683 Darunter sind die acht Unternehmen, die in 2008 keine Segmentberichterstattung veröffentlicht haben.

684 Darunter sind die drei Unternehmen, die in 2009 keine Segmentberichterstattung veröffentlicht haben.

nur 2% eine geringere Anzahl an Segmenten berichten. Eine Ausnutzung der Ermessensspielräume bei der Identifikation von Segmenten zur Informationsverschleierung kann hierdurch größtenteils ausgeschlossen werden, da bei der missbräuchlichen Ausnutzung eher von einer Verringerung der berichteten Anzahl an Segmenten auszugehen wäre. Weiterhin ist zu berücksichtigen, dass 9% der Unternehmen ihre Abgrenzung ändern, da sie in einem der beiden Jahre keine Segmentberichterstattung erstellen oder da sie eine interne Umstrukturierung vornehmen, die jedoch keine Auswirkungen auf die berichtete Anzahl an Segmenten hat.

#### 3.4.2.2 Segmenterfolgsgrößen

Neben der Untersuchung der im Rahmen der Segmentberichterstattung angegebenen Segmenterfolgsgrößen erfolgt im vorliegenden Abschnitt weiterhin eine Untersuchung der Segmentergebnisgröße. Diese hat einerseits die Erfassung der Größe zum Inhalte, mit der laut Angabe der Unternehmen die Steuerung der Segmente vorgenommen wird. Andererseits wird jedoch auch analysiert, bis auf welche Ebene[685] das Segmentergebnis durch die oben angesprochenen Bestandteile des Segmentergebnisses ermittelt werden kann.[686]

| (n=139/144) | **2008** | **2009** | Δ |
|---|---|---|---|
| Segmentergebnis | 99% | 100% | 1% |
| Externe Segmenterlöse | 100% | 100% | 0% |
| Interne Segmenterlöse | 81% | 82% | 1% |
| Abschreibungen/Wertminderungen | 99% | 91% | -8% |
| andere zahlungsunwirksame Posten | 56% | 42% | -14% |
| Segmentergebnisbeiträge aus Beteiligungen | 24% | 21% | -4% |
| Zinsaufwendungen/-erträge u./o. Finanzergebnis | 16% | 42% | 26% |
| Ertragssteuern | 9% | 23% | 14% |

**Tabelle 16: Veröffentlichung der Segmenterfolgsgrößen**

Auch bei der Veröffentlichung der Segmenterfolgsgrößen zeigt sich keine weitreichende Änderung zu den bisherigen empirischen Untersuchungen. Ein Rückgang ist – wie in Tabelle 16 ersichtlich – lediglich bei den Abschreibungen und Wertminderungen, den

[685] Also EBITDA, EBIT, EBT usw.

[686] Betrachtet wird die Bandbreite zwischen den Earnings before Interest, Taxes, Depreciation, Amortization and Restructuring (EBITDAR) sowie dem Jahresüberschuss.

nicht zahlungswirksamen Posten sowie den aus Beteiligungen resultierenden Segmentergebnisbeiträgen festzustellen. Ein stärkerer Anstieg ist vor allem bei intersegmentären Segmentumsätzen sowie den Zins- und Ertragssteuerkomponenten[687] zu beobachten. Dieser Anstieg ist vor dem Hintergrund der Zweckmäßigkeit einer Aufteilung von Finanzierungs- und Ertragssteuerkomponenten bei einer nicht bestehenden Vergesellschaftung der Segmente kritisch zu beurteilen. Festzuhalten bleibt dennoch, dass 9% der Unternehmen unter IFRS 8 keine Angaben zu Abschreibungen bzw. Wertminderungen machen und 58% darüber hinaus keine weiteren segmentbezogenen zahlungsunwirksamen Positionen wie Rückstellungen, aktivierte Eigenleistungen oder Bestandsveränderungen berichten, die für die Berechnung des Cashflows herangezogen werden können.

| (n=144) | **Steuerungsgröße** | **Angegebene Größen[688]** |
|---|---|---|
| EBITDA | 3% | 19% |
| EBIT | 65% | 83% |
| EBT | 10% | 37% |
| Jahresüberschuss | 5% | 19% |
| Andere | 2% | 2% |
| k.A. | 15% | 0% |

**Tabelle 17: Analyse der Segmentergebnisgrößen unter IFRS 8**

Problematisch bei der Ermittlung des Segmentergebnisses ist die unterschiedliche, auf die Übernahme aus dem internen Rechnungswesen zurückzuführende, Terminologie innerhalb der einzelnen Geschäftsberichte.[689] Der Ausweis der Segmentergebnisgröße, die unter IFRS 8 zur Steuerung herangezogen wird, zeigt eine klare Mehrheit der Steuerung anhand des EBIT (vgl. Tabelle 17). Auffällig ist darüber hinaus auch bei der Betrachtung der Ergebnisgrößen, dass viele Unternehmen eine Aufteilung der Zinsen auf die Segmente vornehmen und 15% sogar einen Wert nach Zinsen (EBT oder Jahresüberschuss) bei der Steuerung berücksichtigen. Die durch die Einführung des Management Approach befürchtete Nutzung zahlreicher unterschiedlicher Ergebnisgrößen kann auf den ersten

687 Diese werden laut der gängigen Literatur zumeist nicht auf die Segmente verteilt.

688 Durch die Unternehmen werden teilweise mehrere Ergebnisgrößen berichtet. Daher übersteigt die Summe der Angaben 100%.

689 Da darüber hinaus vereinzelt keine Beschreibung der Ergebnisgröße erfolgt, musste für die Zuordnung zu den in Tabelle 17 genannten Kategorien teilweise eine Schätzung des berichteten Segmentergebnisses erfolgen.

Blick durch den hohen Anteil an Unternehmen, die eine EBIT-Größe angeben, nicht bestätigt werden. Wie in Tabelle 17 zu erkennen, geben 18% der betrachteten Unternehmen für den Fall, dass die Steuerung nicht anhand des EBIT erfolgt, zusätzlich zu ihrer Steuerungsgröße entweder einen EBIT oder die zu seiner näherungsweisen Berechnung notwendigen Daten an. Somit ist bei 83% der Unternehmen ein EBIT verfügbar. Allerdings ist zu beachten, dass die Definitionen der Ergebnisgrößen unternehmensintern stark variieren können und somit trotz gleicher Benennung erhebliche Abweichungen möglich sind.[690]

### 3.4.2.3 Segmentbilanzgrößen

Auch bei den Segmentbilanzgrößen (vgl. Tabelle 18) ergibt sich ein ähnliches Bild wie in den anderen empirischen Untersuchungen, da bei allen Bilanzpositionen außer den Buchwerten von Beteiligungen starke Rückgänge zu verzeichnen sind. Besonders der Rückgang bei den Investitionen ist im Vergleich zu den anderen Untersuchungen auffällig.

| (n=139/144) | **2008** | **2009** | Δ |
|---|---|---|---|
| Segmentvermögen[691] | 100% | 85% | -15% |
| Segmentverbindlichkeiten | 100% | 72% | -28% |
| Buchwerte von Beteiligungen[692] | 23% | 22% | -1% |
| Investitionen[693] | 99% | 76% | -24% |

**Tabelle 18: Veröffentlichung der Segmentbilanzgrößen**

Kritisch zu hinterfragen ist vor dem Hintergrund der berichteten Werte die Entscheidungsnützlichkeit der letztlich zur Verfügung stehenden Daten. So konstatiert bspw. ein Unternehmen: „Die Aufteilung des Working Capital, des operativen Brutto-Vermögens (Operatives Bruttovermögen abzüglich operative Verbindlichkeiten), EBIT-Rendite und Anzahl der Mitarbeiter erfolgte im Wesentlichen prozentual nach Umsatz."[694] Anhand

690 Vgl. Blase (2012), S. 198.

691 Bei der Untersuchung des Segmentvermögens wurde die alleinige Angabe von langfristigen Vermögenswerten als vollständige Angabe gewertet, während bspw. die alleinige Angabe von Forderungen (vgl. bspw. Integralis (2009), S. 51) als nicht ausreichend gewertet wurde.

692 Hinsichtlich des Buchwertes von Beteiligungen wird die Angabe eines Goodwills als Angabe beurteilt.

693 Bei den Investitionen werden ebenfalls Zugänge zum Anlagevermögen, zu den immateriellen Vermögensgegenständen und zu den Sachanlagen als Angabe gewertet.

694 Asian Bamboo AG (2010), S. 94.

dieser nicht verursachungsgerechten Zuordnung zeigt sich die bereits thematisierte Schlüsselungsproblematik und es offenbaren sich Unzulänglichkeiten des internen Rechnungswesens bei der Zuordnung von Werten.

Bei der in Tabelle 19 dargestellten Betrachtung der kumulierten Segmenterfolgs- und Segmentbilanzgrößen vor und nach der Erstanwendung von IFRS 8 zeigt sich ein Rückgang der durchschnittlich pro Unternehmen veröffentlichten Größen. Dieser Rückgang ist auf den betragsmäßig stärkeren Rückgang der berichteten Segmentbilanzgrößen (-0,67 berichtete Größen im Durchschnitt) im Vergleich zur Zunahme an berichteten Segmenterfolgsgrößen (+0,21 berichtete Größen im Durchschnitt) zurückzuführen. Der Anstieg der Segmenterfolgsgrößen ist mitunter auf die vermehrte Angabe zu Finanzierungs- und Steueraufwendungen bzw. -erträgen zurückzuführen, ohne deren Betrachtung sich sogar ein durchschnittlicher Rückgang um 0,22 Segmenterfolgsgrößen ergibt. Folglich kann das Ziel des IASB hinsichtlich der Veröffentlichung von mehr Informationen für die Gesamtbetrachtung der Bilanz- und Erfolgspositionen als nicht erfüllt angesehen werden.

| (n=139/144) | **2008** | **2009** | Δ |
|---|---|---|---|
| Arithmetisches Mittel | 8,06 | 7,60 | -0,46 |
| Median | 8 | 8 | 0 |
| Standardabweichung | 1,23 | 2,19 | 0,96 |
| Maximum | 12 | 13 | 1 |
| Minimum | 5 | 2 | -3 |

**Tabelle 19: Anzahl Segmenterfolgs- und -bilanzgrößen**

### 3.4.2.4 Freiwillige Publizität

Die Untersuchung freiwilliger Angaben auf Basis der primären Segmente gestaltet sich schwierig, da durch die fehlende gesetzliche Regelung der freiwilligen Publikation Spielräume bei der Veröffentlichung von Daten bestehen; dies erschwert eine Vergleichbarkeit. Nachfolgend werden daher segmentbezogene Cashflowgrößen sowie die meistverwendeten zusätzlichen Informationen einer detaillierteren Untersuchung unterzogen.

Die Berichterstattung von Cashflowgrößen (vgl. Tabelle 20) erfolgt – wie in den anderen Untersuchungen bereits festgestellt – nur in Ausnahmefällen. Eine Veränderung im Vergleich zur Berichterstattung nach IAS 14 kann nicht festgestellt werden. Insgesamt geben nur 5% der Unternehmen einen Cashflow an. Differenzierte Angaben zur Veränderung der Zahlungsmittel durch eine Investitions- oder Finanzierungstätigkeit erfolgen nur in 3% der betrachteten Fälle.[695]

| (n=139/144) | **2008** | **2009** | Δ |
|---|---|---|---|
| Zusammengefasste Cashflowgröße | 1% | 1% | 0% |
| Cashflow aus Geschäftstätigkeit / Brutto-Cashflow | 4% | 4% | 0% |
| Cashflow aus Investitionstätigkeit | 3% | 3% | 0% |
| Cashflow aus Finanzierungstätigkeit | 3% | 3% | 0% |

**Tabelle 20: Angabe segmentbezogener Cashflows**

Bei der freiwilligen Publizität hingegen ist nur die durchschnittliche Zahl der Unternehmen rückläufig, die segmentspezifische Angaben zur Anzahl ihrer Mitarbeiter machen. Wie in Tabelle 21 ersichtlich, steht dem ein leichter Anstieg an Angaben zu Forschungs- und Entwicklungs-, Material-, Personal- und Vertriebs-/Marketingaufwendungen sowie dem Auftragseingang gegenüber.

| (n=139/144) | **2008** | **2009** | Δ |
|---|---|---|---|
| Mitarbeiter | 22% | 19% | -4% |
| Aufwendungen für Forschung & Entwicklung | 1% | 4% | 3% |
| Materialaufwendungen | 11% | 16% | 5% |
| Personalaufwendungen | 11% | 16% | 5% |
| Vertriebs- bzw. Marketingaufwendungen | 1% | 4% | 3% |
| Auftragseingang | 2% | 3% | 1% |

**Tabelle 21: Freiwillige Mehrpublizität**

Zusammenfassend kann konstatiert werden, dass – im Gegensatz zu den anderen Untersuchungen – mit der Umstellung bei den kleineren Unternehmen ein geringfügiger Anstieg der freiwilligen Publizität einhergeht.[696] Zu beachten ist jedoch, dass die Berichterstattung freiwilliger Angaben untersuchungsübergreifend nach wie vor eher zurückhaltend erfolgt.

---

[695] Neben der direkten Angabe eines Cashflows besteht weiterhin die Möglichkeit seiner näherungsweisen Berechnung.

[696] Dieser Unterschied kann zumindest teilweise auch darauf zurückgeführt werden, dass andere Untersuchungen weniger freiwillige Angaben in ihre Betrachtung einbeziehen.

#### 3.4.2.5 Abschließende Gesamtbetrachtung der berichteten primären Berichterstattung

Eine abschließende Gesamtbetrachtung der insgesamt berichteten durchschnittlichen Segmentinformationen in Tabelle 22 zeigt, dass es durch den Umstieg auf IFRS 8 zu einer Verringerung der durchschnittlich berichteten Angaben gekommen ist. Der geringere absolute Wert an berichteten Segmentinformationen im Vergleich zu den in den anderen Veröffentlichungen dargestellten durchschnittlichen Segmentinformationen kann zum einen durch eine begrenztere Auswahl bei der vorgenommenen Betrachtung möglicher Segmentangaben erklärt werden. Zum anderen können die Unterschiede jedoch auch auf die kleinere Größe der betrachteten Unternehmen und eine damit einhergehende geringere Qualität des Rechnungswesens zurückgeführt werden.

| (n=139/144) | 2008 | 2009 | Δ |
|---|---|---|---|
| Arithmetisches Mittel | 8,66 | 8,33 | -0,33 |
| Median | 9 | 8 | -1 |
| Standardabweichung | 1,62 | 2,63 | 1,02 |
| Maximum | 13 | 15 | 2 |
| Minimum | 5 | 2 | -3 |
| Wilcoxon-Test[697] | z = 0.904 | | |

**Tabelle 22: Anzahl angegebener Informationen pro Segment**

Neben der losgelösten Betrachtung der im Durchschnitt angegebenen Segmentinformationen soll weiterhin deren Veränderung für die Sonderfälle betrachtet werden, in denen sich die Segmentanzahl verändert oder die Segmentabgrenzung nach anderen Kriterien vorgenommen wird. (Vgl. Tabelle 23) Ein Anstieg der Anzahl angegebener Segmentgrößen ist für die Fälle feststellbar, in denen die betrachteten Unternehmen eine Veränderung der Abgrenzung vornehmen oder im Rahmen ihrer Segmentberichterstattung nach dem Übergang auf IFRS 8 mehr Segmente berichten. Demgegenüber ist für die Fälle einer Verringerung der Segmentanzahl und einer unveränderten Segmentabgrenzung der größte Rückgang der berichteten Segmentgrößen feststellbar.

Abschließend findet noch eine Bewertung der primären Segmentberichterstattungen der betrachteten Unternehmen statt. Eine Verbesserung liegt vor, wenn ein Anstieg der Seg-

[697] Aufgrund der abzulehnenden Normalverteilung (Shapiro-Wilk-Test; $p < 0,05$) wurde ein gepaarter Wilcoxon-Rang-Test durchgeführt, vgl. bspw. Nussbaum (2014), S. 190-193.

mentanzahl und der -größen oder ein Anstieg eines Merkmals bei ausbleibender Veränderung des zweiten Merkmals beobachtet werden konnte. Eine Verschlechterung wiederum liegt vor, wenn ein Rückgang der Segmentanzahl und der -größen oder ein Rückgang eines Merkmals bei ausbleibender Veränderung des zweiten Merkmals eingetreten ist. Während als „gleich" bezeichnete Segmentberichterstattungen keine Änderung bei Segmentanzahl und -größen aufweisen dürfen, ist bei Unternehmen, die der Kategorie fraglich zugeordnet werden, bei einem Anstieg/Rückgang der Segmentanzahl eine rückläufige/zunehmende Berichterstattung feststellbar.

| | GESAMT | keine Änderung | gleiche Segmente | mehr Segmente | weniger Segmente | gleiche Abgrenzung | andere Abgrenzung |
|---|---|---|---|---|---|---|---|
| n | 136 | 110 | 116 | 14 | 6 | 122 | 14 |
| Änderung Erfolgsgrößen | 0,23 | 0,08 | 0,11 | 1,14 | 0,33 | 0,14 | 1,00 |
| Änderung Bilanzgrößen | -0,68 | -0,63 | -0,62 | -0,93 | -1,33 | -0,69 | -0,64 |
| Änderung Cashflows | 0,00 | 0,01 | 0,01 | -0,07 | 0,00 | 0,00 | 0,00 |
| Änderung freiw. Publizität | 0,13 | 0,12 | 0,14 | -0,07 | 0,50 | 0,12 | 0,21 |
| SUMME | -0,32 | -0,42 | -0,36 | 0,07 | -0,50 | -0,43 | 0,57 |

**Tabelle 23: Veränderung Segmentgrößen nach Veränderung Segmentanzahl/ Segmentierungskriterium[698]**

| | |
|---|---|
| Verbesserung | 39%[699] |
| Gleich | 22% |
| Verschlechterung | 34%[700] |
| Fraglich | 5% |

**Tabelle 24: Gesamtbewertung unter Berücksichtigung der Segmentanzahl sowie der berichteten Segmentgrößen**

Anhand der in Tabelle 24 dargestellten abschließenden Auswertung zeigt sich, dass bei einem Großteil der Unternehmen eine in quantitativer Hinsicht verbesserte Segmentbe-

698 Bei der Betrachtung werden die elf Unternehmen nicht berücksichtigt, für die entweder 2008 oder 2009 keine primäre Segmentberichterstattung verfügbar ist.

699 Bei der Berechnung des Wertes werden die acht Unternehmen berücksichtigt, für die 2008 keine primäre Segmentberichterstattung verfügbar ist, da hier von einer Verbesserung ausgegangen werden kann.

700 Bei der Berechnung des Wertes werden die drei Unternehmen berücksichtigt, für die 2009 keine primäre Segmentberichterstattung verfügbar ist, da hier von einer Verschlechterung ausgegangen werden kann.

richterstattung erfolgt. Zudem wird erneut der oben bereits angesprochene Trend untermauert, dass viele Unternehmen versuchen, ihre Segmentberichterstattung zu verbessern und somit sowohl die Segmentanzahl als auch die Anzahl der berichteten Segmentgrößen zu erhöhen. Demgegenüber kommen die Kategorien „gleich" und „fraglich" eher selten vor. Auffällig ist jedoch auch der große Anteil an Verschlechterungen. Mögliche Gründe hierfür werden in Kapitel 4.2.2 diskutiert.

### 3.4.3 Untersuchung der berichteten sekundären/unternehmensweiten Informationen

#### 3.4.3.1 Segmentierungskriterien und Anzahl der berichteten Segmente

Bei der Betrachtung[701] der Umstellung von IAS 14 auf IFRS 8 kann eine Erhöhung des Anteils geografischer Segmente festgestellt werden. Zudem ist der Anteil der Unternehmen, die keine sekundäre Segmentberichterstattung vorlegen,[702] im Vergleich zu den anderen empirischen Untersuchungen eher hoch.[703] (Vgl. Tabelle 25) Eine Erklärung hierfür ist jedoch für das Jahr 2009 in 59% der Fälle, dass die Unternehmen neben der primären Segmentberichterstattung keinen weiteren Bedarf/keine weitere Möglichkeit einer zusätzlichen Untergliederung haben. Dies kann entweder auf die Tätigkeit in nur einer Region oder die Beschränkung auf ein Produktsegment zurückgeführt werden. Zu beachten ist allerdings, dass die Zahl der Unternehmen, die ohne ausreichende Begründung keine Informationen zu sekundären Segmenten geben bzw. keine unternehmensweiten Angaben tätigen, von 3 auf 8 Unternehmen gestiegen ist.

---

701 Da in der Segmentberichterstattung häufig ein Verweis auf die disaggregierte Darstellung der Umsatzerlöse im Rahmen der Erläuterung von Positionen der GuV im Anhang erfolgt, wird bei der Analyse der Segmentierungskriterien sowie der Segmentanzahl der unternehmensweiten Angaben die Aufgliederung der Umsätze nach geografischen oder produktbezogenen Kriterien an dieser Stelle ebenfalls berücksichtigt. Als Ersatz für die auf der primären Ebene zu tätigende Angaben können die Erläuterungen zur GuV nicht herangezogen werden, da diese – genau wie die unternehmensweiten Angaben – auf Basis der Bilanzierungs- und Bewertungsmethoden des Konzernabschlusses zu ermitteln sind.

702 Im Rahmen des Vergleichs der relativen Angabe segmentierter Größen auf der sekundären Berichtsebene wird im Weiteren für beide Jahre von einer kleineren Grundgesamtheit von 128 (2008) bzw. 125 (2009) Unternehmen ausgegangen. Für den Vergleich der berichteten Segmentzahl wird bei den Unternehmen, die in einem der beiden Jahre keine sekundäre Berichterstattung vorweisen, von null berichteten Segmenten ausgegangen.

703 Abgesehen von der Untersuchung der Frühanwender durch Blase/Lange/Müller (2010) liegt der Anteil der Unternehmen, die keine sekundäre Berichtsebene ausweisen, zwischen 4% und 7%.

| (n=147) | 2008 | 2009 | Δ |
|---|---|---|---|
| Produkte und DL | 19% | 14% | -5% |
| Geografisch | 66% | 69% | 3% |
| Andere | 2% | 2% | 0% |
| Keine sekundäre SBE | 13% | 15% | 2% |

**Tabelle 25: Kriterien zur Abgrenzung der sekundären Segmente/unternehmensweiten Angaben**

Problematisch bei der sekundären Segmentierung bzw. den unternehmensweiten Angaben ist die teilweise sehr grobe Untergliederung. In der untenstehenden Tabelle 26 wird dargestellt, wie stark die Regionen bei den betrachteten Unternehmen untergliedert sind. Die Überprüfung erfolgt durch die Analyse, ob neben Angaben zum Inland Informationen nach Ländern, Regionen oder Kontinenten bereitgestellt werden. Hierbei zeigen sich zwar grundsätzlich ähnliche Tendenzen wie in der Auswertung von *Franzen/Weißenberger* (2014a), jedoch zeigen sich die Schwachstellen der aktuellen Regelung noch deutlicher.[704]

| (n=97/101) | 2008 | 2009 | Δ |
|---|---|---|---|
| Keine Angabe Inland | 11% | 7% | -4% |
| Inland und Ausland | 16% | 23% | 6% |
| Inland und Regionen u./o. Kontinente | 55% | 52% | -2% |
| Inland und Länder u./o. Regionen u./o. Kontinente | 18% | 18% | 0% |

**Tabelle 26: Detailierungsgrad bei einer geografischen Segmentabgrenzung**

Eine detaillierte, bis auf Länderebene reichende Segmentierung erfolgt nur bei 18% der betrachteten Unternehmen. Demgegenüber steht zwar ein im Vergleich zu 2008 geringerer Anteil an Unternehmen, die keine Angaben zum Inland machen. Die ebenfalls recht oberflächlichen, auf In- und Ausland oder auf Inland sowie weitere Regionen/Kontinente bezogenen Ausprägungen der sekundären Segmentberichterstattung weisen jedoch einen sehr großen Anteil auf. Die Veränderung innerhalb der Untersuchungsgesamtheit durch den Übergang von IAS 14 auf IFRS 8 hat keine einheitliche Richtung, weshalb nicht von einer eindeutigen Verbesserung oder Verschlechterung gesprochen werden kann. Insgesamt muss aufgrund der Ergebnisse allerdings davon ausgegangen werden, dass die mit

[704] Zu berücksichtigen ist vor diesem Hintergrund jedoch die geringere Größe der betrachteten Unternehmen und daraus resultierend eine eventuell geringere internationale Tätigkeit.

der Bestimmung der Wesentlichkeit einhergehenden Freiheitsgrade durch die berichterstattenden Unternehmen zumindest teilweise ausgenutzt werden.

Die mit der Erstumsetzung von IFRS 8 einhergehenden Änderungen bei den zur Segmentierung herangezogenen Kriterien weisen keine besonderen Auffälligkeiten auf (vgl. Tabelle 27). Bei 88% der Unternehmen kommt es hinsichtlich der Segmentierungskriterien zu keiner Änderung, 5% der Unternehmen ziehen hingegen geografische statt alternativer Kriterien zur Segmentbestimmung im Rahmen ihrer unternehmensweiten Angaben heran. Daneben berichten 3% der Unternehmen trotz einer vorhandenen sekundären Segmentberichterstattung für 2008 im Jahre 2009 nur über primäre Segmente.[705]

| | | |
|---|---|---|
| Keine Änderung | Beide Produkte und DL | 13% |
| | Beide Geografisch | 63% |
| | Beide Andere | 1% |
| | Beide keine sekundäre SBE | 12% |
| Änderung | Keine→ Sekundäre SBE | 1% |
| | SBE → Keine | 3% |
| | P/DL → Andere | 1% |
| | Geografisch → Andere | 1% |
| | Geografisch → P/DL | 1% |
| | P/DL→ Geografisch | 4% |
| | Andere → Geografisch | 1% |

**Tabelle 27: Veränderung bei den Segmentierungskriterien**

Im Rahmen der Betrachtung der berichteten Segmentanzahl bei einer Abgrenzung nach geografischen Kriterien ist wie bei den primären Angaben eine Besonderheit zu beachten. Bei den Vorschriften zu den Angaben auf Unternehmensebene wird in IFRS 8.33(a) vermerkt, dass unternehmensextern erwirtschaftete Umsatzerlöse für das Herkunftsland des Unternehmens sowie für alle Drittländer insgesamt angegeben werden müssen. Sollten die einem einzelnen Drittland zurechenbaren Erlöse eine wesentliche Höhe erreichen, hat für dieses Land ein gesonderter Ausweis zu erfolgen. (IFRS 8.33 (a)) Die Schwelle der Wesentlichkeit gilt laut hinreichender Meinung ab einem Anteil von mehr als 10% der

[705] Eine Besonderheit bei einem dieser Unternehmen ist, dass dieses 2009 den Wegfall damit begründet, dass eine Aktivität nur im Inland erfolgt, während im Vorjahr die Segmente Bayern und restliches Deutschland berichtet wurden, vgl. ARISTON Real Estate AG (2009), S.114 bzw. ARISTON Real Estate AG (2010), S. 98.

Erlöse als überschritten.[706] Folglich wird der Ausweis eines Sammelsegmentes Ausland nicht bei der Segmentanzahl berücksichtigt.[707]

Bei der Untersuchung der durchschnittlichen Anzahl berichteter Segmente in Tabelle 28 ist zu berücksichtigen, dass insgesamt nur 128/125 der betrachteten 147 Unternehmen in 2008/2009 über sekundäre Segmente berichten. Entgegen der bisherigen empirischen Untersuchungen kommt es bei der vorliegenden Betrachtung zu einem geringfügigen Rückgang der durchschnittlichen Berichtssegmente um 0,08 Segmente. Ohne die Betrachtung eines Unternehmens, das 2009 16 Segmente weniger berichtet, bleibt die Anzahl der Sekundärsegmente bei einem Anstieg um durchschnittlich 0,04 Segmente nahezu konstant.

| (n=128/125) | **2008** | **2009** | Δ |
|---|---|---|---|
| Arithmetisches Mittel | 2,93 | 2,85 | -0,08 |
| Median | 2,00 | 3,00 | 1,00 |
| Standardabweichung | 1,95 | 1,66 | -0,30 |
| Maximum | 17,00 | 10,00 | -7,00 |
| Minimum | 1,00 | 1,00 | 0,00 |
| Wilcoxon-Test[708] | z = -0.804 | | |

**Tabelle 28: Anzahl der sekundären/unternehmensweiten Segmente**

Insgesamt berichten gemäß Tabelle 29 zwar einige Unternehmen mehr Segmente als zuvor (16%)[709], jedoch ist der Anteil der Unternehmen, die weniger Segmente berichten, nicht wesentlich kleiner (15%)[710].

Die Betrachtung der Veränderung der Segmentanzahl vor dem Hintergrund der Beibehaltung oder Änderung des Segmentierungskriteriums in Tabelle 30 eröffnet keine neuen Erkenntnisse, da der Anteil an mehr sowie weniger berichteten Segmenten in beiden Fällen nahezu gleich ist. Eine Besonderheit bei der Untersuchung ist die oben bereits dargestellte Berücksichtigung der im Rahmen der GuV-Erläuterung untergliederten Umsatzer-

---

[706] Vgl. Schulz-Danso (2013), Rn. 88.

[707] Bspw. wird die einfache Aufteilung in In- und Ausland mit der Angabe nur eines Segmentes gewertet.

[708] Aufgrund der abzulehnenden Normalverteilung (Shapiro-Wilk-Test; $p < 0,001$) wurde ein gepaarter Wilcoxon-Rang-Test durchgeführt, vgl. bspw. Nussbaum (2014), S. 190-193.

[709] Die Erhöhung betrug in 62% der Fälle ein Segment, in 24% zwei Segmente, in 10% drei Segmente und in 5% vier Segmente.

[710] Die Verringerung betrug in 47% der Fälle ein Segment, in 10% zwei Segmente, in 26% drei Segmente, in 11% vier Segmente und in 5% 16 Segmente.

löse. Diese führt letztlich zu einer künstlichen Verbesserung, da die 5% der Untersuchungsgesamtheit, die 2009 nur durch diese Erläuterung eine sekundäre/unternehmensweite Berichterstattung aufweisen, zusätzlich zu den 15% der Unternehmen, die 2009 überhaupt keine sekundären Angaben machen, berücksichtigt werden müssen.

| Keine Veränderung der Segmentanzahl | 69% |
|---|---|
| Weniger Segmente | 15%[711] |
| Mehr Segmente | 16%[712] |
| Arithmetisches Mittel (Abweichung) | -0,15 |
| Median (Abweichung) | 0 |
| Standardabweichung (Abweichung) | 1,80 |
| Maximum (Abweichung) | 4 |
| Minimum (Abweichung) | -16 |

**Tabelle 29: Veränderung bei der sekundären/ unternehmensweiten Berichterstattung**

| **Gleiche Segmentabgrenzung** | **88%** |
|---|---|
| Gleiche Anzahl an Segmenten | 71% |
| Mehr in 2009 | 10% |
| Weniger in 2009 | 8% |
| **Änderung Segmentierungskriterium** | **12%** |
| Gleiche Anzahl an Segmenten | 2% |
| Dadurch mehr Segmente in 2009 | 5% |
| Dadurch weniger Segmente in 2009 | 5% |
| **Besonderheiten** | |
| Keine SBE in 08 obwohl in 09 vorhanden | 1% |
| 2008 Erläuterung zur GuV, 2009 unternehmensweite Angaben | 3% |
| Keine SBE in 09 obwohl in 08 vorhanden | 3% |
| 2008 sekundäre Segmente, 2009 Erläuterung zur GuV | 5% |
| Int. Gründe für Änderung Krit. o. Auswirkung auf Segmentanzahl | 1% |

**Tabelle 30: Segmentierungskriterien und Segmentanzahl der sekundären/ unternehmensweiten Segmente**

711 Darunter die drei Unternehmen, die nur in 2009 keine sekundäre Berichtsebene veröffentlicht haben.

712 Darunter das Unternehmen, welches nur in 2008 keine sekundäre Berichtsebene veröffentlicht hat.

### 3.4.3.2 Berichtete Segmentinformationen

Bei der Betrachtung der Veröffentlichung von Segmenterfolgs- (vgl. Tabelle 31) und Segmentbilanzgrößen (vgl. Tabelle 32) sowie der darüber hinausgehenden Publizität (vgl. Tabelle 33) zeigt sich, dass schwerpunktmäßig Segmenterlöse, -vermögen und -investitionen berichtet werden. Genau wie bei der Analyse der auf primärer Ebene berichteten Daten zeigt sich jedoch auch bei den unternehmensweiten Angaben ein Rückgang segmentbezogener Investitionen. Zusammen mit den ebenfalls stark rückläufigen Angaben zu Segmentvermögen und -schulden führt dies zum Rückgang der Segmentbilanzgrößen.

| (n=128/125) | **2008** | **2009** | Δ |
|---|---|---|---|
| Segmentergebnis | 8% | 5% | -3% |
| Segmenterlöse | 100% | 100% | 0% |
| Abschreibungen/Wertminderungen | 9% | 7% | -2% |
| andere zahlungsunwirksame Posten | 1% | 0% | -1% |
| Segmentergebnisbeiträge aus Beteiligungen | 2% | 2% | 0% |
| Zinsaufwendungen/-erträge u./o. Finanzergebnis | 2% | 2% | 0% |
| Ertragssteuern | 2% | 1% | -1% |

**Tabelle 31: Segmenterfolgsgrößen der sekundären/unternehmensweiten Segmente**

| (n=128/125) | **2008** | **2009** | Δ |
|---|---|---|---|
| Segmentvermögen | 81% | 65% | -16% |
| Segmentverbindlichkeiten | 14% | 5% | -9% |
| Buchwerte von Beteiligungen | 2% | 2% | 0% |
| Investitionen | 80% | 31% | -49% |

**Tabelle 32: Segmentbilanzgrößen der sekundären/unternehmensweiten Segmente**

| (n=128/125) | **2008** | **2009** | Δ |
|---|---|---|---|
| Mitarbeiter | 4% | 4% | 0% |
| Aufwendungen für Forschung & Entwicklung | 1% | 0% | -1% |

**Tabelle 33: Freiwillige Publizität der sekundären Segmente/unternehmensweiten Segmente**

Bei der Untersuchung der auf sekundärer bzw. unternehmensweiter Berichtsebene veröffentlichten Informationen zeigt sich die gleiche Tendenz, wie in den bisherigen empirischen Untersuchungen des Status quo der Segmentberichterstattung deutscher Unternehmen. Insgesamt werden weniger Segmentinformationen veröffentlicht, als noch unter

IAS 14. (Vgl. Tabelle 34) Zurückzuführen ist dies vordergründig auf die geringere Berichterstattung von bilanziellen Werten, wie segmentbezogenen Vermögenswerten, Verbindlichkeiten oder Investitionen. Die Anzahl an Segmenterfolgsgrößen und freiwillig berichteten Segmentangaben bleibt dagegen weitestgehend konstant.

| (n=128/125) | **2008** | **2009** | Δ |
|---|---|---|---|
| Arithmetisches Mittel | 3,05 | 2,22 | -0,82 |
| Median | 3 | 2 | -1 |
| Standardabweichung | 1,44 | 1,47 | 0,03 |
| Maximum | 10 | 10 | 0 |
| Minimum | 1 | 1 | 0 |
| Wilcoxon-Test[713] | z = 7.226*** | | |

**Tabelle 34: Anzahl angegebener Informationen pro Segment**

Zusätzlich zu der Anzahl an Unternehmen, die keine zweite Segmentierungsebene berichten, kann somit ein sehr geringes Niveau sekundärer Angaben konstatiert werden, da abweichend von den oben genannten „Standardangaben“ inkl. der immer berichteten Segmenterlöse unter IFRS 8 keine Position von mehr als 7% der Untersuchungsgesamtheit berichtet wird.

| (n=139/144) | **2008** | **2009** | Δ |
|---|---|---|---|
| Angabe, dass kein wesentlicher Kunde existiert | 0% | 10% | 10% |
| Angabe, dass wesentliche Kunden existieren | 4% | 26% | 22% |
| Anteil des wesentlichen Kunden an den Umsatzerlösen | 4% | 24% | 20% |
| Zuordnung des wesentlichen Kunden zu einem Segment | 2% | 17% | 14% |

**Tabelle 35: Angabe zu wichtigen Kunden**

Neben der Untersuchung der segmentbezogenen Erfolgs- und Bilanzgrößen sowie der freiwilligen Publizität sollen weiterhin die den unternehmensweiten Angaben zugehörige Offenlegung wichtiger Kunden und die Angabe von Bilanzierungs- und Bewertungsunterschieden zwischen Segmentbericht und Konzernabschluss betrachtet werden. Bei den in Tabelle 35 dargestellten Angaben zu wesentlichen Kunden zeigt sich bei der vorliegenden Erhebung im Vergleich zu den bisherigen Untersuchungen größerer Unternehmen

---

713 Aufgrund der abzulehnenden Normalverteilung (Shapiro-Wilk-Test; $p < 0,001$) wurde ein gepaarter Wilcoxon-Rang-Test durchgeführt, vgl. bspw. Nussbaum (2014), S. 190-193. *** repräsentiert das 1% Signifikanz-Niveau.

eine wesentlich stärkere Zurückhaltung. Zwar geht mit dem Übergang zu IFRS 8 ein starker Anstieg um 4% auf 26% in 2009 an diesbezüglichen Angaben einher; der Anteil der Unternehmen, die keine Angaben zu relevanten Kunden machen stellt jedoch mit 64%[714] den Großteil der Grundgesamtheit dar. Aufgrund der Pflicht zur Angabe wichtiger Kunden in Verbindung mit dem nicht verpflichtenden Negativausweis kann zwar davon ausgegangen werden, dass bei diesen 64% keine Geschäftsbeziehungen mit wesentlichen Kunden bestehen. Es bietet sich jedoch – gerade vor dem Hintergrund der von vielen Unternehmen vorgetragenen Angst vor der Veröffentlichung konkurrenzsensibler Daten – Raum für eine bilanzpolitisch geprägte Zurückhaltung von Informationen.[715] Darüber hinaus ist die Umsetzung der in IFRS 8.34 festgehaltenen Vorschrift zu bemängeln, da die Existenz wesentlicher Kunden (26%) nicht zwingend mit der Angabe des Anteils an den Umsatzerlösen (nur 24% geben diesen an) und der Zuordnung zu einem Segment (nur 17% nehmen diese vor) einhergeht.

Bei der Untersuchung von Angaben zur konzerneinheitlichen Bilanzierung und Bewertung ergibt sich das gleiche Problem wie bei den Kunden. Während 49% der Unternehmen darauf hinweisen, dass keine Unterschiede zwischen den in der Segmentberichterstattung und dem Konzernabschluss genutzten Bilanzierungs- und Bewertungsgrundsätzen bestehen, weisen 7% auf diesbezügliche Differenzen hin.[716] Folglich besteht bei 44% der Unternehmen aufgrund fehlender Angaben keine Sicherheit, ob Differenzen zwischen den Segment- und den Konzernwerten auf Unterschiede in der Rechnungslegung zurückzuführen sind.[717]

Im Vergleich zu den übrigen empirischen Untersuchungen von *Franzen/Weißenberger* (2014a) und (2014b) ist sowohl nach IAS 14 als auch nach IFRS 8 ein geringeres Maß an berichteten sekundären bzw. unternehmensweiten Informationen festzustellen. Daher kann festgehalten werden, dass die Berichterstattung freiwilliger Angaben bei kleineren

---

[714] 26% der betrachteten Unternehmen geben an, dass ein wichtiger Kunde existiert und 10% weisen darauf hin, dass keine Geschäftsbeziehung zu einem wesentlichen Kunden besteht, vgl. Tabelle 35.

[715] Aus diesem Grund sollte im letzten Kapitel die Möglichkeit diskutiert werden, gesetzlich eine verbindliche Aussage für den Fall zu fordern, dass keine wesentlichen Kunden existieren.

[716] Der Hauptgrund für bestehende Differenzen findet sich in einer Abweichung durch die Nutzung von HGB-basierten Werten in der Segmentberichterstattung.

[717] Die genauere Betrachtung dieser Problematik erfolgt im Rahmen der Überleitungsrechnungsanalyse in Kapitel 3.4.4.

Unternehmen auf einem geringeren Niveau erfolgt, als bei den größeren Indizes zugehörigen Unternehmen. Neben Unterschieden in den Untersuchungsdesigns kommen als Gründe hierfür die bereits angesprochene schwächere Ausprägung des internen Rechnungswesens kleinerer Unternehmen sowie eine geringere Bereitschaft zur ausführlicheren Berichterstattung in Betracht.[718]

#### 3.4.3.3 Abschließende Gesamtbetrachtung der sekundären bzw. unternehmensweiten Berichterstattung

Wie bei den Primärsegmenten soll ebenfalls die Veränderung der sekundären Berichterstattung/unternehmensweiten Angaben für die Sonderfälle betrachtet werden, falls sich die Segmentanzahl verändert oder die Abgrenzung der Segmente nach anderen Kriterien vorgenommen wird. (Vgl. Tabelle 36)

Für den Fall der Kombination aus einer unveränderten Segmentzahl und einer unveränderten Abgrenzung ist der Rückgang an berichteten Segmentgrößen nur geringfügig kleiner als im Durchschnitt. Eine andere Abgrenzung hat im Vergleich zur konstanten Abgrenzung ebenfalls keinen Effekt auf die Entwicklung der durchschnittlichen Anzahl an berichteten Größen. Lediglich bei einer Änderung der Segmentzahl ist auffällig, dass mit dieser – egal ob mehr oder weniger Segmente berichtet werden – eine überdurchschnittliche Verringerung der berichteten segmentbezogenen Positionen einhergeht. Gerade der stärkere Rückgang an Informationen bei einer Berichterstattung von mehr Segmenten ist im Vergleich zur primären Segmentberichterstattung auffällig, da im Rahmen dieser eine überdurchschnittlich positive Entwicklung der Segmentangaben einherging. Auffällig ist jedoch ebenfalls der stärkste Rückgang an Informationen bei einer Verringerung der berichteten Segmente durch den Übergang von IAS 14 auf IFRS 8.[719] Die an diesem Rückgang möglicherweise erkennbare bilanzpolitisch motivierte Verringerung der berichteten Segmentinformationen wird in Kapitel 4.2.2.2 diskutiert.

Abschließend findet ebenfalls die bereits für die primäre Segmentberichterstattung durchgeführte Gesamtbewertung statt. Die abschließende Auswertung (vgl. Tabelle 37) zeigt,

---

[718] Vgl. hierzu Kapitel 3.4.1.

[719] Aufgrund der abzulehnenden Normalverteilung (Shapiro-Wilk-Test; $p < 0,001$) wurde für die Untersuchung des Informationsrückgangs bei Verringerung der berichteten Segmente ein Wilcoxon-Mann-Whitney-Test ($z = 2.270^{**}$) durchgeführt, vgl. bspw. Nussbaum (2015), S. 151-154. ** repräsentiert das 5% Signifikanz-Niveau.

dass mit der Umstellung auf IFRS 8 beim Großteil der betrachteten Unternehmen eine Verschlechterung der Segmentberichterstattung einhergeht. Neben den 12% der Untersuchungsgesamtheit, die keine zweite Segmentierungsebene veröffentlichen, kommt es in 41% der Fälle zu einer Verschlechterung. Die Bilanzierungspraxis der unternehmensweiten Angaben sollte folglich einer kritischen Überprüfung unterzogen werden.

| | GESAMT | keine Änderung | gleiche Segmente | mehr Segmente | weniger Segmente | gleiche Abgrenzung | andere Abgrenzung |
|---|---|---|---|---|---|---|---|
| n | 124 | 86 | 89 | 20 | 15 | 112 | 12 |
| Änderung Erfolgsgrößen | -0,07 | -0,03 | -0,03 | -0,15 | -0,20 | -0,08 | 0,00 |
| Änderung Bilanzgrößen | -0,74 | -0,62 | -0,61 | -1,00 | -1,20 | -0,73 | -0,83 |
| Änderung freiw. Publizität | -0,01 | -0,01 | -0,01 | 0,00 | 0,00 | -0,01 | 0,00 |
| SUMME | -0,82 | -0,66 | -0,65 | -1,15 | -1,40 | -0,82 | -0,83 |

**Tabelle 36: Veränderung Segmentgrößen nach Veränderung Segmentanzahl/Segmentierungskriterium**[720]

| | |
|---|---|
| Verbesserung | 7% |
| Gleich | 30% |
| Verschlechterung | 41% |
| Fraglich | 10% |
| Keine SBE | 12% |

**Tabelle 37: Gesamtbewertung unter Berücksichtigung Segmentanzahl und berichtete Segmentgrößen**[721]

Neben der Relevanz der Angabe möglichst vieler Daten ist hinsichtlich der Qualität der vermittelten Informationen ebenfalls die **Darstellungsweise** relevant. So wird in der Literatur die Darstellung von geografischen und produktbezogenen Informationen im sogenannten Matrixformat befürwortet, bei dem bspw. der Ausweis der Umsätze mit einzelnen Produkten zusätzlich nach Regionen untergliedert wird. Dieses Vorgehen ermöglicht

[720] Bei der Betrachtung wurden die 18 Unternehmen, für die 2008 und 2009 keine sekundäre Segmentberichterstattung verfügbar ist, nicht berücksichtigt. Darüber hinaus wurden die Unternehmen, für welche 2008 (=1) und 2009 (=4) keine sekundäre Segmentberichterstattung bzw. unternehmensweite Angabe verfügbar ist, nicht berücksichtigt.

[721] Bei der Berechnung der Werte für die Verbesserung und Verschlechterung werden ebenfalls die fünf Unternehmen, für die 2008 oder 2009 keine primäre Segmentberichterstattung verfügbar ist, berücksichtigt, da hier im ersten Fall klar von einer Verbesserung ausgegangen werden kann, während der zweite Fall eine Verschlechterung darstellt.

dem Adressaten einen wesentlich genaueren Einblick.[722] Tabelle 38 zeigt jedoch, dass diese Darstellungsform nur von wenigen Unternehmen genutzt wird. Zudem erfolgt die gleichzeitige Differenzierung nach Produkten und Regionen vorwiegend für Segmenterlöse, -vermögenswerte und -investitionen. Die rückläufige Tendenz im Rahmen des Übergangs auf IFRS 8 dürfte hierbei vorwiegend durch die verringerte Offenlegung sekundärer Segmente zu erklären sein.

| (n=128/125) | 2008 | 2009 | Δ |
|---|---|---|---|
| Ergebnis | 1% | 0% | -1% |
| Erlöse | 16% | 17% | 0% |
| Abschreibungen/Wertminderungen | 2% | 2% | -1% |
| Zinsaufwendungen/-erträge u./o. Finanzergebnis | 0% | 0% | 0% |
| Vermögen | 10% | 10% | 0% |
| Verbindlichkeiten | 2% | 2% | 0% |
| Investitionen | 9% | 6% | -3% |

**Tabelle 38: Darstellung der Segmentangaben im Matrixformat**

### 3.4.4 Untersuchung der Überleitungsrechnung

#### 3.4.4.1 Problembereiche bei der Untersuchung

Die Überleitungsrechnung erweist sich – trotz ihres Einflusses auf die Entscheidungsrelevanz der vermittelten Informationen – in der Bilanzierungspraxis als besonders problembehaftet. Aufgrund der häufig nicht angemessenen Ausgestaltung ergibt sich eine Heterogenität der Überleitungsrechnungen bei den betrachteten Unternehmen. Die daraus folgende, zumeist nicht gegebene Vergleichbarkeit der unternehmensspezifischen Rechnungen führt aufgrund der nur schwer möglichen Entwicklung vergleichender Kriterien zu einer eingeschränkten Möglichkeit ihrer Untersuchung.

Der Bedarf nach einer Überleitungsrechnung kann – wie dargestellt – grundsätzlich aus zu eliminierenden intersegmentären Beziehungen, nicht berichtspflichtigen (Sammel-) Segmenten/zentralen Aktivitäten/nicht zugeordneten Positionen sowie Abweichungen zwischen der internen und der externen Rechnungslegung entstehen.[723] Diese Vielzahl an

[722] Vgl. Himmel (2003), S. 245.

[723] Die Unterteilung in drei Bestandteile „Übrige“ (alle Segmente, für die kein separater Ausweis erfolgt), „Konsolidierungen“ und „Definitionsunterschiede“ findet sich bspw. bei Hahn/Gottwick (2010), Rn. 60.

möglichen Ursachen für einen Überleitungsbedarf führt in der Bilanzierungspraxis zur Nutzung unterschiedlicher Begrifflichkeiten sowie verschiedener Darstellungsformen für die Überleitungsrechnung.

In Tabelle 39 werden die im Rahmen der empirischen Erhebung festgestellten Ausprägungen bei der Benennung der Überleitungsposition abgebildet. Es zeigt sich die Nutzung vieler unterschiedlicher Begrifflichkeiten, die zugleich unternehmensabhängig interpretiert werden.

Während bei einer Benennung der Position als „Holding“ oder „nicht zugeordnet“ eine klare Rückführung auf den Überleitungsgrund vorgenommen werden kann, ist dies widererwartend bei einer Erfassung als „Konsolidierung“ nicht zwingend und ohne weitere Erläuterung möglich. Gerade der Begriff der „Konsolidierung“ stellt zwar erfahrungsgemäß auf die Konsolidierung konzerninterner Verflechtungen ab. Die Sichtung der vorliegenden Jahresabschlüsse zeigt jedoch vielfach, dass unter diesem Begriff auch den beiden anderen Gründen zuzuordnende Positionen zusammengefasst werden.

| | |
|---|---|
| Konsolidierung | 47 |
| Überleitung | 46 |
| nicht zugeordnet | 32 |
| Sonstiges | 28 |
| Holding | 22 |
| Sonstige Benennung mit bis zu drei Ausprägungen[724] | 20 |
| Übrige | 15 |
| Summe | 14 |
| Eliminierungen | 12 |
| Holding/Konsolidierung | 5 |
| Holding und Sonstiges | 3 |

**Tabelle 39: Benennung der Überleitungsposition**

Bspw. gibt die KAP-Beteiligungs-AG für die Position Konsolidierung an: „In der Überleitung auf das Ergebnis vor Zinsen und Ertragssteuern (EBIT) werden die Eliminierungen von konzerninternen Zwischenergebnissen, Forderungen und Verbindlichkeiten sowie nicht auf die Geschäftssegmente zuordenbaren Aufwendungen und Erträge erfasst.

[724] Hier erfolgt der gesammelte Ausweis von weiteren 13 verschiedenen Bezeichnungen.

Aufgrund ihrer Holdingfunktion ist die KAP-Beteiligungs-AG ebenfalls hier zugeordnet.“[725] Der Segmentberichterstattung der Progress-Werk Oberkirch AG ist zu entnehmen: „Ergebnis, Vermögen, Schulden und Abschreibungen zwischen den einzelnen Segmenten werden in der Spalte „Konsolidierung“ eliminiert. In dieser Spalte werden auch die nicht den einzelnen Segmenten zuordenbaren Positionen erfasst.“[726] Probleme ergeben sich auch für die Benennung mit „Überleitung“. Bspw. wird bei der Geratherm Medical AG die Position Überleitung ebenfalls für die Verrechnung nicht zugeordneter Größen genutzt.[727] Durch nicht klar abgrenzbare Benennungen ist in vielen Fällen eine klare Zuordnung der übergeleiteten Beträge zu den oben dargestellten drei möglichen Gründen für eine Überleitungsrechnung nicht realisierbar.

Durch eine undeutliche bzw. irreführende Benennung der Überleitung kann es zu einer Verfehlung der Zielsetzung der Überleitungsrechnung kommen. Grund hierfür ist, dass ihr Adressat in diesem Fall nicht nachvollziehen kann, welche Bestandteile in den Segmentgrößen enthalten sind und welche Bestandteile der Konzernwerte keiner Verrechnung unterzogen werden. Wie in Abbildung 15 dargestellt kann jedoch durch die in der Bilanzierungspraxis genutzten Formen einer zusätzlichen Erläuterung eine relevante und glaubwürdige Darstellung der Segmentwerte erreicht werden. Diese Erläuterung kann innerhalb oder auch außerhalb der eigentlichen Segmentberichterstattung erfolgen. Die Nachvollziehbarkeit wird durch die hiermit verbundene Komplexität jedoch eingeschränkt.

Trotz der schwierigen Erfassung der in der Praxis zu beobachtenden Überleitungsrechnungen durch deren teils heterogene und mängelbehaftete Ausgestaltung soll im vorliegenden Abschnitt ihre Beurteilung vorgenommen werden. Hierbei wird zum einen untersucht, ob eine Überleitungsrechnung vorhanden ist. Zum anderen wird für den Fall des Vorhandenseins anhand der Überleitungsbestandteile überprüft, ob diese vollständig ist. Aufgrund der Problembereiche innerhalb der aktuellen Berichterstattung müssen jedoch für eine vergleichende Auswertung mehrere Annahmen getroffen werden. Zum einen bezieht sich die Untersuchung alleine auf die im **Segmentbericht** zu findenden Angaben, weshalb eine Betrachtung weiterer Teile des Jahresabschlusses nicht vorgenommen wird.

---

725 KAP-Beteiligungs-AG (2010), S. 119.

726 Progress-Werk Oberkirch AG (2010), S. 114.

727 Vgl. Geratherm (2010), S. 77.

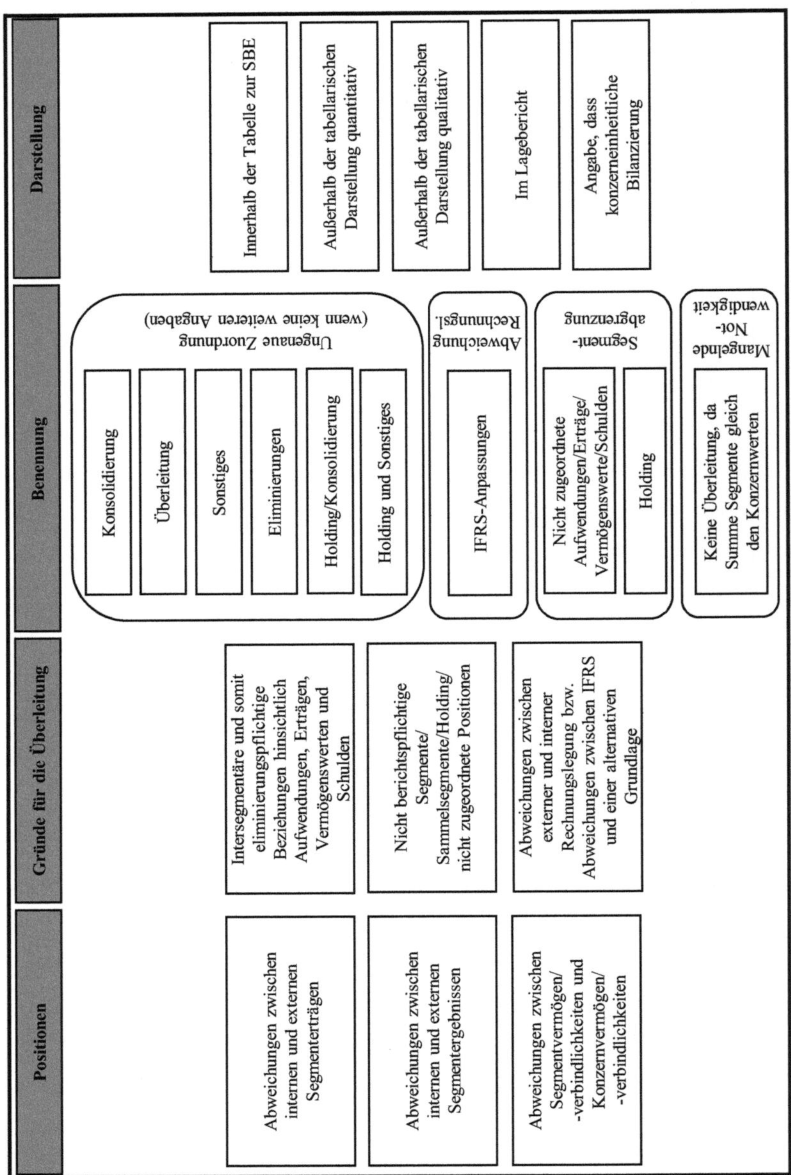


**Abbildung 15: Problembereiche bei der Überleitungsrechnung**

Zum anderen kann aufgrund der dargestellten Heterogenität bei der Wahl und Nutzung von Begrifflichkeiten aus der **Benennung** der Spalte innerhalb der Tabelle in „Konsolidierung“ oder „Überleitung“ nicht zwangsläufig auf die Vollständigkeit der Überleitungsrechnung geschlossen werden.

Zur Vollständigkeit muss bei einer unklaren Benennung entweder eine **Erläuterung** durch das bilanzierende Unternehmen erfolgen oder ein Rückschluss[728] durch die übrigen angegebenen Positionen möglich sein. Die Benennung „nicht zugeordnet“ demgegenüber wird aufgrund nicht feststellbarer Abweichungen innerhalb der Untersuchungsgesamtheit vollständig dem Grund „Holding/Sammelsegment/nicht zugeordnet“ zugeschrieben, auch wenn keine zusätzlich Erläuterung erfolgt. Weiterhin kann auch eine **Konkretisierung** wie bspw. die Benennung in „Eliminierung der intersegmentären Erlöse/Aufwendungen“[729] für die Vollständigkeit ausreichen, da diese ausdrückt, dass innerhalb der Überleitungsrechnung nur intersegmentäre Positionen verrechnet werden. Darüber hinaus ist in mehreren betrachteten Fällen keine Überleitungsrechnung notwendig, da keine Unterschiede zwischen der Summe der Segmentwerte und dem Konzernwert bestehen. Da in diesem Fall anhand der Segmentwerte ein Rückschluss auf die Konzernwerte erfolgen kann, wird die Überleitung – trotz des **Überleitungsbetrages von null** – als vollständig angesehen.[730]

#### 3.4.4.2 Durchführung der Untersuchung

Die Überprüfung der Vollständigkeit erfolgt für die Positionen, bei denen eine Überleitung notwendig sein könnte. Folglich wird im Weiteren die Überleitung bei den Segmenterlösen, dem -ergebnis, dem -vermögen und den -verbindlichkeiten überprüft.

Hierbei werden – wie in Tabelle 40 dargestellt – zwei verschiedene Auswertungen vorgenommen. Bei der ersten Auswertung **ohne Sonderfälle** ist das Vorgehen kritisch zu

---

[728] Ein Beispiel für eine Vollständigkeit durch einen Rückschluss ist die Möglichkeit der Identifikation von intersegmentären Geschäftsvorfällen sowie der erfüllte Tatbestand einer einheitlichen Bilanzierung und Bewertung. In diesem Fall kann auf eine Vollständigkeit der Überleitung geschlossen werden, da der Überleitungsbetrag auf nicht zugeordnete Positionen/nicht berichtspflichtige Segmente, ein Sammelsegment oder die Zentrale zurückzuführen ist.

[729] Vgl. Berentzen-Gruppe AG (2010), S. 139.

[730] Eine Ausnahme ergibt sich bei den segmentbezogenen Umsatzerlösen, da hier ebenfalls intersegmentäre Erlöse entstanden sein können. Vgl. hierzu den nachfolgenden Abschnitt.

hinterfragen, dass die Benennung der Überleitung mit „Konsolidierung“ ohne weitere Erläuterung als unvollständig gilt. Zwar finden sich die dargestellten Beispiele, in denen Unternehmen die Spalte Konsolidierung auch für andere Zwecke als die Konsolidierung intersegmentärer Beziehungen nutzen. Aufgrund der gebräuchlichen Terminologie ist jedoch davon auszugehen, dass zumeist nur auf genau diesen Zweck abgestellt wird.

Daher wurde in einem zweiten Schritt die Auswertung **mit Sonderfällen** durchgeführt. Sonderfälle sind hierbei Fälle, in denen eine Angabe zur Holding, nicht berichtspflichtigen Segmenten oder nicht zugeordneten Positionen (eine dieser drei Positionen genügt) erfolgt und das Kriterium einer einheitlichen Bilanzierung und Bewertung erfüllt ist. Sofern diese beiden Voraussetzungen erfüllt sind, wird die Überleitung auch im Falle einer Benennung mit „Konsolidierung“ ohne weitere Erläuterung der Position als vollständig gewertet.

| | **Ohne Sonderfälle** | **Mit Sonderfällen** |
|---|---|---|
| Überleitung Segmenterlöse (n=144) | 80% | |
| Überleitung Segmentergebnis (n=144) | 56% | 64% |
| Überleitung Segmentvermögen (n=122) | 52% | 57% |
| Überleitung Segmentverbindlichkeiten (n= 104) | 48% | 56% |

**Tabelle 40: Vollständigkeit der Überleitungsrechnungen**

Die Überleitung der Segmenterlöse ist die Position, bei der die geringsten Probleme auftreten, da sie in 80% der Fälle vollständig ist. Bei der Interpretation des Wertes ist zu berücksichtigen, dass 17% der Untersuchungsgesamtheit keine Angabe[731] zu innerkonzernlichen Umsätzen machen und die Überleitungsrechnung in diesen Fällen als nicht vollständig gewertet wird. Bei Verzicht auf dieses einschränkende Kriterium[732] kann statt in 80% der Fälle sogar bei 93% der betrachteten Unternehmen von einer vollständigen Überleitungsrechnung ausgegangen werden.[733] Somit zeigt sich hier die geringste Überarbeitungsnotwendigkeit, welche jedoch auch auf den Faktor zurückzuführen ist, dass bei

731 Eine Angabe kann durch den Ausweis oder die Verneinung erfolgen.

732 Hinsichtlich dieses Kriteriums kann davon ausgegangen werden, dass bei einigen Unternehmen auf den Ausweis aufgrund der nicht gegebenen Relevanz intersegmentärer Umsätze verzichtet wird.

733 Bei 7% der betrachteten Unternehmen fehlt neben der Angabe intersegmentärer Umsätze die Erläuterung weiterer Positionen oder es findet zwar ein Ausweis intersegmentärer Umsätze statt, es erfolgt jedoch keine Erläuterung des Überleitungsbetrages durch eine Rückführung auf eine konzerneinheitliche Bilanzierung und Bewertung oder ein weiteres Segment bzw. die Holding.

einem Großteil der Unternehmen – abgesehen von den intersegmentären Umsätzen – keine überzuleitenden Differenzen bestehen. Beim Ergebnis sowie dem Vermögen und den Verbindlichkeiten ist die Qualität der Überleitung weitaus kritischer zu sehen, da hier jeweils knapp 50% der Fälle eine nicht zufriedenstellende Überleitung aufweisen. Zwar kann die Problematik der unvollständigen Überleitungsrechnungen durch eine andere Bewertung der oben genannten Sonderfälle etwas entschärft werden. Die Qualität ist jedoch bei allen drei betrachteten Positionen immer noch weit vom, durch den Standardsetzer gewünschten und im IFRS8.IG4 dargestellten, Niveau entfernt.

| **Segmenterträge** | x | - | k.A. |
|---|---|---|---|
| Konsolidierung intersegmentärer Positionen | 72% | 11% | 17% |
| Sammelsegment/Holding/n. zugeordnete Positionen | 30% | 65% | 6% |
| Abw. Bilanzierungs- und Bewertungsmethoden | 3% | 92% | 5% |
| **Segmentergebnis** | | | |
| Konsolidierung intersegmentärer Positionen | 19% | 48% | 33% |
| Sammelsegment/Holding/n. zugeordnete Positionen | 52% | 27% | 21% |
| Abw. Bilanzierungs- und Bewertungsmethoden | 5% | 75% | 20% |
| **Segmentvermögen** | | | |
| Konsolidierung intersegmentärer Positionen | 18% | 40% | 42% |
| Sammelsegment/Holding/n. zugeordnete Positionen | 67% | 11% | 22% |
| Abweichende Bilanzierungs- und Bewertungsmethoden | 2% | 71% | 27% |
| **Segmentverbindlichkeiten** | | | |
| Konsolidierung intersegmentärer Positionen | 18% | 38% | 43% |
| Sammelsegment/Holding/n. zugeordnete Positionen | 67% | 11% | 22% |
| Abw. Bilanzierungs- und Bewertungsmethoden | 2% | 69% | 29% |

**Tabelle 41: Untersuchung der Überleitungsbestandteile**

Einen Hinweis auf die Ursache für die Differenz zwischen Vorstellung des Standardsetzers und Umsetzung in der Praxis kann die nähere **Betrachtung der jeweiligen Überleitungsbestandteile** in den vorliegenden Fällen (vgl. Tabelle 41) geben. Bei dieser werden drei Möglichkeiten unterschieden. Erstens können Überleitungsgründe in intersegmentären Erträgen, Sammelsegmenten/nicht zugeordneten Positionen/der Holding und abweichenden Bilanzierungs- und Bewertungsmethoden bestehen und das Unternehmen weist diese aus (x). Zweitens können die Gründe bspw. durch einheitliche Bilanzierungs- und Bewertungsmethoden nicht relevant sein und es erfolgt ein konkreter Hinweis durch das Unternehmen auf die Nicht-Existenz (-). Neben dem konkreten Hinweis kann auch durch weitere Angaben ein Rückschluss auf die nicht gegeben Relevanz von Überleitungsgründen erfolgen. Die dritte Alternative ist, dass das Unternehmen weder eine direkte Angabe tätigt, noch ein indirekter Rückschluss möglich ist, welche Positionen konkret in die Überleitung eingeflossen sind bzw. welcher Betrag diesen Positionen zuzuordnen ist. Die Überleitung wird in diesem Fall als unvollständig gewertet (k.A.). Wenn die Überleitungsspalte bspw. „Konsolidierung" heißt, jedoch keine Erläuterung zu ihr erfolgt und auch keine Angabe durch das Unternehmen getätigt wird, ob abweichende Bilanzierungs- und Bewertungsmethoden im internen und externen Rechnungswesen zum Einsatz kommen oder ob sonstige bzw. nicht zugeordnete Positionen bestehen, erfolgt eine Bewertung mit „k.A." bei allen drei möglichen Gründen für die Überleitungsrechnung.

Wie bereits oben dargestellt ist der Hauptgrund für eine mangelhafte Nachvollziehbarkeit der Überleitung von Segment- auf Konzernumsatzerlöse die fehlende Angabe zu intersegmentären Erträgen. Auch bei den übrigen Positionen ist dieses Problem als Hauptursache zu identifizieren, in jeweils ca. 20-30% der Fälle erfolgen darüber hinaus jedoch keine Angaben zum Sammelsegment etc. sowie zu abweichenden Bilanzierungs- und Bewertungsmethoden.

Zumindest die abweichenden Bilanzierungs- und Bewertungsmethoden dürften jedoch keine so große Rolle spielen, wie es in der obenstehenden Abbildung den Anschein hat, da nur 7% der Unternehmen explizit angeben, dass es bei ihnen aus diesem Grund zu Abweichungen kommt.[734] Zudem geben 49% trotz der fehlenden Verpflichtung an, dass es im Rahmen ihrer Segmentberichterstattung keine durch diesen Grund hervorgerufenen Abweichungen gibt. Dass die Möglichkeit eines Verzichts auf den Ausweis nicht vorhandener Bilanzierungs- und Bewertungsunterschiede durch die Unternehmen wahrgenommen wird, zeigt sich durch die genauere Betrachtung der Überleitungsrechnung: Bei 20% der Unternehmen kann trotz des fehlenden Hinweises auf die Nicht-Existenz abweichender Bilanzierungs- und Bewertungsmethoden durch einen Rückschluss aus den weiteren Angaben gezeigt werden, dass keine Überleitung aus diesem Grund erfolgen muss.

Neben dem freiwilligen Ausweis nicht bestehender Abweichungen zeigen die vorliegenden Daten jedoch zwei weitere Möglichkeiten, wie durch die Berücksichtigung von Prob-

[734] Da grundsätzlich die Verpflichtung zur Angabe von Unterschieden bei der Bilanzierung und Bewertung besteht, kann davon ausgegangen werden, dass nur diese 7% von Differenzen betroffen sind. Allerdings könnte ebenfalls die Befreiung von der Angabe für den Fall, dass die Differenzen aus der Überleitungsrechnung ersichtlich sind (IFRS 8.27 b-d), ausgenutzt werden.

lembereichen ohne einen großen Aufwand eine wesentliche Verbesserung der Überleitungsrechnung erzielt werden könnte. Zum einen wird in vielen Fällen nicht erläutert, welche Bestandteile innerhalb eines Überleitungspostens enthalten sind. Zum anderen umfasst eine Überleitungsposition entgegen der Vorgaben des IFRS 8.IG4 häufig nicht differenzierte Überleitungsbeträge, die aus mehr als einer der drei Ursachen resultieren.

Abschließend kann konstatiert werden, dass trotz der sehr heterogenen Überleitungsrechnung und der damit verbundenen eingeschränkten Vergleichbarkeit und Messbarkeit einige Problembereiche der aktuellen Umsetzung aufgedeckt werden konnten. Es kann aufgrund der unterschiedlichen Untersuchungsdesigns kein direkter Vergleich zu den anderen empirischen Untersuchungen gezogen werden. Die Problematik, dass jedoch vor allem die Überleitungen von Segmentvermögen und -verbindlichkeiten auf die Konzernwerte nicht sehr aussagekräftig sind, während die Segmenterlöse die wenigsten Probleme aufweisen, trifft allerdings ebenso auf die vorliegende Untersuchung zu. Hieraus folgt ein dringender, in Kapitel 4.4 zu thematisierender Überarbeitungsbedarf.

### 3.4.5 Untersuchung der Konsistenz zwischen Segmentberichterstattung und Lagebericht

Über die Qualität der Segmentberichterstattung hinaus soll ebenfalls die bereits von anderen empirischen Arbeiten aufgegriffene Konsistenz von Segmentberichterstattung und Lagebericht überprüft werden. Aufgrund des Umfangs der Lageberichterstattung sowie der Nutzung mehrerer unterschiedlicher Abgrenzungen innerhalb der Lageberichte kann jedoch nur eine oberflächliche Prüfung erfolgen. Zum einen wird im Rahmen dieser Prüfung analysiert, ob in Segment- und Lagebericht die gleiche Abgrenzung[735] auffindbar ist. Daneben wird im Falle einer Übereinstimmung überprüft, ob innerhalb des Lageberichts mehr, weniger oder gleich viele Segmente berichtet werden.

Anhand von Tabelle 42 kann nur eine leichte Tendenz hin zu einer verbesserten Konsistenz festgestellt werden, wobei das Konsistenzniveau mit 92% bereits unter IAS 14 sehr hoch war. Dies spricht abermals für eine interne Berichterstattung anhand der Risiken

---

[735] Unter Abgrenzung wird hierbei nicht die Abgrenzung anhand produktorientierter oder geografischer Kriterien verstanden, sondern die gleiche Benennung oder klare Rückführbarkeit auf die in der SBE genannten Segmente.

und Chancen.[736] Zu beachten ist allerdings, dass bei der Untersuchung nur überprüft wurde, ob die in der Segmentberichterstattung genutzte Abgrenzung im Lagebericht auffindbar ist. Bei der Interpretation der Ergebnisse ist darüber hinaus zu berücksichtigen, dass im Lagebericht teilweise andere Abgrenzungen genutzt werden und eine Nennung der aus der SBE stammenden Abgrenzung nur beiläufig erfolgt. Insgesamt ist folglich davon auszugehen, dass Segment- und Lagebericht grundsätzlich konsistente Daten beinhalten. Aufgrund der Inkonsistenzen innerhalb des Lageberichtes besteht jedoch trotzdem ein höherer Abstimmungsbedarf für den an segmentbezogenen Daten interessierten Investor, als Tabelle 42 auf den ersten Blick zeigt.

| (n=138/143)[737] | 2008 | 2009 | Δ |
|---|---|---|---|
| **In Lagebericht Abgrenzung wie Segmentbericht** | 92% | 94% | 2,43% |
| mit gleicher Segmentanzahl | 80% | 83% | 1,50% |
| Segmentbericht stärker untergliedert | 4% | 6% | 1,21% |
| Lagebericht stärker untergliedert | 7% | 6% | -0,28% |
| **In Lagebericht keine Abgrenzung wie Segmentbericht** | 8% | 6% | -2,43% |

**Tabelle 42: Konsistenz zwischen Segment- und Lagebericht**

Eine nähere Betrachtung der Veränderung bei den einzelnen Unternehmen in Tabelle 43 verdeutlicht, dass es bei 7% der betrachteten Unternehmen zu einer (zumindest teilweise) verbesserten Konsistenz kommt. Diese ist in sechs Fällen auf eine Angleichung der Segmentanzahl bei bereits bestehender gleicher Abgrenzung und in vier Fällen auf eine Angleichung der Abgrenzung zurückzuführen. Dagegen kommt es bei 4% der Untersuchungsgesamtheit zu einer Verschlechterung der Konsistenz. In vier Fällen kann diese durch eine unterschiedliche Anzahl an Segmenten bei gleicher Abgrenzung erklärt werden, während sie in nur einem Fall auf eine unterschiedliche Abgrenzung zurückzuführen ist. Zwei Unternehmen können nicht bewertet werden, da bei diesen die Abgrenzung in Segment- und Lagebericht in beiden Jahren gleich ist, die Segmentanzahl im Rahmen der Segmentberichterstattung in einem Jahr jedoch höher und im anderen Jahr geringer ist.

---

[736] Vgl. Kapitel 4.2.1.

[737] Da für die Tom Taylor Holding AG sowohl für 2008 als auch für 2009 kein Lagebericht verfügbar ist, konnte diese nicht bei der Auswertung berücksichtigt werden. Darüber hinaus konnten die acht Unternehmen, die in 2008 und die drei Unternehmen, die in 2009 keine primären Segmente berichtet haben, in den betreffenden Jahren ebenfalls nicht untersucht werden.

| keine Änderung | 87% |
|---|---|
| Verbesserung | 7% |
| Verschlechterung | 4% |
| keine Wertung | 1% |

**Tabelle 43: Veränderung der Konsistenz 2008-2009**

Wegen der schweren Erfassbarkeit und der daraus resultierenden eingeschränkten Vergleichbarkeit ist die Gegenüberstellung der durchgeführten Konsistenzuntersuchung zu den anderen empirischen Erhebungen nur schwer möglich. Gemeinsam ist den Untersuchungen jedoch, dass durch die Einführung des IFRS 8, trotz des unter IAS 14 auch schon bestehenden hohen Niveaus, eine höhere Konsistenz zwischen Segment- und Lagebericht erzielt werden konnte.

## 3.5 Vorläufige Beurteilung der Segmentberichterstattung nach IFRS 8 in Deutschland

Eine pauschale Beurteilung der Auswirkungen des Übergangs von IAS 14 zu IFRS 8 auf die Segmentberichterstattung in Deutschland ist aufgrund der unterschiedlichen Entwicklung bei segmentbezogenen Angaben und den Problemen bei der Umsetzung der Überleitungsrechnung nicht möglich. Daher werden im Folgenden die Entwicklungen bei der primären und sekundären/unternehmensweiten Berichterstattung, der Überleitungsrechnung und der Konsistenz von Segment- und Lagebericht getrennt voneinander dargestellt.

Bei den Untersuchungen der **primären Segmentberichterstattung** zeigt sich größtenteils eine Beibehaltung der Segmentierungskriterien, die auch schon unter IAS 14 genutzt wurden. Daneben ist eine leichte Tendenz zu einer Segmentabgrenzung erkennbar, die nicht nur auf Produkten oder Regionen basiert. Weiterhin ergeben sich bei der durchschnittlich berichteten Anzahl von Segmenten und den Erfolgsgrößen geringfügige Steigerungen. Die Zielsetzung des IASB kann folglich für diesen Teilbereich als erfüllt angesehen werden. In der im Rahmen der vorliegenden Arbeit durchgeführten Untersuchung kleinerer Unternehmen ist der Anstieg an Erfolgsgrößen jedoch auf den Anstieg von segmentbezogenen Zinsen und Ertragssteuern zurückzuführen, während die zur Berechnung eines Cashflows benötigten Werte in geringerem Maße als vorher berichtet werden. Ob mit dem Anstieg der berichteten Informationen eine Entscheidungsrelevanz einhergeht, ist somit kritisch zu hinterfragen.

Ein zu den Segmenterfolgsgrößen gegenteiliges Bild ergibt sich bei der Entwicklung der segmentierten Bilanzpositionen. Bei diesen ist ein untersuchungsübergreifender Rückgang feststellbar. Gerade im Bereich der nur schwer auf die Segmente zu verteilenden Verbindlichkeiten könnte hier jedoch durch den Rückgang der Berichterstattung von einer Steigerung der Entscheidungsrelevanz der vorhandenen Daten ausgegangen werden. Nichtsdestotrotz dürfte der Rückgang an berichteten Vermögenswerten und Investitionen bei den Investoren Probleme bei der Beurteilung der Segmentleistung hervorrufen.

Bei der Betrachtung der **sekundären Berichtsebene bzw. der unternehmensweiten Angaben** zeigt sich in der durchgeführten Untersuchung ein vergleichsweise hoher Anteil an Unternehmen, die keine diesbezügliche Berichterstattung veröffentlichen. Dies kann wiederum auf die geringere Unternehmensgröße zurückgeführt werden.[738] Allerdings deutet der im Vergleich zu 2008 steigende Anteil an Unternehmen, die keine Begründung für die Nicht-Veröffentlichung angeben, auf eine mangelnde Bereitschaft zur Veröffentlichung sekundärer Informationen oder Probleme bei der Umsetzung der Vorschriften zu den unternehmensweiten Angaben hin. Dieser Eindruck wird ebenfalls durch die häufig nur grobe Untergliederung der von den meisten Unternehmen auf sekundärer Ebene berichteten geografischen Segmenten unterstützt. Im Vergleich zu den anderen empirischen Untersuchungen ist durch die weniger differenzierte Segmentierung eine Nutzung der von der Wesentlichkeit ausgehenden Freiheitsgrade denkbar. Während die berichtete Anzahl an Segmenten so gut wie konstant ist, sind die durchschnittlich berichteten Informationen entsprechend der anderen Untersuchungen rückläufig. Dies kann vorwiegend durch den Rückgang der segmentbezogenen Bilanzinformationen erklärt werden. Insgesamt ist der Umfang der sekundären Berichterstattung jedoch durch die schwerpunktmäßige Angabe von nur drei Größen (Umsatz, Vermögen und in eingeschränkter Form Investitionen) eher zu bemängeln. Besonders in der vorliegenden Untersuchung fällt der durchschnittliche Informationsumfang hierbei im Vergleich zu den in den anderen Veröffentlichungen betrachteten Untersuchungsgesamtheiten eher gering aus. Auffällig bei der durchgeführten Analyse ist zudem der in Kapitel 3.4.3.3 festgestellte negative Effekt einer Verringerung der sekundären Segmentzahl auf die Quantität der berichteten Informationen. Dass Unternehmen, die weniger Segmente berichten, gleichzeitig auch dazu tendieren, signifikant

---

[738] Bspw. können die Tätigkeit in nur einem Land oder ein kleines Produktportfolio eine sekundäre Berichterstattung obsolet machen.

weniger Informationen bereitzustellen, könnte auf die Ausnutzung bestehender bilanzpolitischer Spielräume hindeuten.

Darüber hinaus sind die Angaben zu wesentlichen Kunden zu bemängeln. Die freiwilligen Angaben befinden sich ebenfalls auf einem sehr niedrigen Niveau.[739] Zuletzt zeigt die nur in Einzelfällen vorgenommene Darstellung von primären und sekundären/unternehmensweiten Informationen in Matrixform eine fehlende Bereitschaft einiger Unternehmen, eine für den Adressaten entscheidungsrelevante Berichterstattung zu erstellen. Diese ist auch an der Form einiger Segmentberichterstattungen erkennbar.[740]

Die **Überleitungsrechnung** stellt in der vorliegenden Betrachtung, wie auch in einigen anderen Untersuchungen, einen relevanten Problembereich dar. Abgesehen von der Überleitung der Segmenterlöse zeigen sich bei allen weiteren segmentbezogenen Werten weitreichende Schwächen bei der Umsetzung, da die Überleitung aufgrund ihrer Unverständlichkeit/Unvollständigkeit häufig nicht zur Erklärung der zwischen Segment- und Konzernwerten bestehenden Differenzen beitragen kann. Zurückzuführen ist dies unter anderem auf offensichtliche Verständnisprobleme hinsichtlich der Bedeutung der Überleitung oder Probleme bei deren Umsetzung, welche sich bspw. in der Darstellung in Form von „Sammelüberleitungen" äußern. Daneben kann natürlich auch die bilanzpolitisch geprägte Ausnutzung von Ermessensspielräumen nicht ausgeschlossen werden.

Die zuletzt untersuchte **Konsistenz von Segment- und Lagebericht** zeigt durch die bereits unter IAS 14 beim Großteil der Unternehmen feststellbare konsistente Berichterstattung von allen analysierten Bereichen den geringsten Überarbeitungsbedarf auf. Verstärkt wird dies durch den zu beobachtenden geringfügigen Anstieg der Konsistenz im Rahmen der Übernahme von IFRS 8. Zu berücksichtigen sind bei diesem Ergebnis jedoch die oben genannten Limitationen in Form unterschiedlicher Abgrenzungen innerhalb des sehr umfangreichen Lageberichtes.

---

[739] Trotz des geringfügigen Anstiegs der freiwilligen Berichterstattung bei den in der vorliegenden Arbeit untersuchten kleineren Unternehmen ist das Niveau der Berichterstattung bei diesen immer noch geringer, als bei den durch die anderen Untersuchungen betrachteten größeren Unternehmen.

[740] Mehrere Fehler innerhalb der untersuchten Segmentberichterstattungen sind Ausdruck für die mangelnde Sorgfalt einiger Unternehmen. Neben Rechenfehlern bei der Überleitung, einer verwirrenden Benennung der Segmente und einer falschen Bezeichnung des berichteten Ergebnisses ist vor allem die Nennung von drei berichtspflichtigen Segmenten im Fließtext bei einem sich daran anschließenden Ausweis von nur zwei Segmenten durch die GWB Immobilien AG im Jahre 2009 auffällig, vgl. GWB Immobilien AG (2010), S. 58 bzw. S. 90.

Zusammenfassend bleibt festzuhalten, dass sich in allen empirischen Untersuchungen eine unter IFRS 8 geringere durchschnittliche Quantität an Angaben zeigt. Im Rahmen der durchgeführten Analyse können die in den anderen Veröffentlichungen identifizierten Problembereiche bestätigt werden. Darüber hinaus sind einige Probleme in einem größeren Maße zu beobachten. Dies dürfte vorwiegend auf die geringere Unternehmensgröße innerhalb der Untersuchungsgesamtheit und die damit verbundenen Schwächen im internen und externen Rechnungswesen zurückzuführen sein und unterstreicht die Relevanz der Untersuchung kleinerer Unternehmen.

Anhand der vorliegenden Erkenntnisse kann konstatiert werden, dass die Ziele des IASB bei den betrachteten deutschen Unternehmen nur eingeschränkt erreicht wurden. Vor allem die Vermittlung einer steigenden Anzahl an Informationen kann durch die Gesamtbetrachtung von primärer und sekundärer Berichtsebene nicht bestätigt werden. In Kombination mit der oftmals nicht vollständigen und teilweise schwer nachvollziehbaren Überleitungsrechnung ergibt sich durch eine eingeschränkte Relevanz und glaubwürdige Darstellung in einigen Segmentberichten eine beeinträchtige Entscheidungsrelevanz. Neben dieser Problematik ist zu bemängeln, dass innerhalb der Segmentberichterstattung kaum Informationen veröffentlicht werden, die zu einer strategischen bzw. marktwertorientierten Segmentanalyse herangezogen werden können.[741] Dies ist gerade vor dem Hintergrund der vom IASB als Ziel vorgegebenen, ganzheitlichen wertorientierten Berichterstattung durch die sichergestellte hohe Konsistenz zwischen Segment- und Lagebericht kritisch zu hinterfragen.

[741] Vgl. Kapitel 2.5.

# 4 Erklärungsansätze für den Status quo der Segmentberichterstattung deutscher Unternehmen, Analyse der Auswirkungen auf den Adressaten und konzeptionelle Überarbeitung

## 4.1 Darstellung des weiteren Vorgehens

Wie dargestellt, ist das Ziel des IASB eine Verbesserung der Segmentberichterstattung. Eine Verbesserung der Qualität der auf Informationen der Rechnungslegung basierenden Entscheidungen kann im Allgemeinen durch die zielgerichtete Veränderung der bereitgestellten Informationen, deren optimierte Verwendung durch den Entscheidungsträger oder die Verwendung formeller Entscheidungsmodelle erreicht werden.[742]

Hieraus kann geschlossen werden, dass die Vorgabe des IASB zur Erstellung der Segmentberichterstattung zwar deren allgemeine Entscheidungsrelevanz determiniert. Die Qualität des Segmentberichts wird jedoch maßgeblich vom bilanzierenden Unternehmen beeinflusst. Darüber hinaus ist eine nach den Vorgaben erstellte Segmentberichterstattung nicht zwangsläufig entscheidungsrelevant, da die subjektive Verarbeitung der Informationen beim Adressaten wiederum Einfluss auf die Entscheidungsfindung hat. Diese Problematik wird in Abbildung 16, welche sich zum einen mit der Informationsvermittlung durch das Unternehmen aber auch mit der Informationsverarbeitung durch den Adressaten beschäftigt, auf die im Rahmen der Arbeit betrachtete Segmentberichterstattung übertragen.

Abbildung 16 zeigt die im Folgenden schwerpunktmäßig zu betrachtenden Problembereiche. Anhand der im dritten Kapitel dargestellten aktuellen Praxis der Berichterstattung sollen die durch das bilanzierende Unternehmen verschuldeten „Nicht der Zielsetzung des IASB entsprechenden Informationen" hinterfragt werden. Es gilt zu untersuchen, aus welchem Grund Unternehmen solche Informationen veröffentlichen und welche Probleme sich dadurch auf Seite der Adressaten ergeben. Weiterhin stellt sich die Frage, inwiefern „Der Zielsetzung des IASB entsprechende Informationen" zu einer falschen Entscheidung des Adressaten führen können. Die Entscheidungsbeeinflussung auf Seiten des Adressaten soll hierbei nicht aus der Sichtweise der traditionellen Betriebswirtschaftslehre sondern aus Perspektive des Behavioral Accounting betrachtet werden.

742 Vgl. Holzer/Lück (1978), S. 513.

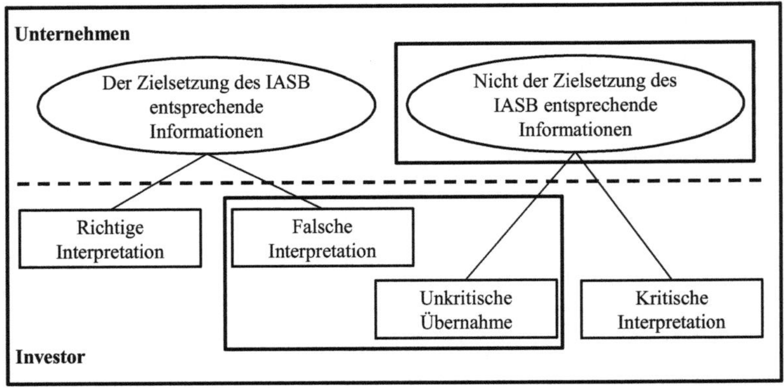


**Abbildung 16: Auswahl der genauer zu untersuchenden Problembereiche**

Die Analyse der Ausgestaltung der Segmentberichterstattung aus Unternehmenssicht erfolgt in Abschnitt 4.2. Für die genauere Betrachtung der Auswirkungen auf der Adressatenseite wird auf Abschnitt 4.3 verwiesen.

## 4.2 Erklärungsansätze für die Ausgestaltung der Segmentberichterstattung aus Unternehmenssicht

Im vorliegenden Abschnitt sollen primär die Beweggründe der Unternehmen für die im dritten Kapitel analysierte Bilanzierungspraxis untersucht werden. Hierbei wird ein Fokus auf die Vermittlung nicht der Zielsetzung des IASB entsprechender Informationen gelegt. Von dieser kann ausgegangen werden, wenn entweder keine oder negative Änderungen beim Übergang von IAS 14 auf IFRS 8 feststellbar sind. Zum einen wird folglich untersucht, aus welchem Grund mit der Übernahme des Standards bei vielen Unternehmen **keine Änderungen** der Segmentberichterstattung einhergehen. Zum anderen sollen Erklärungsansätze für die Unternehmen gefunden werden, bei denen es zu einer **negativen Änderung** der Segmentabgrenzung oder -anzahl, dem Informationsumfang etc. kommt. Als mögliche Erklärungen werden hierbei **Probleme bei der Umsetzung des neuen Standards** oder **die Ausnutzung der durch IFRS 8 gewährten Wahlrechte bzw. Ermessensspielräume** herangezogen.

### 4.2.1 Erklärung für unveränderte Aspekte

Im Rahmen der empirischen Erhebungen zeigt sich, dass ein Großteil der Unternehmen im Rahmen des Übergangs auf IFRS 8 keine Änderung der primären und sekundären Segmentabgrenzung vornimmt.[743] Darüber hinaus konnte in der durchgeführten Untersuchung gezeigt werden, dass 80% der Unternehmen, die ihre Abgrenzung nicht ändern unter IFRS 8 ebenfalls über die gleiche Anzahl an Segmenten berichten. Diese **eingeschränkte Veränderung** kann vordergründig auf die Segmentabgrenzung des IAS 14 zurückgeführt werden. Unter der Prämisse einer Berücksichtigung der Chancen und Risiken des Unternehmens bei der internen Organisationsstruktur führt diese zur gleichen Segmentabgrenzung, wie der Management Approach.[744] Durch den mit dem IAS 14 verbundenen „Management Approach with a risks-and-rewards safety net"[745] konnte bereits bei seiner Einführung eine Steigerung der Segmentanzahl festgestellt werden.[746] Folglich findet sich auch in der durchgeführten Untersuchung durch die oftmals unveränderte Berichterstattung Evidenz dafür, dass bereits vor der Einführung von IFRS 8 eine Konvergenz der internen und externen Segmentabgrenzung bestand.

Bei der Konvergenzdiskussion muss mitunter berücksichtigt werden, dass durch diese nur eine Erklärung der ausgebliebenen Änderung der Segmentierungskriterien auf primärer und sekundärer/unternehmensweiter Ebene erfolgen kann. Durch die bisher verpflichtende Angabe von IFRS-basierten Größen (IAS 14.44), die nun durch die Maßgabe einer Berichterstattung interner Größen im Falle der internen Nutzung (IFRS 8.25) ersetzt wird, ergeben sich jedoch ebenfalls negative Änderungen beim berichteten Informationsumfang. Diese Änderungen entsprechen - wie in Kapitel 3 dargestellt - nicht durchgehend den durch das IASB erhofften Auswirkungen. Daher sollen im Folgenden, durch die Betrachtung möglicher Probleme bei der Umsetzung der Vorgaben von IFRS 8 sowie der Nutzung der ihnen inhärenten bilanzpolitischen Spielräume, Erklärungsansätze für den teilweise verringerten Informationsumfang sowie weitere, die Entscheidungsnützlichkeit einschränkende, Entwicklungen gefunden werden.

---

743 Auf der primären Ebene ist in 85% der betrachteten Fälle keine Veränderung der Segmentabgrenzung festzustellen. Auf sekundärer Ebene beträgt der Anteil sogar 88%.

744 Vgl. Schulz-Danso (2009), Rn. 15.

745 McConnell/Pacter (1995), S. 36.

746 Vgl. Nichols/Street (2007), S. 57.

## 4.2.2 Nicht der Zielsetzung des IASB entsprechende Änderungen

### 4.2.2.1 Probleme bei der Anwendung des neuen Standards

Neben dem im letzten Abschnitt genannten Rückgang der Berichterstattung einiger Segmentpositionen können Probleme bei der Anwendung des Standards weiterhin als Erklärungsansatz für die vereinzelt nachgewiesene Veränderung der berichteten Segmentanzahl und/oder die häufig eingeschränkt aussagefähige Überleitungsrechnung herangezogen werden.

Probleme, die zu einer unsachgemäßen Abgrenzung oder einer Veränderung der **Segmentanzahl** beitragen, sind laut Aussage der befragten Anwender im Rahmen des PIR auf Schwierigkeiten bei der Identifikation des CODM[747] sowie der Aggregation von Segmenten[748] zurückzuführen. Obwohl auf der primären Berichtsebene 15% und auf der sekundären/unternehmensweiten Ebene 16% der betrachteten Unternehmen mehr Segmente berichten, ist bei 6% bzw. 15% die Berichterstattung zu beobachten. Aus diesem Grund sollten die Schwierigkeiten bei der Identifikation des CODM weitere Berücksichtigung finden.

Gründe für den **Rückgang an Informationen** können Unzulänglichkeiten des internen Rechnungswesens kleinerer Unternehmen sein. Kritisch zu hinterfragen ist hierbei jedoch, ob dieser Rückgang vor dem Hintergrund einer möglichen Schlüsselungsproblematik nicht sogar als sinnvoll zu erachten ist. Da der quantitative Rückgang Beleg für den Verzicht auf die interne Nutzung bestimmter Segmentinformationen ist, scheint in den betreffenden Unternehmen eine Ermittlung der segmentbezogenen Bilanzpositionen nur durch einen hohen Aufwand oder mit qualitativen Mängeln möglich zu sein. Diese beeinträchtigen wiederum die Entscheidungsfindung. Anhand dieses Problems wird aber die mit dem Management Approach verbundene Problematik deutlich, dass eine mangelhafte Qualität des internen Rechnungswesens bei deutschen Unternehmen die Verfügbarkeit von Daten des externen Rechnungswesens determiniert.

Andererseits kann durch die – besonders in Deutschland relevanten – unterschiedlichen Anforderungen an Informationen im in- und externen Bereich eine Divergenz zwischen den intern genutzten und den durch die Adressaten der externen Segmentberichterstattung

---

747 Vgl. IASB (2013b), S. 25.

748 Vgl. IASB (2013b), S. 23.

benötigten Informationen bestehen.[749] Zudem gaben im Rahmen des PIR einige Unternehmen an, dass trotz des Vorliegens von IFRS-Zahlen davon abweichende Werte veröffentlicht wurden, die aus Unternehmenssicht als passender angesehen wurden.[750] Dies deutet darauf hin, dass einige Unternehmen den Management Approach nutzen, um die von ihnen in der externen Berichterstattung als relevant erachteten Größen zu veröffentlichen ohne ihre Entscheidung hierbei auf wissenschaftliche Erkenntnisse oder Empfehlungen von Experten zu stützen.

Der Bereich, der offensichtlich die größten Probleme verursacht, ist die Erstellung der **Überleitungsrechnung**, da die Unternehmen häufig eine pauschale Überleitungsposition nutzen und keine ausreichenden Erklärungen ihres Vorgehens offenlegen. Ein Grund hierfür kann die im PIR geäußerte Verwirrung der Unternehmen über das Vorgehen zum separaten Ausweis der unterschiedlichen Elemente der Überleitungsrechnung sein.[751] Darüber hinaus führen besonders fehlende Erläuterungen zur konzerneinheitlichen Bilanzierung und Bewertung sowie zur Konsolidierung von konzerninternen Kapital- oder Lieferverflechtungen in vielen Fällen zu einer Unvollständigkeit der Überleitungsrechnungen.[752] In einigen Fällen ist zudem an einer mangelnden Sorgfalt erkennbar, dass der Überleitungsrechnung durch die Unternehmen nicht die ihr im Rahmen der Segmentberichterstattung zukommende Bedeutung beigemessen wird.[753]

#### 4.2.2.2 Ausnutzung der durch IFRS 8 gewährten Ermessensspielräume und Veröffentlichung von Informationen mit geringem Informationsgehalt

Wie bereits dargestellt, kann der Management Approach durch die ihm inhärenten Ermessensspielräume zu bilanzpolitischen Bestrebungen führen. Unter Bilanzpolitik wird hierbei die Gestaltung des Ausweises von Erfolg, Vermögen und Schulden in einer Form,

749 Vgl. Franzen/Weißenberger (2014a), S. 29f.

750 Vgl. IASB (2013b), S. 20.

751 Vgl. IASB (2013b), S. 23.

752 Diese Problematik ist jedoch eher auf die lückenhafte Regelung durch das IASB zurückzuführen.

753 Bspw. bei der Basler AG offenbart sich im Rahmen der Überleitung des Segmentvermögens ein Fehler, der entweder auf einen falschen Ausweis der Segmentgrößen oder des Überleitungsbetrages hindeutet, vgl. Basler AG (2010), S. 44. Die Asian Bamboo AG weist für Umsatz und Ergebnis die drei Überleitungsgründe „IFRS-Anpassungen", „Holdinggesellschaften Hongkong und Asian Bamboo AG" sowie „Konsolidierung" einzeln aus. Obwohl diese drei Gründe laut Angabe auch für das Vermögen und die Verbindlichkeiten relevant sind, findet für die beiden Positionen nur eine aggregierte Überleitung statt, vgl. Asian Bamboo (2010), S. 93.

die zu einer optimalen Erreichung der Zielsetzung des Unternehmens führt, verstanden.[754] Grundsätzlich ist bei dieser Gestaltung zu beachten, dass Unternehmen die Wahl der Rechnungslegungsmethoden zumeist bewusst treffen, um hiermit bestimmte Reaktionen bei den Adressaten hervorzurufen.[755] Die **Intention des Unternehmens** könnte bei der Erstellung der Segmentberichterstattung folglich sein, die Informationen auf eine optimale Darstellung gegenüber den Adressaten auszurichten. In der wissenschaftlichen Literatur findet sich Evidenz für die Nutzung bilanzpolitischer Spielräume bei der Konzeption der Segmentberichterstattung zum Vorteil der Unternehmen oder zur Verhinderung eventueller Nachteile.[756]

Ein häufig genannter Grund für die Ausnutzung von Spielräumen bei der segmentierten Berichterstattung sind Proprietary Costs. Darunter zu verstehen sind Kosten, die über die Aufwendungen für die Erstellung und Verbreitung von Informationen hinausgehen und auf die Veröffentlichung proprietärer Informationen und damit verbundener Schäden für das Unternehmen zurückzuführen sind.[757] Die Relevanz der Verhinderung einer Veröffentlichung von **konkurrenzsensiblen Daten** zeigen vor dem Hintergrund der oben angesprochenen Proprietary Costs bspw. *Bens et al.* in ihrer Untersuchung. Die Wahrscheinlichkeit einer Berichterstattung durch ein in mehreren Segmenten aktives Unternehmens über ein Segment, in welchem außergewöhnlich hohe Profite möglich sind, ist hiernach bei bestehender Flexibilität in der Berichterstattung geringer.[758] Durch den Übergang von SFAS 14[759] zu SFAS 131 wurden die Unternehmen, die unter SFAS 14 die Flexibilität bei der Segmentbestimmung genutzt haben, jedoch dazu gezwungen, über die Segmente zu berichten, aus welchem Grunde vorher nur ein Segment umfassende Unternehmen nun mehrere Segmente abgrenzen.[760] Auch *Harris* kann in ihrer Untersuchung den Einfluss

---

754 Vgl. Wöhe (1997), S. 55.

755 Vgl. Haller (1994b), S. 171.

756 Diese Literatur basiert primär auf der Umsetzung des SFAS 131. Die Ergebnisse können somit zwar größtenteils auf IFRS 8 übertragen werden, seine vergleichbare Anwendung durch deutsche Unternehmen ist jedoch kritisch zu hinterfragen.

757 Vgl. Verrechia (1983), S. 181.

758 Vgl. Bens/Berger/Monahan (2011), S. 447.

759 Unter SFAS 14 waren segmentbezogene Informationen sowohl nach produkt-/dienstleistungsorientierten als auch nach geografischen Kriterien zu veröffentlichen, ohne dass die Unternehmen hierbei ihre internen Gegebenheiten zu berücksichtigen hatten, vgl. Herrmann/Thomas (2000), S. 288. Sofern die interne Segmentierung also eine stärkere Differenzierung als die externe Segmentberichterstattung unter SFAS 14 aufweist, führt die Einführung des SFAS 131 zu einer Verpflichtung zur Berichterstattung über mehr Segmente.

760 Vgl. Botosan/Stanford (2005), S. 770.

der Konkurrenzsensibilität von Daten aufzeigen. Sie stellt fest, dass die segmentbezogene Berichterstattung über Tätigkeiten in Industrien mit geringer Konkurrenz unwahrscheinlicher ist, als in Bezug auf Tätigkeiten in konkurrenzbetonten Industrien.[761] Ein Grund hierfür könnte die Verhinderung des disaggregierten Ausweises von weniger kompetitiven Bereichen sein, da hier die Erzielung eines ungewöhnlichen Profits wahrscheinlicher ist und durch die unterlassene Berichterstattung in Form eines Industriesegments ein Schutz vor eventueller Konkurrenz erfolgen soll.[762]

Die Verschleierung schwacher Segmentleistungen konnte in der Untersuchung von *Botosan/Stanford* nicht als Grund für die ausgebliebene Berichterstattung über ein Segment identifiziert werden.[763] Jedoch gibt es durchaus praktische Beispiele für die Ausnutzung der Spielräume bei der Segmentabgrenzung zur Verschleierung einer schlechten Segmentperformance. Bspw. die Sony Corporation hat in ihrer Veröffentlichung die Verluste von „Sony Pictures“ durch die zusammengefasste Darstellung mit dem profitablen Musikgeschäft in dem gemeinsamen Segment „entertainment“ verschleiert.[764]

Darüber hinaus findet sich Evidenz dafür, dass die Verringerung der Überwachungsmöglichkeit des Managements in Form eines möglichen Verzichts auf die geografische Segmentierung zu einem aus betriebswirtschaftlicher Sicht nicht nachvollziehbaren Verhalten führt. Als Grund für dieses Verhalten wird hierbei das sog. **Empire Building** genannt.[765] Dieses beschreibt, dass Manager eine Expansion des Geschäftes ohne Berücksichtigung der Auswirkungen auf den Unternehmenswert vornehmen.[766] So zeigen *Hope/Thomas* als Beleg der praktischen Relevanz von Empire Building, dass durch den Übergang von SFAS 14 auf SFAS 131 der nun mögliche Verzicht auf eine Berichterstattung über geografische Regionen mit einer Erhöhung der Umsätze im Ausland bei gleichzeitiger Verringerung der Umsatzrentabilität einhergeht.[767] Der vollständige Verzicht auf

---

761 Vgl. Harris (1998), S. 126.

762 Vgl. ebd. Zu beachten ist hierbei das Alter der Untersuchung, da die Daten aus Geschäftsberichten der Jahre 1987-1991 stammen.

763 Vgl. Botosan/Stanford (2005), S. 770.

764 Vgl. SEC (1998).

765 Vgl. Hope/Thomas (2008), S. 623.

766 Vgl. Jensen (1986).

767 Vgl. Hope/Thomas (2008), S. 622f.

eine segmentierte Darstellung nach Regionen oder der nur grob untergliederte Ausweis können folglich auf eine bilanzpolitische Prägung des Abschlusses hindeuten.

Während ein Grund für die Ausnutzung von Spielräumen die zu verhindernde Veröffentlichung wettbewerbssensibler Daten für Konkurrenten ist, wird als zweiter Grund eine Beeinflussung des Ausweises gegenüber dem nach einer Maximierung seines eingesetzten Kapitals[768] strebenden Kapitalgeber zugunsten des Managements genannt. Die Relevanz dieser beiden Gründe soll im Folgenden anhand der Ergebnisse der untersuchten Umsetzung von IFRS 8 bei deutschen Unternehmen überprüft werden.

Im Rahmen der durchgeführten Untersuchung konnte bei acht unter IAS 14 als Einsegmentunternehmen dargestellten Konzernen festgestellt werden, dass mit dem Übergang zu IFRS 8 eine Berichterstattung für die primäre Berichtsebene erfolgt ist.[769] Demgegenüber stehen jedoch drei Unternehmen, die durch den Übergang nur noch ein Segment ausweisen.[770] Zusammenfassend kann folglich ein Rückgang der Unternehmen konstatiert werden, die keine Segmentberichterstattung und somit eventuell konkurrenzsensible Daten veröffentlichen. Dies könnte darauf hindeuten, dass vorher bestehende Freiräume bei der Abgrenzung von Segmenten unter IFRS 8 nicht mehr ausgenutzt werden können und somit trotz diskretionärer Spielräume eine Verringerung der Bilanzpolitik realisiert werden konnte.

Ein weiteres Indiz für diese Verringerung könnte die ebenfalls festgestellte Verbesserung der Konsistenz zwischen Segment- und Lagebericht sein, welche dafür spricht, dass die Segmentberichterstattung unter IFRS 8 ein wirklichkeitsgetreueres Bild als vorher widerspiegelt. Auffällig ist vor dem Hintergrund eines möglichen Empire Building einerseits ein 6%iger Anteil an Unternehmen der betrachteten Gesamtheit, die ohne eine Begründung keine unternehmensweite Berichterstattung vornehmen. Andererseits ist der schwache Detaillierungsgrad im Falle geografischer Angaben kritisch zu würdigen, da die geografischen Angaben häufig nur aggregiert für Regionen oder das gesamte Ausland erfolgen. *Franzen/Weißenberger* (2014a) deuten ihre diesbezüglichen Ergebnisse dahingehend, dass Unternehmen die für die Identifikation wichtiger Länder heranzuziehende We-

---

768 Vgl. Rappaport (1986).

769 Die betreffenden Unternehmen berichten unter IFRS 8 2/4/2/2/3/5/2/4 Segmente.

770 Die betreffenden Unternehmen berichten unter IAS 14 jeweils zwei Segmente.

sentlichkeit aufgrund ihrer vagen Formulierung innerhalb des Standards umgehen könnten.[771] Diese vage Formulierung bietet daher einen möglichen Ansatzpunkt für bilanzpolitische Bestrebungen.

Neben der Abgrenzung von Segmenten bestehen jedoch auch Auffälligkeiten bei der Vermittlung von segmentbezogenen Informationen. Entgegen der Möglichkeit, dass ein geringes Niveau an berichteten Informationen bzw. der Rückgang von berichteten Informationen zur Beeinflussung der Jahresabschlussadressaten dient,[772] können aus Unternehmenssicht jedoch ebenfalls andere Beweggründe eine Rolle spielen. Für Unternehmen mit hohen Risiken ist aufgrund der mit dem Risiko stark ansteigenden Kapitalkosten von der größten Incentivierung bei einer differenzierten Berichterstattung auszugehen.[773] Hierbei gilt eine Berichterstattung im Falle hoher Risiken auch bei unvorteilhaften Informationen als nützlich oder zumindest nicht schädlich.[774] Ein Grund dafür kann bspw. sein, dass dem Adressaten auf diesem Wege der Eindruck vermittelt wird, dass das Unternehmen nicht versucht, Informationen zurückzuhalten.[775] Auf der Gegenseite birgt eine detailliertere Untergliederung für Unternehmen mit geringen Risiken den geringsten zusätzlichen Nutzen.[776] Folglich könnte ein geringes Niveau an berichteten Informationen auch ein Beleg dafür sein, dass das Unternehmen die mit seiner Geschäftstätigkeit verbundenen Risiken eher gering einschätzt und daher einen eingeschränkten Nutzen einer detaillierteren Berichterstattung konstatiert. Als Beleg für die praktische Relevanz dieser theoretische Überlegung kann unter anderem die Untersuchung von *Penno* herangezogen werden, in der gezeigt wird, dass Unternehmen mit guten Aussichten weniger präzise über diese berichten, als Unternehmen mit schlechten Aussichten.[777]

Der in den empirischen Untersuchungen beobachtete Informationsumfang auf primärer und sekundärer Ebene ist differenziert zu betrachten, da aufgrund der dargestellten Zusammenhänge auch hier nicht zwingend eine Ausnutzung eventuell bestehender Spiel-

---

[771] Vgl. Franzen/Weißenberger (2014a), S. 32.

[772] Vgl. Wöltje (2013), S. 145-147.

[773] Vgl. Ebert/Simons/Stecher (2013), S. 12.

[774] Vgl. Dziuda (2011), S. 1383.

[775] Die Schaffung von Vertrauen wird bspw. in der Veröffentlichung von *Hong/Ki* als wichtigstes Ziel der für Public Relations Verantwortlichen genannt, vgl. Hong/Ki (2007), S. 210.

[776] Vgl. Ebert/Simons/Stecher (2013), S. 4.

[777] Vgl. Penno (1996), S. 148.

räume zur Verschleierung negativer Informationen unterstellt werden kann. Der auf **primärer Ebene** feststellbare Rückgang segmentbezogener Bilanzgrößen könnte daher im Sinne der obigen Ausführungen auf einen vom Unternehmen wahrgenommenen geringen Nutzen der externen Berichterstattung zurückgeführt werden. Diese Argumentation kann ebenfalls durch das geringe Niveau bei der freiwilligen Mehrpublizität gestützt werden, da sich an diesem eine geringe Bereitschaft zur Veröffentlichung nicht verpflichtender Angaben zeigt. Am plausibelsten erscheint jedoch, dass auf die Verwendung bilanzieller Größen wie bspw. den Verbindlichkeiten in vielen der betrachteten Unternehmen aufgrund des nicht vom Unternehmen wahrgenommenen Nutzens oder der schweren internen Zuordnung verzichtet wird.[778] Anhand der vorliegenden Daten kann jedoch keine abschließende Aussage getroffen werden, welche der oben genannten Beweggründe der Unternehmen zur aktuellen Berichterstattungspraxis führen.

Auf **sekundärer Ebene** ist der stärkste Rückgang bei den segmentbezogenen Investitionen zu beobachten. Da der Rückgang bei den aus Kostengründen[779] nicht mehr berichteten Positionen Segmentvermögen und -verbindlichkeiten wesentlich geringer ausfällt, als bei den nicht mehr im Standard geforderten -investitionen, dürfte dieser nicht alleine durch Wirtschaftlichkeitsüberlegungen zu erklären sein. Gestützt wird diese Aussage durch die Tatsache, dass die Ermittlung der segmentbezogenen Investitionen bei Vorhandensein eines Wertes für das Segmentvermögen keinen großen Aufwand darstellen dürfte. Auch hier zeigt sich folglich die ebenfalls bei den primären und freiwilligen Angaben beobachtbare eingeschränkte Bereitschaft, über das geforderte Maß hinausgehende Informationen zur Verfügung zu stellen. Zwar könnte auch hier über einen aus Unternehmenssicht nicht bestehenden Nutzen argumentiert werden. Die differenzierte Betrachtung des Rückgangs der durchschnittlich vermittelten Informationen deutet allerdings darauf hin, dass die bezüglich der unternehmensweiten Angaben bestehenden Spielräume zur gezielten Beeinflussung des Ausweises gegenüber den Kapitalgebern oder der Konkurrenz genutzt werden. Mögliche Evidenz hierfür bietet der überdurchschnittliche Rückgang von segmentbezogenen Informationen im Falle einer Verringerung der berichteten Segmentzahl.[780]

---

778 Wie dargestellt, ergeben sich bspw. bei Verbindlichkeiten gegenüber Kreditinstituten Probleme bei deren Zuordnung zu Segmenten, vgl. Himmel (2003), S. 193.

779 Vgl. zur Befreiung von der Berichterstattungspflicht aus Kostengründen IFRS 8.32 und 8.33.

780 Vgl. Kapitel 3.4.3.3.

Daneben können auch bei der Betrachtung der **Überleitungsrechnung** bilanzpolitische Bestrebungen nicht ausgeschlossen werden. Zu beachten ist, dass die oftmals unübersichtliche Überleitung Möglichkeiten der Verschleierung von Größen gegenüber den Kapitalgebern bietet, die bei der Verteilung auf die Segmente einen negativen Einfluss auf den ausgewiesenen Erfolg oder die anderen Positionen haben könnten. Vor dem Hintergrund der Erkenntnisse von *Botosan/Stanford*[781] sollte jedoch auch hier wieder die Möglichkeit des Schutzes konkurrenzsensibler Daten oder außergewöhnlicher Profite in Betracht gezogen werden. Da die genauere Betrachtung der Überleitung des Ergebnisses bei den untersuchten Unternehmen sowohl positive als auch negative Beträge offenbart und somit die Segmentleistung teilweise zu hoch und teilweise zu niedrig ausgewiesen wird, finden sich für beide Erklärungsansätze mögliche Beispiele. Grundsätzlich dürften jedoch die bereits thematisierten Anwendungsprobleme ein maßgeblicher Grund für die häufig nicht dem Wunsch des Standardsetzers entsprechende Form sein. Für eine Ausnutzung von Spielräumen – sowohl zum Schutz vor der Konkurrenz als auch zur Verschleierung schwacher Segmentperformance – sprechen jedoch die häufig fehlende Erläuterung der Überleitungsrechnung sowie die Nutzung unbestimmter bzw. ungenauer Überleitungspositionen.

Anhand der vorliegenden Daten konnte gezeigt werden, dass eine bilanzpolitische Prägung der veröffentlichten Segmentberichterstattungen zumindest in Teilen nicht ausgeschlossen werden kann. Aus Sicht der Kapitalgeber ist hierbei neben der Identifikation bilanzpolitischer Aktivitäten die adressatenabhängige Ausrichtung durch die Unternehmen schwierig zu beurteilen. Da Informationen auch zum Schutz konkurrenzsensibler Daten zurückgehalten werden können, ist nicht zwingend von einem Verzicht auf die Berichterstattung schlechter Nachrichten auszugehen. Aufgrund von Problemen, die Intention des bilanzierenden Unternehmens bei der Erstellung der Segmentberichterstattung zu durchschauen, werden für die Beschaffung entscheidungsrelevanter Informationen durch Analysten und Investoren auch weiterhin Gespräche mit dem Management[782] eine bedeutende Rolle spielen. Darüber hinaus ist zu berücksichtigen, dass durch das Verhalten der Adressaten eine Beeinflussung des Bilanzierenden möglich ist.[783] Der Adressat[784]

781 Vgl. Botosan/Stanford (2005), S. 770.

782 Vgl. Bassen (2002), S. 257f.

783 Vgl. Kappler (1973), S. 38.

784 Die Beeinflussung wird für kleinere Investoren eher nicht möglich sein. Institutionelle Investoren oder Analysten hingegen dürften aufgrund des angesprochenen direkten Kontakts zum Management einen

kann folglich selber Einfluss auf die ihm letztendlich im Rahmen der Segmentberichterstattung zur Verfügung stehenden Informationen nehmen.

## 4.3 Analyse der Auswirkungen der Bilanzierungspraxis beim Adressaten

Im Anschluss an die Untersuchung der unternehmensseitig bestehenden Gefahr einer Vermittlung nicht der Zielsetzung des IASB entsprechender Informationen soll nun kurz die Rolle des Wirtschaftsprüfers bei der Bereitstellung der Daten für den Adressaten betrachtet werden. Daneben ist das Hauptziel des vorliegenden Abschnittes, mit der Berichterstattung einhergehende Problembereiche für den Adressaten und dessen Entscheidungsprozess zu identifizieren. Die Identifikation soll hierbei vor dem Hintergrund des Status quo der Segmentberichterstattung in Deutschland erfolgen.

### 4.3.1 Die Rolle des Wirtschaftsprüfers

Der Wirtschaftsprüfer hat als Instanz zwischen Unternehmen und Investor sicherzustellen, dass die Segmentinformationen den qualitativen Charakteristika des Frameworks sowie den spezifischen Maßgaben des IFRS 8 entsprechen.[785] Daher ist es vor den anstehenden Überlegungen zur Entscheidungsfindung des Investors wichtig, die Rolle des Wirtschaftsprüfers genauer zu beleuchten, da durch ihn als Kontrollinstanz die Möglichkeit einer Sicherstellung der Entscheidungsnützlichkeit für Eigen- und Fremdkapitalgeber gegeben ist. (RK.QC1)

Für den Wirtschaftsprüfer ergibt sich durch die mit IFRS 8 verbundenen Spielräume und das Fehlen eines gesonderten Prüfungsstandards des Instituts der Wirtschaftsprüfer (IDW) eine besondere Herausforderung bei der Prüfung der Segmentberichterstattung.[786] Durch den Rückgriff der Segmentberichterstattung auf das interne Rechnungswesen kommt es zu einer **Erhöhung des Prüfungsumfangs** und damit zu ebenfalls im Rahmen des PIR geäußerten erhöhten Überwachungskosten.[787]

---

Einfluss haben.

785 Vgl. Marten/Quick/Ruhnke (2011), S. 574.

786 Vgl. Baetge/Haenelt (2008), S. 48. In ISA 501.42-45 und IDW PS 300.47 finden sich jedoch Angaben zur Prüfung des Segmentberichts.

787 Vgl. IASB (2013b), S. 25.

Die Hauptaufgabe des Prüfers ist, durch die Sicherstellung von detaillierten Informationen – auch im Falle bestehender Ermessensspielräume – eine entscheidungsnützliche Segmentberichterstattung zu gewährleisten.[788] Die Prüfung gestaltet sich aufgrund der hinsichtlich Umfang und Qualität der veröffentlichten Daten bestehenden Ermessensspielräume jedoch schwierig.[789] Neben einer verstärkten Prüfung der internen Unternehmensstruktur ist als weiterer zentraler Prüfungsgegenstand die Überleitungsrechnung zu untersuchen.[790] Vor dem Hintergrund der Zielsetzung einer Abschlussprüfung ist jedoch zu berücksichtigen, dass die Aufgabe des Wirtschaftsprüfers lediglich die Prüfung einer Übereinstimmung der Segmentberichterstattung mit den Vorgaben des Standardsetzers ist. Eine Zweckmäßigkeitsprüfung – bspw. der Ermessensspielräume enthaltenden Segmentabgrenzung – ist nicht Teil der Prüfungsleistung.[791]

Aus diesem Grund muss sich der Adressat bei der Verwendung der Segmentberichterstattung darüber im Klaren sein, dass der Prüfer nicht die eventuell bestehende Erwartungshaltung an die Abschlussprüfung in Form einer Sicherung der für sein Entscheidungsproblem relevantesten Daten[792] erfüllt. Nur auf diesem Wege kann das Entstehen einer Erwartungslücke verhindert werden.[793]

### 4.3.2 Untersuchung der Entscheidungsfindung und bestehende Probleme bei der Nutzung segmentbezogener Daten

Nach Betrachtung des Bilanzierungsverhaltens bei den Unternehmen sowie der Prüfung der Segmentberichterstattung durch den Wirtschaftsprüfer sollen nun in einem ersten Schritt die in der Segmentberichterstattung vermittelten Informationen hinsichtlich ihrer Bedeutung bei der Entscheidungsfindung des Investors untersucht werden. Im Anschluss daran wird untersucht, inwiefern die zu beobachtende Segmentberichterstattung dieser Bedeutung gerecht wird. Diese Untersuchung basiert hierbei zum einen auf der Analyse

788 Vgl. Lenz/Focken (2002), S. 861.

789 Vgl. hierzu Kapitel 3.1.

790 Vgl. Marten/Quick/Ruhnke (2011), S. 577.

791 Vgl. Benecke (2000), S. 212.

792 Dieses vom IASB vorgegebene Ziel wird aufgrund der Ausnutzung der betrachteten Ermessensspielräume nicht zwingend eingehalten und kann auch nicht durch die Abschlussprüfung sichergestellt werden.

793 Vgl. Ruhnke/Schmiele/Schwind (2010), S. 396.

der durch die Unternehmen berichteten Daten. Zum anderen werden aktuelle sowie potentielle Problembereiche bei der gewünschten Beurteilung des Segmentmanagements und dem damit verbundenen Problemlösungszyklus betrachtet.

#### 4.3.2.1 Berichterstattung relevanter Segmentinformationen

Wie im Grundlagenteil dargestellt, werden in der wissenschaftlichen Literatur als **relevante Informationen für die Adressaten der Segmentberichterstattung** unter anderem eine Beschreibung der Tätigkeitsbereiche, die Darstellung der geografischen Regionen sowie Angaben zum Umsatz, Ergebnis und Vermögen genannt. Darüber hinaus sollen Informationen zu Investitionen, Abschreibungen, außergewöhnlichen Erfolgen, Kosten für Forschung und Entwicklung, wichtigen Kunden, segmentspezifischen Cashflows, Verrechnungspreisen und vorgenommenen Methodenänderungen sowie eine Überleitungsrechnung angegeben werden.[794] Bei den bisherigen Untersuchungen der Umsetzung auf dem deutschen Kapitalmarkt konnten eine konstante Berichterstattung von Umsatz und Ergebnis beobachtet und ein Rückgang an veröffentlichten Informationen zu Vermögen und Investitionen festgestellt werden. Uneinheitliche Ergebnisse zeigen sich hingegen bei den Abschreibungen, die nur bei den kleineren Unternehmen des CDAX rückläufig sind und den Kosten für Forschung und Entwicklung, die bei den größeren Unternehmen weniger angegeben werden. Darüber hinaus ist zu beobachten, dass die Berichterstattung von Cashflows nur bei den größeren Unternehmen zurückgeht, während die Angabe bei den kleineren Unternehmen auf einem konstant niedrigen Niveau ist.

Vor dem Hintergrund der in der Literatur geforderten Angaben muss also von einem quantitativ negativen Effekt der Segmentberichterstattung nach IFRS 8 ausgegangen werden, der sich auch durch die im Rahmen des PIR geäußerten Besorgnis einiger Investoren über den Rückgang bestimmter Schlüsselgrößen widerspiegelt.[795] Aus diesem Grund wird von einigen der Bericht über Abschreibungen und Wertminderungen, Investitionen, Goodwill Impairments sowie weiteren Größen, die den zukünftigen Cashflow beeinflussen, gefordert.[796] Der Rückgang der berichteten Verbindlichkeiten wird hingegen kaum

---

[794] Vgl. Himmel (2003), S. 244 und 253; Haller/Park (1994), S. 504f.; Jenkins Committee (1994), S. 61f.; Previts/Bricker/Robinson/Young (1994), S. 55.

[795] Vgl. IASB (2013b), S. 21.

[796] Vgl. IASB (2013b), S. 22.

thematisiert, zumal die Angabe dieser Position auch von den grundlegenden wissenschaftlichen Veröffentlichungen zu den Mindestangaben der Segmentberichterstattung häufig keine Beachtung findet.

Bereits durch die Betrachtung der absolut veröffentlichten Größen wird deutlich, dass die **segmentbezogene Bilanzanalyse** ebenfalls beeinträchtigt wird, da diese von der Quantität der durch das Unternehmen zur Verfügung gestellten Angaben abhängt.[797] Die Vermögensstrukturanalyse wird – wie aus Tabelle 44 ersichtlich – durch den Umstieg auf IFRS 8 und den damit einhergehenden Rückgang von Informationen zu Segmentvermögen sowie zu Segmentinvestitionen stark erschwert. Gleiches gilt für die Kapitalstrukturanalyse, welche aufgrund einer geringeren Anzahl an segmentspezifisch ausgewiesenen Verbindlichkeiten erschwert wird.[798]

Neben den eingeschränkten Möglichkeiten bei der Vermögens- sowie der Kapitalstrukturanalyse zeigen sich jedoch auch positive Effekte für die Aufwands- und Ertragsstrukturanalyse. Auffällig ist jedoch die insgesamt eher in Ausnahmefällen bestehende Möglichkeit, Segmentmaterial-, Segmentpersonal- sowie Segmentvertriebsintensitäten zu berechnen. Durch die seltene Angabe von Cashflowgrößen ist diese Aussage ebenfalls auf nicht in der Abbildung gezeigte Kennzahlen zur Liquiditätsanalyse sowie cashflowbezogene Rentabilitäten übertragbar, die in beiden Jahren nur in 5% der betrachteten Fälle aus den direkt vorhandenen Daten berechnet werden können. Zu beachten ist, dass in einigen Fällen durch die Angabe des EBITDA eine cashflownahe Ergebnisgröße berichtet oder durch zusätzliche Angaben berechnet werden kann. Dieser Berechnung stehen jedoch die bereits genannte rückläufige Berichterstattung bei den Investitionen, der zudem in allen

---

797 Vgl. Rogler (2009b), S. 581. Hier spielen wiederum die dargestellten Einschränkungen beim Ausweis bzw. der Verzicht auf den Ausweis von Segmentvermögen, -schulden, -umsätzen, -ergebnissen und -Cashflows eine Rolle.

798 Die Kapitalstrukturanalyse dient der Beurteilung der Kreditwürdigkeit eines Unternehmens, vgl. Küting/Weber (2012), S. 137. Die auf Segmente bezogene Analyse der Verschuldungsquote würde somit einen besseren Aufschluss über die Risiken des Unternehmens geben. Jedoch variiert ihr Aussagegehalt stark mit dem Anteil der aufgeschlüsselten Schulden an den Gesamtschulden des Konzerns, vgl. Rogler (2009b), S. 578. Vor dem Hintergrund der besonders bei Verbindlichkeiten bestehenden Schlüsselungsproblematik ist somit die oben angesprochene Vernachlässigung des Rückgangs an berichteten Verbindlichkeiten durch das IASB nachvollziehbar. Mit dem absoluten Rückgang ist darüber hinaus eine Verbesserung der Qualität der zur Verfügung stehenden veröffentlichten Informationen wahrscheinlich, da bei diesen eine interne Nutzung für Steuerungszwecke und darüber eine zweckadäquate und verlässliche Ermittlung vorausgesetzt werden kann.

Untersuchungen feststellbare Rückgang weiterer nicht zahlungswirksamer Positionen,[799] sowie die fehlende Angabe zur Erhöhung/Verminderung des Segment-Net Working Capital[800] gegenüber.

| | 2008 | 2009 | Δ |
|---|---|---|---|
| ***Vermögensstrukturanalyse*** | | | |
| Segmentinvestitionsquote | 99% | 73% | -26% |
| Segmentwachstumsquote | 98% | 76% | -22% |
| Umschlagshäufigkeit des Segmentverm./ Segmentvermögensbeitragsquote/-bindung | 100% | 85% | -15% |
| ***Kapitalstrukturanalyse*** | | | |
| Segmentverschuldungsquote | 100% | 72% | -28% |
| Segmentverschuldungsbeitragsquote | 100% | 72% | -28% |
| ***Aufwands- und Ertragsstrukturanalyse*** | | | |
| Segmentinnenumsatzanteil | 69% | 72% | 2% |
| Segmentmaterialintensität | 11% | 16% | 5% |
| Segmentpersonalintensität | 11% | 16% | 5% |
| Segmentabschreibungsintensität | 99% | 91% | -8% |
| Segmentvertriebsintensität | 1% | 4% | 3% |
| Ergebnisbeitragsquote | 99% | 100% | 1% |
| Umsatzbeitragsquote | 100% | 100% | 0% |
| ***Kennzahlen zur Rentabilitätsanalyse*** | | | |
| Segmentvermögensrentabilität | 99% | 85% | -14% |
| Segmentumsatzrentabilität | 99% | 100% | 1% |

**Tabelle 44: Bilanzanalyse auf Basis der verfügbaren Segmentinformationen**[801]

Durch die geringe Verfügbarkeit zahlungsstromorientierter Größen ergeben sich auch Probleme bei der strategischen Segmentanalyse. Zudem ist die Ermittlung segmentbezogener Kapitalkosten nur möglich, wenn den operativen Segmenten die Finanzverbindlichkeiten zugeordnet werden können.[802]

799 40% der Unternehmen weisen diese aus. Bei den restlichen erfolgt jedoch zumeist keine Angabe, ob die Position aufgrund ihrer Nicht-Existenz oder aufgrund der Nicht-Allokation im internen Gebrauch nicht berichtet wird.

800 Zwar geben 85% der Unternehmen Auskunft über das Segmentvermögen. Häufig wird aufgrund der Nutzung des Management Approach jedoch nur das lang- und kurzfristige Vermögen in einer Position, das betriebsnotwendige Kapital in aggregierter Form oder eine Vermögensposition ohne Erläuterung der beinhalteten Bestandteile berichtet.

801 Für die Formeln zur segmentbezogenen Bilanzanalyse vgl. Rogler (2009b), S. 576-580. Die Untersuchung der möglichen Bilanzanalyse bezieht sich auf die in Kapitel 3.4 betrachtete Untersuchungsgesamtheit.

802 Vgl. Alvarez (2004), S. 249. *Alvarez* widerspricht der Nutzung des unternehmensweiten Fremdkapitalkostensatzes für die einzelnen Segmente aufgrund möglicher Fehlallokationen des Kapitals. In der Folge könnte also aus der Nutzung eines einheitlichen Fremdkapitalkostensatzes ebenfalls eine Fehlentscheidung des Investors bzgl. der zu treffenden Investitionsentscheidung resultieren.

Vor dem Hintergrund einer umfassenden Segmentanalyse fordern einige Investoren im PIR eine verbesserte Angabe **geografischer Segmente**.[803] Diese Forderung kann durch die dargestellten Schwächen der geografischen Segmentdarstellung im Rahmen der bisherigen empirischen Untersuchungen nachvollzogen werden. Besonders der in Einzelfällen beobachtbare Verzicht auf Angaben zu geografischen Segmenten,[804] aber auch die thematisierte grobe Untergliederung bspw. in In- und Ausland,[805] schränken die Möglichkeit einer differenzierten Einschätzung regionsspezifischer Chancen und Risiken ein.[806]

Die darüber hinaus geäußerten Bedenken über Abweichungen zwischen Segment- und Lagebericht und die Gefährdung der Informationstiefe[807] konnten anhand der in der vorliegenden Arbeit betrachteten Untersuchungen nur in einem sehr geringen Maße bestätigt werden.[808]

#### 4.3.2.2 Verarbeitung der Segmentinformationen im Rahmen des Problemlösungszyklus

##### 4.3.2.2.1 Das Entscheidungsproblem des Adressaten der Segmentberichterstattung

Im Anschluss an die Betrachtung der allgemeinen Verfügbarkeit relevanter Informationen soll nun in Anlehnung an den Problemlösungszyklus eine Analyse der Verarbeitung dieser Informationen durch den Investor vorgenommen werden.

Wie in Abschnitt 4.1 dargestellt, sind auf Adressatenseite bei der Entscheidungsfindung die falsche Interpretation von der Zielsetzung des IASB entsprechenden Informationen und die unkritische Übernahme von nicht der Zielsetzung des IASB entsprechenden Informationen genauer zu betrachten. Grundsätzlich kann davon ausgegangen werden, dass für den Adressaten der Segmentberichterstattung eine Identifikation der Ausnutzung von

803 Vgl. IASB (2013b), S. 24.

804 Knapp 18% der in Kapitel 3.4 untersuchten Unternehmen berichten weder primär noch sekundär nach rein geografischen Segmenten. Zu beachten ist jedoch die mehrfach konstatierte Tätigkeit in nur einem Land sowie die Abgrenzung der Segmentberichterstattung nach sonstigen Kriterien, die ebenfalls geografische Bestandteile enthalten können.

805 Vgl. Kapitel 3.4.3.1.

806 Vgl. Haller (2000), S. 770.

807 Vgl. IASB (2013b), S. 18.

808 Vgl. Kapitel 3.4.5.

expliziten Wahlrechten leichter möglich ist, als die Feststellung einer Nutzung von impliziten Ermessensspielräumen.[809] Daher sind gerade die dargestellten, mit IFRS 8 verbundenen Ermessensspielräume kritisch, da eine für die Bilanzanalyse notwendige Korrektur der Daten hierbei per se schwieriger ist.[810]

Sowohl die Untersuchung der Wirkung der aktuellen Segmentberichterstattung, als auch die daraus abgeleiteten empfehlenswerten Änderungen sollen verhaltenswissenschaftliche Überlegungen berücksichtigen, da bisherige Schlussfolgerungen individuelle Gegebenheiten der Adressaten außer Acht lassen und daher zu pauschalen Aussagen bezüglich der Nützlichkeit von IFRS 8 neigen.[811] Es ist jedoch davon auszugehen, dass gerade durch verhaltensbezogene Untersuchungen eine Beurteilung der Entscheidungsrelevanz segmentierter Daten ermöglicht wird.[812] Der Fokus der bisherigen verhaltenswissenschaftlichen Untersuchungen wurde jedoch vermehrt auf die grundsätzliche Vorteilhaftigkeit einer auf Segmente bezogenen Berichterstattung gelegt. Lediglich Maines/McDaniel/Harris[813] liefern unter der Annahme dieser Vorteilhaftigkeit empirische Evidenz für eine durch den Analysten wahrgenommene höhere Verlässlichkeit einer Segmentberichterstattung gemäß SFAS 131 gegenüber der nach den Maßgaben des SFAS 14 erstellten Variante.[814] Mögliche, aus Perspektive des Behavioral Accounting bestehende, Problembereiche sollen daher im Folgenden diskutiert werden.

Ausgehend von der zu treffenden Investitions- oder Desinvestitionsentscheidung[815] ist der Investor auf der Suche nach Informationen zur Lösung seines Problems, welches in der Entscheidung für eine der beiden genannten Alternativen besteht. Die Lösung ist nicht von vornherein bekannt und ebenfalls nicht durch die Analyse der im Geschäftsberichtsbericht[816] verfügbaren Informationen möglich. Grund hierfür ist die eingeschränkte Ver-

809 Vgl. Rogler (2009b), S. 576.

810 Vgl. Rogler (2009b), S. 576.

811 Vgl. Blase (2011), S. 232. *Blase* geht davon aus, dass eine Beibehaltung der Segmentpublizität des IAS 14 bei Anwendung von IFRS 8 möglich ist, ohne dass negative Effekte am Kapitalmarkt zu befürchten sind.

812 Vgl. Wiederhold (2008), S. 126.

813 Vgl. Maines/McDaniel/Harris (1997).

814 Vgl. Wiederhold (2008), S. 130f.

815 Vgl. Wagenhofer/Ewert (2007), S. 5. Unter einer Investitionsentscheidung wird hierbei auch die Entscheidung zur weiteren Kapitalüberlassung bei einer in der Vergangenheit erfolgten Investition verstanden.

816 Ausgenommen die Segmentberichterstattung.

fügbarkeit segmentbezogener Informationen, die gerade bei diversifizierten Konzernen besondere Relevanz für die Beurteilung und somit die Entscheidung zur (Des-) Investition haben.[817] Annahmegemäß ist zur Beurteilung der Segmentleistung also die Segmentberichterstattung heranzuziehen.

Jedoch ist ihre Darstellung im Geschäftsbericht keineswegs mit der Sicherstellung einer sachgerechten Segmentbeurteilung gleichzusetzen. Grund hierfür ist die in der Untersuchung dargestellte, sehr unterschiedlich ausgestaltete Segmentberichterstattung sowie die Heterogenität der Kapitalgeber,[818] durch welche eine vielfältige Beeinflussung der Entscheidungsfindung möglich ist. Die Form der Beeinflussung durch die veröffentlichte Rechnungslegung ist stark abhängig vom Nutzer und seiner Situation.[819] Eine Beeinflussung erfolgt zudem nicht nur durch die Rechnungslegung selbst, sondern ebenfalls durch Informationsintermediäre.[820]

Vor dem Hintergrund der individuell zu treffenden Entscheidung des Investors soll im Folgenden sein Entscheidungsprozess anhand der Schritte der Problemwahrnehmung und -repräsentation, der Alternativensuche und -auswahl sowie der Lösungsüberprüfung untersucht werden.[821] Dabei wird ein besonderes Augenmerk auf mögliche Verhaltensanomalien gelegt, die im Rahmen des Behavioral Accounting diskutiert werden und als Konsequenz die Gefahr einer Fehlentscheidung bergen.[822]

#### 4.3.2.2.2 Problemrepräsentation

Aufbauend auf dem gut definierten Problem[823] der zu treffenden Entscheidung über eine (Des-) Investition und der dafür notwendigen differenzierten Beurteilung der Segmente spielt die Phase der Problemrepräsentation eine entscheidende Rolle. Um sicherzustellen,

---

[817] Zwar finden sich bspw. im Rahmen der behandelten Lageberichterstattung im Jahresabschluss vereinzelte Informationen zu den Segmenten. Einzig bei den wertorientierten Kennzahlen ist jedoch häufig eine Überschneidung festzustellen, vgl. Blase (2011), S.226.

[818] Vgl. Wiederhold (2008), S. 114.

[819] Vgl. Haller (1994b), S. 171.

[820] Vgl. Stanzel (2007), S. 16. Bspw. zeigen *Eames/Glover/Kennedy*, dass die Entscheidungsfindung von Analysten durch die Empfehlung anderer Analysten beeinflusst wird, vgl. Eames/Glover/Kennedy (2006), S. 39.

[821] Vgl. Kapitel 2.4.3.

[822] Vgl. Kapitel 2.4.2.

[823] Vgl. Kapitel 2.4.3.

dass das Ziel einer fundierten Entscheidung erreicht wird, müssen die zur Verfügung stehenden Segmentinformationen systematisch verarbeitet werden.[824]

Wie dargestellt, umfassen sowohl der vollständige Geschäftsbericht eines Unternehmens, als auch die isoliert betrachtete Segmentberichterstattung eine große Anzahl an Informationen. Eine Gefahr geht hierbei davon aus, dass trotz des von Investoren häufig unterstellten und auch in der Praxis zu beobachtenden Paradigmas eines linearen Zusammenhangs des Informationsumfangs und der Prognosegenauigkeit durch die Veröffentlichung eines Mehr an Informationen[825] eine Verschlechterung der Problemlösung eintreten kann. Zwar ist bei der Selektion der relevanten Informationen eine optimale Entscheidung möglich. Bspw. aufgrund einer **Ambiguitätsintoleranz**[826] könnte der Investor jedoch ebenfalls dazu neigen, sehr viele Informationen zu beschaffen und diese bei der Entscheidung zu berücksichtigen. Hierbei kann es dazu kommen, dass die Entscheidungsqualität ab einem bestimmten Level an vorhandenen Informationen erst stagniert und im weiteren Verlauf sogar abnimmt, so dass es zu einem sog. **Information Overload** kommt.[827] Dieser Effekt ist darauf zurückzuführen, dass dem Informationsadressaten bei der Verarbeitung von Informationen kognitive Kosten entstehen und er nur über begrenzte Fähigkeiten hinsichtlich der Verarbeitung und Nutzung von Informationen verfügt.[828] Die Höhe der kognitiven Kosten wird dabei durch den Umfang sowie die Komplexität der Berichtsinhalte bestimmt.[829]

Allerdings ist nicht nur das angesprochene Bestreben der Aufnahme zu vieler Informationen bei der Betrachtung des menschlichen Problemlösungsverhaltens relevant. Die Entscheidung kann auch durch die Berücksichtigung zu weniger Informationen beeinflusst werden. Bspw. kann durch eine Überschätzung des aktuellen Wissensstandes die objektiv notwendige Aufnahme weiterer Informationen unterbleiben.[830] Diese Gefahr einer **Selbstüberschätzung** besteht vor allem bei professionellen Analysten und Investoren,[831]

---

[824] Vgl. Dörner (1984), S. 11.

[825] Vgl. bspw. Higgins (1998), S. 58.

[826] Vgl. Dermer (1973). S. 516. Die Ambiguitätsintoleranz kann umschrieben werden als „the tendency to perceive (i.e. interpret) ambiguous situations as sources of threat“, Budner (1962), S. 29.

[827] Vgl. Eppler/Mengis (2004), S. 326 i.V.m. Schroder/Driver/Streufert (1967).

[828] Vgl. Arnold/Collier/Leech/Sutton (2000), S. 129.

[829] Vgl. Hirsch/Schneider (2010), S. 24

[830] Vgl. Gerling (2007), S. 87.

[831] Vgl. Teigelack (2009), S. 110.

da eine Selbstüberschätzung bei komplexen Entscheidungen durch einen hohen Wissensstand begünstigt wird.[832] Es ist folglich davon auszugehen, dass die Problematik eher bei Experten, als bei Individuen mit geringer Erfahrung relevant ist.[833] Zu berücksichtigen ist hierbei jedoch, dass die Selbsteinschätzung des Experten mit zunehmender Erfahrung realistischer wird und in der Folge eine geringere Beeinflussung der Entscheidungen erfahrener Entscheider möglich ist.[834] Neben der ausbleibenden Aufnahme weiteren Wissens ist vor dem Hintergrund der Selbstüberschätzung ebenfalls zu beachten, dass Informationslücken eventuell ohne weitere Recherche durch das Individuum selbst geschlossen werden und in der Folge zu einer Fehlentscheidung führen können.[835]

Die Problemrepräsentation kann neben den oben genannten Punkten dadurch beeinflusst werden, dass Individuen nicht dazu tendieren, ein optimales Ergebnis zu erzielen. Vielmehr wird zur Schonung der kognitiven Kapazitäten eine befriedigende Lösung akzeptiert.[836] Die Abweichung zur optimalen Lösung ist durch die Nutzung komplexitätsreduzierender Heuristiken bei der Informationsverarbeitung zu erklären.[837] Bei der Problemrepräsentation haben unter anderem die Repräsentativitäts- und die Verfügbarkeitsheuristik eine besondere Bedeutung.[838] Durch die **Verfügbarkeitsheuristik** ist davon auszugehen, dass der Eintritt eines bestimmten Ereignisses als wahrscheinlicher eingeschätzt wird, je häufiger sich dieses oder ähnliche Ereignisse im Gedächtnis des Subjekts befinden.[839] Verfügbarkeit meint hier eine Auffälligkeit von Informationen bzw. Merkmalen.[840] So besteht bspw. Evidenz dafür, dass durch die Verfügbarkeit von Informationen die zukunftsbezogene Urteilsbildung des Investors beeinflusst werden kann.[841] Die **Repräsentativitätsheuristik** hingegen stellt darauf ab, dass ein Entscheider die Wahr-

---

832 Heath/Tversky (1991), S. 18.

833 Vgl. Griffin/Tversky (1992). S. 430.

834 Vgl. Stanzel (2007), S. 112.

835 Die eigene Interpretation öffentlich verfügbarer Daten wird bei der Entscheidungsfindung des Analysten durch diesen bspw. doppelt so hoch gewichtet, wie es nach Bayes Gesetz sinnvoll wäre, vgl. Friesen/Weller (2006), S. 14.

836 Vgl. Simon (1966), S. 259f.

837 Vgl. Kapitel 2.4.2.

838 Vgl. Tversky/Kahnemann (1974).

839 Vgl. Tversky/Kahnemann (1973), S. 208.

840 Vgl. Eichenberger (1992), S. 24.

841 Vgl. bspw. Moser (1989), S. 445.

scheinlichkeit eines unsicheren Ereignisses aus seiner subjektiven Perspektive heraus abhängig von dessen wahrgenommener Repräsentativität abschätzt.[842] „Eine neue Information wird umso eher einem bekannten Ereignis zugeordnet, je höher die Ähnlichkeit oder der geschätzte Grad an Übereinstimmung bei dieser neuen Information mit historisch verarbeiteten Informationen ist."[843]

Im Rahmen der Bewertung von Segmenten ist es möglich, dass aufgrund der Verfügbarkeitsheuristik besonders leicht oder schnell verfügbare Informationen gegenüber anderen Informationen bevorzugt berücksichtigt werden.[844] Die Wahrnehmung der Verfügbarkeit erfolgt hierbei aus subjektiver Sicht und kann unter anderem durch die Art und Weise der Darstellung beeinflusst werden. So können bspw. entweder die zuerst (**Primacy Effect**) oder die zuletzt dargestellten Informationen (**Recency Effect**) berücksichtigt werden.[845]

Die Gefahren der Berücksichtigung zu vieler oder zu weniger Informationen[846] spielen in Kombination mit der aktuellen Umsetzung der Segmentberichterstattung eine besondere Rolle. Zwar bestehen Vorgaben für anzugebene Informationen, die existierenden Spielräume führen jedoch zu einer zurückhaltenden Berichterstattung von entscheidungsnützlichen Informationen wie bspw. regionenbezogenen Angaben oder Cashflowgrößen. Demgegenüber ist die im Vergleich zu IAS 14 gestiegene Angabe bestimmter Größen, wie dem Zinsergebnis oder den Ertragssteuern, aus Perspektive der Entscheidungsnützlichkeit eher kritisch zu bewerten. Da eine Aufnahme und Verarbeitung der Gesamtheit der Jahresabschluss- bzw. Segmentinformationen unter besonderer Berücksichtigung der kognitiven Beschränkungen als nicht möglich erachtet werden kann, muss davon ausge-

---

842 Vgl. Kahnemann/Tversky (1974), S. 26. Bspw. wird mithilfe der Repräsentativitätsheuristik die Frage, ob eine bestimmte Person Bibliothekar ist, anhand des Grades beurteilt, zu welchem diese Person bzw. deren Eigenschaften dem Stereotyp eines Bibliothekars entsprechen, vgl. Tversky/Kahnemann (1974), S. 1124.

843 Stanzel (2007), S. 109.

844 Vgl. Stanzel (2007), S. 108. Im Falle der „as if heuristics" kann darüber hinaus von einer ungerechtfertigten Gleichgewichtung von Informationen ausgegangen werden, insofern diese in einer ähnlichen Art und Weise präsentiert werden, vgl. Wickens/Hollands/Banbury/Parasuraman (2013), S. 256.

845 Vgl. Hogarth (1980), S. 46. Bspw. werden die in einer Liste zuerst aufgeführten Daten oder fettgedruckte Inhalte bevorzugt berücksichtigt, während schwer verständliche Informationen tendenziell vernachlässigt werden, vgl. Gerling (2007), S. 88.

846 Eine Berücksichtigung von zu vielen oder zu wenigen Informationen kann unter anderem aus einer Ambiguitätsintoleranz, einer Selbstüberschätzung oder der Repräsentativitätsheuristik resultieren.

gangen werden, dass das problemlösende Individuum eine Auswahl an zu berücksichtigenden Informationen trifft.[847]

Aus der singulären Betrachtung bspw. einer Gewinngröße ohne Berücksichtigung des für seine Erzielung eingesetzten Kapitals ergibt sich jedoch die Gefahr einer Fehleinschätzung der Leistung. So ergäbe sich bei zwei Segmenten mit gleichem Gewinn und unterschiedlichem, nicht ausgewiesenem Kapitaleinsatz, eine Verzerrung der Beurteilung, die auf die unterschiedliche Verfügbarkeit von Informationen zurückzuführen ist.[848] Eine Verstärkung dieser Problematik erfolgt darüber hinaus durch die häufig nicht oder nur eingeschränkt verfügbaren Informationen zur Überleitung der Segment- auf die Konzernwerte. Möglich ist, dass Investoren die Segmentwerte ohne eine hinreichende Analyse der Überleitungsrechnung betrachten, da hierfür relevante Informationen über den gesamten Segmentbericht, bspw. in Form einer zusätzlichen qualitativen Erläuterung der tabellarisch dargestellten Überleitung, verteilt sein können. Darüber hinaus dürfte die Komplexität einzelner Überleitungsrechnungen zu deren Vernachlässigung durch den Investor führen.

Um durch Verhaltensanomalien hervorgerufenen Fehlern bei der Informationsselektion entgegenzuwirken, sollte daher ein stärkerer Fokus darauf gelegt werden, welche Angaben der Segmentberichterstattung die größte Relevanz für den Investor besitzen. Neben einer Eingrenzung zu berichtender entscheidungsnützlicher Informationen ist aufgrund der dargestellten Probleme eine komplexitätsreduzierte und hervorgehobene Darstellung dieser Informationen anzustreben. Hierdurch soll deren zwingend notwendige Berücksichtigung bei der Informationsselektion sichergestellt werden.

Durch die Repräsentativitätsheuristik spielen bei der Analyse von Daten individuelle Erfahrungen und Ansichten eine Rolle. Somit können Ergebnisse als positiv eingeschätzt werden, obwohl es keine objektive Begründung dafür gibt.[849] Trotz ausstehender Erfahrungen bzgl. der Umsetzung des Management Approach in Europa wurde unter anderem durch das IASB von einer Entscheidungsnützlichkeit der durch ihn vermittelten Daten ausgegangen. Jedoch können unpassend abgegrenzte Segmente oder falsch eingesetzte

---

[847] *Hofacker* weist in diesem Zusammenhang bspw. eine Korrelation zwischen der Menge aufgenommener sowie dem Umfang an zur Verfügung stehenden Informationen oder dem subjektiv wahrgenommenen Nutzen der Informationen nach, vgl. Hofacker (1985), S. 231 bzw. 241.

[848] Vgl. Teigelack (2009), S. 109.

[849] Vgl. Stanzel (2007), S. 109.

Überleitungsrechnungen zu einer eingeschränkten Entscheidungsrelevanz führen. Vor dem Hintergrund der Repräsentativität des guten Rufs ist kritisch zu hinterfragen, ob die dargestellten Gefahren bei der Entscheidungsfindung der Investoren hinreichend berücksichtigt wurden.[850] Zwar konnte die Wertrelevanz der Informationen nach IFRS 8 für deutsche Firmen belegt werden.[851] Kritisch zu hinterfragen ist bei dieser jedoch, ob Effekte der Repräsentativität eine Rolle gespielt haben könnten.

Im Falle einer nicht sofort möglichen Problemrepräsentation durch den Mangel an verfügbarem Wissen (bspw. bei privaten Investoren) kann davon ausgegangen werden, dass der an der Problemlösung Interessierte eine Hypothese aufstellt, die es im weiteren Prozess zu überprüfen gilt.[852] Durch das Aufstellen einer Hypothese kann die Entscheidung bspw. durch eine **Verankerung** beeinflusst werden. Bei der Verankerung wird davon ausgegangen, dass die Erwartungen des Individuums – ausgehend von einem wahrgenommenen oder durch Dritte vorgegebenen Initialwert – durch eine einfache Adjustierung gebildet werden.[853] Problematisch hierbei ist die Möglichkeit einer aus Adressatensicht nicht nützlichen Beeinflussung des Initialwertes durch die Formulierung des Problems.[854] Daneben sind die fälschliche Berechnung des Initialwerts sowie seine nicht ausreichende Anpassung durch den Adressaten denkbar.[855] Neben der Beeinflussung der Entscheidung durch den Richtwert kann die Aufnahme neuer Informationen durch eine Verankerung derart stark eingeschränkt werden, dass von einem Beharrungsvermögen[856] gesprochen wird.[857]

Bezogen auf die Segmentberichterstattung besteht die Gefahr, dass ein positives Segmentergebnis als Referenzpunkt für den Investor herangezogen wird. Hieraus könnte unter der Voraussetzung einer unzureichenden Überleitungsrechnung eine falsche Beurteilung

---

850 Eine generelle Beantwortung der Frage ist nicht möglich, da Analysten Änderungen in der Rechnungslegung nicht einheitlich berücksichtigen, vgl. Elliott/Philbrick (1990), S. 173.

851 Vgl. bspw. Kajüter/Nienhaus (2014).

852 Vgl. Gerling (2007), S. 96 i.V.m. Hogarth/Einhorn (1992), S. 1.

853 Vgl. Tversky/Kahnemann (1974), S. 1128.

854 Vgl. Hammerton (1973), S. 254.

855 Vgl. Tversky/Kahnemann (1974), S. 1128.

856 Vgl. Samuelson/Zeckhauser (1988), S. 8.

857 Vgl. Stanzel (2007), S. 112.

des Segments resultieren, da im Überleitungsbetrag enthaltene Aufwendungen nicht bei der Beurteilung herangezogen werden.

#### 4.3.2.2.3 Alternativensuche und -auswahl

Im Anschluss an die Verarbeitung der Informationen im Rahmen der Problemrepräsentation muss die Suche und Auswahl möglicher Alternativen zur Problemlösung vorgenommen werden. Da die Problemrepräsentation mit Unsicherheit behaftet oder eine Bestimmung der Alternativen nicht eindeutig möglich sein kann, ist die Schätzung von Wahrscheinlichkeiten ein bedeutender Schritt bei der Alternativensuche und -auswahl.[858] Darüber hinaus ist auch bei der Analyse von Problemlösungsalternativen, abweichend zum ökonomischen Verhaltensmodell,[859] von dem in der **Prospect Theory** erfassten, individuellen Entscheidungsverhalten auszugehen.[860] Im Rahmen einer kritischen Würdigung der Erwartungsnutzentheorie besagt die Prospect Theory, dass Individuen im Gewinnbereich eher eine Risikoaversion aufweisen, während im Verlustbereich eine risikofreudigere Neigung zu beobachten ist.[861] Die im Gewinnbereich vorliegende Verlustaversion drückt hierbei aus, dass der Verlust eines Betrages durch das entscheidende Individuum als schlimmer angesehen wird als eine Verringerung des Gewinns um die gleiche Höhe.[862] Übertragen auf das Verhalten von Finanzanalysten konnte in einer Untersuchung von *Hunton* festgestellt werden, dass diese nach Eintritt eines empfundenen Verlusts vor einer zu treffenden Entscheidung ein gesteigertes Risiko in Kauf nahmen, um diesen Verlust wieder auszugleichen.[863]

Als Konsequenz aus dem dargestellten individuellen Entscheidungsverhalten sind bei der Bewertung der Entscheidungsfindung sog. **Framingeffekte** zu berücksichtigen. Framing beschreibt die Problematik, dass das Entscheidungsverhaltens von Individuen durch die Darstellung des Problems bzw. der zu vermittelnden Informationen beeinflusst werden

---

858 Vgl. Gerling (2007), S. 100.

859 Inkl. der angesprochenen Annahmen einer Unbounded Rationality, Self-Control und Self-Interest, vgl. Mullainathan/Thaler (2000), S. 3.

860 Vgl. Kahnemann/Tversky (1979).

861 Vgl. Kahneman/Tversky (1979), S. 277-280. Dabei sind die Begriffe Gewinn und Verlust keineswegs als absolute Werte zu interpretieren, da diese vom individuellen Referenzpunkt des Individuums abhängen, vgl. Gerling (2007), S. 101f.

862 Vgl. Kahneman/Tversky (1979), S. 278f.

863 Vgl. Hunton/McEwen/Bhattacharjee (2001), S. 188.

kann.[864] Unter dem Begriff des **Attribute Framing** wird hierbei verstanden, dass die unterschiedliche Darstellung bestimmter Eigenschaften die Beurteilung von Informationen beeinflussen kann.[865] **Goal Framing** beschreibt demgegenüber die abweichende Beurteilung von Informationen aufgrund einer unterschiedlichen Darstellung von Konsequenzen.[866] Daneben kann durch die Darstellung von Konsequenzen in Entscheidungssituationen als Gewinn oder Verlust eine Beeinflussung des Entscheidungsverhaltens festgestellt werden. Dies wird als **Risky Choice Framing** bezeichnet.[867]

Ein empirisch belegtes Beispiel für Framing bietet die Untersuchung von *Maroney/Ó hÓgartaigh*. Im Rahmen dieser wurde die Überleitung von Positionen, die nach internationalen Rechnungslegungsvorschriften ermittelt wurden, zu US-GAAP[868] hinsichtlich deren Einfluss auf die Risikoeinschätzung sowie auf die Beurteilung der finanziellen Entwicklung und der Qualität von Accountingprinzipien durch die Adressaten untersucht.[869] Hierbei konnte festgestellt werden, dass mit einem negativen Überleitungsbetrag bei den Erträgen und dem Eigenkapital ein signifikanter Anstieg der wahrgenommenen Risiken sowie ein signifikanter Rückgang der eingeschätzten Qualität der Accountingprinzipien einhergeht.[870] Unter der Prämisse einer Übertragbarkeit auf die Segmentberichterstattung könnte folglich davon ausgegangen werden, dass die Adressaten auf einen negativen

---

[864] Vgl. Strobel/Weingarz (2008), S. 470.

[865] Vgl. Levin/Gaeth (1988), S. 374. Als ein Beispiel für die bessere Bewertung eines positiv beschriebenen Produktes wird Fleisch herangezogen. Obwohl es sich letztlich um das gleiche Produkt handelt, bevorzugen Kunden Fleisch, das als 25% mager beschrieben wird, gegenüber dem mit 75% Fett umschriebenen, vgl. Levin/Gaeth (1988), S. 374.

[866] Vgl. Levin/Schneider/Gaeth (1998), S. 167. Eine Konfrontation mit negativen Konsequenzen einer ausgebliebenen Brustkrebsuntersuchung führt bspw. zu einer höheren Teilnahmewahrscheinlichkeit an der Untersuchung, als die Darstellung der mit ihr verbundenen Vorteile, vgl. Meyerowitz/Chaiken (1987), S. 506.

[867] Vgl. Levin/Schneider/Gaeth (1998), S. 152. Bspw. wird die unterschiedliche Darstellung eines Entscheidungsproblems für ein Programm zur Krankheitsbekämpfung untersucht. Durch eine Beschreibung, dass von 600 Leuten 200 überleben oder 400 sterben, kann gezeigt werden, dass Individuen in einer als Gewinn (200 Personen überleben) dargestellten Situation risikoavers handeln, während ein beschriebener Verlust (400 Personen sterben) zu einem risikofreudigen Verhalten führt, vgl. Tversky/Kahnemann (1981), S. 423.

[868] Bei der Notierung eines nicht in den USA ansässigen Unternehmens an einer US Börse musste dieses einen vollwertigen US-GAAP Abschluss einreichen. Alternativ konnten jedoch auch gemäß der Form 20-F die durch Unterschiede in den Rechnungslegungsvorschriften bestehenden Differenzen bei bestimmten Positionen durch eine Überleitungsrechnung auf US-GAAP Vorgaben erläutert werden, vgl. Krishnamoorthy/Maroney/Ó hÓgartaigh (2008), S. 355f.

[869] Vgl. Maroney/Ó hÓgartaigh (2005), S. 137.

[870] Vgl. Maroney/Ó hÓgartaigh (2005), S. 144. Diese Effekte konnten bei einem Anstieg oder einem Verzicht auf eine Überleitungsrechnung nicht festgestellt werden.

Überleitungsbetrag mit einer erhöhten Risikoeinschätzung oder einer schlechteren Beurteilung der verwendeten Accountingprinzipien reagieren. Vor dem Hintergrund einer Verschleierung schlechter Segmentperformance durch die Verlagerung von Aufwendungen in die Überleitung wäre diese Einschätzung bzw. Beurteilung sinnvoll. Da jedoch auch nicht bilanzpolitisch motivierte Ursachen zu einem negativen Überleitungsbetrag führen könnten, wäre die Beurteilung in diesen Fällen verzerrt.

Weiterhin sind Effekte durch einen sogenannten **Inside View** möglich. Die Theorie besagt, dass ein Szenario, welches sich der Entscheider gut vorstellen kann, von ihm als besonders wahrscheinlich angesehen wird.[871] Die Darstellungsform hat hierbei einen wesentlichen Einfluss darauf, ob der Entscheider sich das Szenario gut vorstellen kann oder nicht. Bspw. bietet *Sedor* Evidenz dafür, dass eine leicht vorstellbare Darstellung von Informationen zu einer optimistischeren Einschätzung der Situation führt, als eine Darstellung ohne ausreichende Erläuterung der Zusammenhänge.[872]

Bezogen auf die Segmentberichterstattung ist somit vorstellbar, dass die alleinige Darstellung der Segmentinformationen in tabellarischer Form einer pessimistische Einschätzung der Situation mit sich bringt. Erläuternde qualitative Informationen könnten über die Beschreibung bestimmter Szenarien zu einer optimistischeren Einschätzung der Segmentleistung führen, auch wenn diese anhand der Zahlen nicht zu erkennen ist.

Auch diese möglichen Konsequenzen zeigen die Bedeutung einer Fokussierung der Berichterstattung auf die relevantesten Informationen. Daneben sollte die Darstellungsform der Segmentberichterstattung eine Verknüpfung aller wichtigen Informationen sicherstellen, damit das durch den Entscheider ermittelte Szenario möglichst realitätsnah ist. Die aktuelle Bilanzierungspraxis zeigt, dass bspw. für das Verständnis der Überleitung auch die teilweise umfangreichen qualitativen Erläuterungen berücksichtigt werden müssen. Durch eine in Teilen unübersichtliche und komplexe Darstellung sowie die begrenzten kognitiven Kapazitäten des Adressaten ist jedoch häufig nicht davon auszugehen, dass diese Berücksichtigung erfolgt. Als Konsequenz sollte durch den Standardsetzer eine weniger komplexe sowie übersichtliche Darstellung der Informationen angestrebt werden.

---

[871] Vgl. Kahnemann/Lovallo (1993), S. 17; Teigelack (2009), S. 115.

[872] Vgl. Sedor (2002), S. 747.

Neben den bisher betrachteten Problemen kann bei der Alternativensuche und -auswahl eine kognitive Beschränkung durch das **Streben nach Dissonanzfreiheit** zu Verhaltensanomalien führen. Eine kognitive Dissonanz ist möglich, wenn bspw. nach einer getroffenen Entscheidung neue Informationen darauf hindeuten, dass die Entscheidung nicht optimal war.[873] Zur Verhinderung solcher Dissonanzen können entweder Informationen missachtet oder gezielt gesucht werden, um die Entscheidung zu bestätigen.[874] Eine Möglichkeit der Verhinderung eventueller Dissonanzen bei einer zu erstellenden Prognose kann hierbei die Berücksichtigung der Prognosen anderer Finanzanalysten sein, was zu einem sog. Herdenverhalten führen kann.[875]

Die Missachtung von Informationen des Segmentberichtes kann wie dargestellt zu Fehlentscheidungen führen, da eine Beurteilung einzelner Segmente nur durch die Gesamtheit an Angaben möglich ist. So kann der Verzicht auf geografische Angaben im Segmentbericht aufgrund von deren Darstellung in den Erläuterungen zur GuV zu einer Missachtung von länderspezifischen Risiken führen. Der Wille zur Verhinderung von Dissonanzen kann hierbei bewirken, dass der Investor nach einer Investitionsentscheidung länderspezifische Risiken nicht betrachtet, weil diese außerhalb der Segmentberichterstattung dargestellt sind und er seine Investition nicht rückgängig machen möchte.

Durch das dargestellte Herdenverhalten kann eine weitere Begründung für die bereits angesprochene Berücksichtigung der Meinung von Analysten durch die Investoren gefunden werden.[876] Darüber hinaus ist durch das Herdenverhalten die Erklärung der unkritischen Übernahme von Segmentinformationen möglich. Diese kann ebenfalls durch den vom IASB verbreiteten guten Ruf der Segmentberichterstattung nach IFRS 8 bzw. des Management Approach gefördert werden. Gerade bei kleineren Unternehmen ist eine unkritische Nutzung aufgrund eventuell bestehender Unzulänglichkeiten des internen Rechnungswesens jedoch mit Gefahren verbunden. Wegen der bestehenden bilanzpolitischen Spielräume sind die Angaben jedoch auch bei größeren Unternehmen kritisch zu hinterfragen.

---

[873] Vgl. Teigelack (2009), S. 98.

[874] Vgl. Wicklund/Brehm (1976), S. 5.

[875] Vgl. Teigelack (2009), S. 115.

[876] Vgl. Kapitel 2.4.3.

#### 4.3.2.2.4 Lösungsüberprüfung

Zur Feststellung möglicher Abweichungen vom gewünschten Soll-Zustand kann – bezogen auf die Segmentberichterstattung – bspw. eine Gegenüberstellung der realen Entwicklung mit dem erwarteten Erfolgspotenzial vorgenommen werden. Während Unzulänglichkeiten bei der Problemrepräsentation und Alternativensuche bzw. -auswahl als Gründe für Abweichungen zum Soll-Zustand anzuführen sind, können unter anderem Rückschaufehler, Self-Fulfilling Prophecies oder Überoptimismus eine effektive Lösungsüberprüfung verhindern.[877]

Der **Rückschaufehler** bewirkt, dass nach dem Eintritt eines Ereignisses die nachträglich ermittelte Wahrscheinlichkeit für dessen Antizipation als zu hoch eingeschätzt wird.[878] Hieraus kann folgen, dass auch bei zukünftigen Entscheidungen in der Vergangenheit aufgetretene Risiken, die bspw. durch die Nutzung von Empfehlungen anderer Finanzanalysten bestehen, nicht korrekt bei der Entscheidung berücksichtigt werden.[879] Unter einer **Self-Fulfilling Prophecy** ist eine zu Beginn falsche Definition der Situation zu verstehen, die ein Verhalten hervorruft, welches die falsche Konzeption Realität werden lässt.[880] Rückschaufehler sowie Self-Fulfilling Prophecies können darüber hinaus dazu führen, dass ein ebenfalls die Lösungsüberprüfung behindernder **Überoptimismus** nicht erkannt wird.[881]

Als Konsequenz für den auf die Segmentberichterstattung bezogenen Problemlösungszyklus kann aus den bei der Lösungsüberprüfung möglichen Verhaltensanomalien abgeleitet werden, dass im Rahmen der Entscheidungsfindung aufgetretene Fehler nicht zwingend entdeckt und korrigiert werden können. Hieraus ergibt sich ein weiterer Bedarf zur Verbesserung der im Rahmen des Problemlösungszyklusses aufgezeigten Problembereiche, um mögliche Fehler bereits bei der Problemrepräsentation oder der Alternativensuche und -auswahl zu verhindern.

---

[877] Vgl. Gerling (2007), S. 106-108.

[878] Vgl. Fischhoff (1982), S. 341.

[879] Vgl. Teigelack (2009), S. 145.

[880] Vgl. Merton (1948), S. 195.

[881] Vgl. Gerling (2007), S. 108.

#### 4.3.2.2.5 Kritische Würdigung der Probleme bei der Entscheidungsfindung

Zwischen den dargestellten Verhaltensanomalien bestehen unterschiedliche **Wechselwirkungen und Zusammenhänge**. So kann bspw. eine besonders auffällige Verankerung dazu führen, dass es im Falle auftretender schlechter Nachrichten trotz der Repräsentativität der Ereignisse zu einer Unterreaktion auf diese kommt.[882]

Problematisch bei den oben dargestellten und zumeist lediglich unter Laborbedingungen bestätigten Effekten ist die Übertragbarkeit auf die Realität.[883] Jedoch kann trotz der wahrscheinlichen Abschwächung einiger Effekte davon ausgegangen werden, dass die auf realen Märkten bestehenden Voraussetzungen nicht zu einer vollständigen Eliminierung individueller Verhaltensanomalien führen.[884] Die vor allem aus der begrenzten Rationalität folgenden Heuristiken und Verhaltensanomalien führen wie dargestellt dazu, dass der durch das IASB postulierte Nutzen einer vermehrten Angabe von Informationen nicht zwangsläufig zu einer verbesserten Entscheidung des Entscheidungsträgers führt.[885] Daher sollte das Augenmerk noch stärker auf die qualitative Verbesserung der Vorschriften zur Rechnungslegung und somit der Publizität gerichtet werden.[886]

Aufgrund der bestehenden Interdependenzen und der Subjektivität von Entscheidungen ist jedoch zumeist keine eindeutige Aussage möglich, wie die berichteten Informationen auf den Adressaten wirken. Insgesamt liefern die dargestellten Erkenntnisse aufgrund der Berücksichtigung individueller Meinungen keine generalisierbaren Implikationen zur möglichen Umgestaltung der Segmentberichterstattung für deutsche Kapitalmarktteilnehmer. Eine für alle Investoren zufriedenstellende Lösung kann aufgrund der individuellen und vielfach subjektiven Empfindungen nicht gefunden werden.[887] Zur Vermeidung einer zu starken Einschränkung der Entscheidungsrelevanz sollte jedoch bei der Untersuchung von Überarbeitungsnotwendigkeiten der aktuellen Segmentberichterstattung eine

---

882 Vgl. Amir/Ganzach (1998) S. 345.

883 Vgl. Beck (2009), S. 146.

884 Vgl. Stanzel (2007), S. 116.

885 Vgl. Stanzel (2007), S. 99.

886 Vgl. Stanzel (2007), S. 194.

887 Die bereits innerhalb der Gruppe der Investoren bestehende Uneinigkeit kann exemplarisch anhand der im Rahmen des PIR erfassten Investorenmeinungen veranschaulicht werden. Einige Investoren präferieren die Management Approach Informationen, da diese ihnen – bei einer Konsistenz mit den Inhalten anderer Berichtsteile – detailliertere Informationen bereitstellen. Demgegenüber misstrauen andere der Intention des Managements und unterstellen diesem eine bewusste Verschleierung der Segmentstruktur oder möglicher Verluste, vgl. IASB (2013b), S. 5.

Berücksichtigung bisher vernachlässigter verhaltenswissenschaftlicher Erkenntnisse erfolgen.

## 4.4 Aus Perspektive einer entscheidungsrelevanten Segmentberichterstattung bestehender Überarbeitungsbedarf

Zum Abschluss der vorliegenden Arbeit sollen Möglichkeiten einer Umgestaltung der in IFRS 8 dargestellten Segmentberichterstattungsvorschriften diskutiert werden. Neben den aktuellen Schwächen, die sich aus den betrachteten sowie durchgeführten Untersuchungen deutscher Unternehmen erschließen, sollen hierbei die diskutierten Anwendungsprobleme und Ermessensspielräume bei den Unternehmen, die Wirkung beim Adressaten sowie die Ergebnisse aus dem PIR berücksichtigt werden.

### 4.4.1 Segmentabgrenzung

Wie in Kapitel 2.3.3 beschrieben, sind aufgrund der vom IASB angestrebten Konvergenz mit der US-Rechnungslegung Änderungen an IFRS 8 stets mit dem FASB zu koordinieren. Aus deutscher bzw. europäischer Sicht ist der sich hieraus ergebende starke Einfluss der amerikanischen Rechnungslegung jedoch kritisch zu beurteilen.[888] Grund hierfür sind die im Rahmen der Untersuchung identifizierten Problembereiche bei der Anwendung des IFRS 8 durch deutsche Unternehmen, die zu einer eingeschränkten Entscheidungsrelevanz der Segmentberichterstattung führen können. Daher sollte beim Adressaten eine stärkere Berücksichtigung der sich unter anderem aus Ermessensspielräumen ergebenden Problembereiche, wie bspw. die sich stark unterschiedlich auswirkenden bilanzpolitisch motivierten Manipulationen zum Schutz vor Wettbewerb oder zur Verschleierung schwacher Segmentperformance,[889] sichergestellt werden. Durch den vom IASB kommunizierten guten Ruf des Management Approach[890] wird in Kombination mit einer möglich Repräsentativitätsheuristik oder dem Streben nach Dissonanzfreiheit jedoch unter Umstän-

[888] Vgl. Weißenberger/Franzen/Kurth (2013), S. 141.

[889] Vgl. Kapitel 4.2.2.2.

[890] Dieser ist insbesondere für kleinere deutsche Unternehmen nicht empirisch belegt, wird jedoch durch den Standardsetzer kommuniziert, vgl. bspw. IFRS 8.BC15.

den eine ausreichend kritische Würdigung durch den Adressaten der Segmentberichterstattung gefährdet.[891]

Da das IASB eine Befreiung von der Informationspflicht aufgrund der Konkurrenzsensibilität von Daten ausschließt,[892] sollte aufgrund der dargelegten praktischen Relevanz der Ausnutzung bilanzpolitischer Spielräume aus konkurrenzbezogenen Gründen über alternative Möglichkeiten für deren bessere Berücksichtigung durch den Investor nachgedacht werden. Eine Option wäre die Schaffung eines **Katalogs** mit möglichen bilanzpolitischen Motiven und Maßnahmen im Rahmen der Segmentabgrenzung. Dieser könnte bspw. durch die Zusammenarbeit des IASB mit Autoren von Kommentaren zur IFRS-Rechnungslegung Berücksichtigung finden und eine kritischere Verarbeitung der Informationen durch eine Förderung der Identifikation von Maßnahmen zur Bilanzpolitik durch die Adressaten gewährleisten. Eine Abkehr vom Management Approach bei der Segmentabgrenzung ist aufgrund der vorliegenden Erkenntnisse[893] jedoch nicht ratsam. Das IASB sollte daher über die Darstellung der Bedeutung einer qualitativ hochwertigen Segmentberichterstattung innerhalb der Anwendungsleitlinien durch die Schilderung möglicher – empirisch belegbarer – Chancen und Risiken nachdenken. Auf diesem Wege könnte bei den Unternehmen ein **stärkeres Bewusstsein** für die Vorteilhaftigkeit einer investorfreundlichen Segmentberichterstattung geschaffen und die Nutzung der bestehenden Spielräume mit der Zielsetzung einer maximalen Entscheidungsnützlichkeit der Daten erreicht werden.

Im PIR wird darüber hinaus die Bestimmung des **CODM** einer kritischen Würdigung unterzogen, da mehrere Anwender Probleme bei dessen Identifikation haben.[894] Es ist

---

891 Vgl. hierzu Kapitel 4.3.2.2.2 bzw. 4.3.2.2.3.

892 Vgl. IASB (2013b), S. 19. Im Rahmen des PIR werden als Kosten der Implementierung und Nutzung nur die direkten Kosten für die Erstellung und Veröffentlichung zugelassen. Ferner wird klargestellt, dass die Möglichkeit einer Nicht-Veröffentlichung aus Konkurrenzgründen keinen expliziten Einfluss bei der Standardsetzung finden soll, da dies einen Spielraum für eine verbreitete Nichtbefolgung des Standards mit sich bringen könnte, vgl. IASB (2013b), S. 25. Fraglich ist, ob solch eine Regelung vor dem Hintergrund der mit dem Management Approach verbundenen Ermessensspielräume überhaupt notwendig ist, damit Unternehmen die Berichterstattung über Segmente verhindern können.

893 Im Vergleich zur Segmentberichterstattung nach IAS 14 konnte genau wie bei den Untersuchungen großer Unternehmen ein Rückgang von Einsegmentunternehmen sowie ein Anstieg der durchschnittlich berichteten Segmente beobachtet werden.

894 Vgl. IASB (2013b), S. 25. Vgl. für Beispiele zur Bestimmung des CODM Schulz-Danso (2013), Rn. 23-29. Eine Verbesserung der Nachvollziehbarkeit einer erfolgten Aggregation für den Investor hat sich bereits im Rahmen der annual-improvements 2010-2012 ergeben. Durch das Amendment von IFRS 8.22 ergibt sich die Pflicht zur Darstellung der für die Identifikation von Segmenten herangezogenen Faktoren für den Fall, dass eine Aggregation vorgenommen wurde, vgl. Kapitel 2.3.3.3.

davon auszugehen, dass eine klarere Fassung des Begriffs zu einer erhöhten Entscheidungsrelevanz des Segmentberichtes führt. Grund hierfür ist, dass nur im Falle der sachgerechten Identifikation des CODM von der bezweckten Sicht "through the eyes of management" (IFRS 8.BC6) ausgegangen werden kann. Zu einer Erhöhung der Entscheidungsrelevanz könnte darüber hinaus die Konkretisierung der **Bestimmungen zur Aggregation von Segmenten** führen.[895] Diese wird aufgrund von berichteten Anwendungsproblemen auf Unternehmensseite ebenfalls durch das IASB vorgesehen.[896]

Der diskutierte Überarbeitungsbedarf bei der Segmentabgrenzung wird in Abbildung 17 zusammenfassend dargestellt.

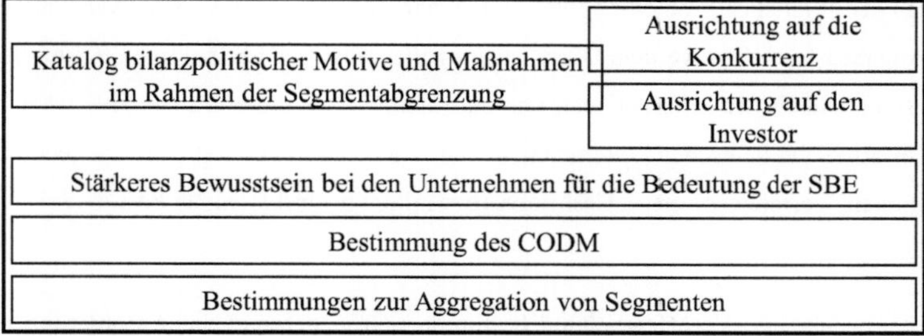


**Abbildung 17: Überarbeitungsbedarf bei der Segmentabgrenzung**

### 4.4.2 Primäre Berichterstattung

An die obigen Ausführungen anschließend sollte die ebenfalls durch das IASB thematisierte Bestimmung weiterer **verpflichtend zu berichtender Positionen** überdacht werden,[897] auch wenn diese nicht Teil des internen Rechnungswesens sind. Bspw. aufgrund einer möglichen Selbstüberschätzung, der Verfügbarkeitsheuristik oder des Inside View kann argumentiert werden, dass zusätzliche Informationen einen Nutzen für den Investor aufweisen.[898] Weiterhin kann die verbindliche Angabe durch die Verhinderung einer

[895] Vgl. für Beispiele zur möglichen Aggregation Schulz-Danso (2013), Rn. 35.

[896] Vgl. IASB (2013b), S. 23.

[897] Vgl. IASB (2013b), S. 22.

[898] Die an den Ausweis bilanzieller Werte geknüpfte Möglichkeit der Durchführung von Vermögensstruktur-, Kapitalstruktur- und Rentabilitätsanalyse wurde durch die Einführung des IFRS 8 eingeschränkt. Hieraus kann in Kombination mit der aus der Verfügbarkeitsheuristik folgenden stärkeren Berücksichtigung verfügbarer Informationen eine Fehleinschätzung der Segmentleistung resultieren. Daneben sind auch strategische Segmentanalysen aufgrund der oben angesprochenen fehlenden Angaben zu Ka-

möglichen Ausnutzung von den Informationsumfang betreffenden Spielräumen begründet werden.

Bei der verbindlichen Vorgabe sind allerdings auch eventuelle Probleme zu berücksichtigen. Neben dem Bruch mit dem Management Approach ergibt sich im Falle einer nicht verursachungsgerechten Schlüsselung eine eingeschränkte Entscheidungsrelevanz der Daten sowie eine unnötige Belastung der kognitiven Kapazitäten des Adressaten.[899] Weiterhin ist die Benachteiligung kleinerer Unternehmen, die aufgrund ihres geringen quantitativen Berichterstattungsniveaus zur Ermittlung zusätzlicher Informationen einen Aufwand betreiben müssten, zu berücksichtigen.

Wegen der möglichen Probleme sollte folglich nur eine begrenzte Auswahl verpflichtender Angaben festgelegt werden. Diese ist sinnvollerweise aus Perspektive der Entscheidungsnützlichkeit der Informationen vorzunehmen.[900] Aus dieser Perspektive wäre bei den untersuchten deutschen Unternehmen eine Offenlegung von segmentbezogenen Investitionen, Vermögenswerten, Cashflows (bzw. diese beeinflussenden Positionen) sinnvoll.[901]

Eine verpflichtende Veröffentlichung bestimmter Größen bringt die Anforderung mit sich, dass diese bei nicht gegebener interner Nutzung für externe Zwecke ermittelt werden müssen.[902] Hierbei könnte aus Wirtschaftlichkeitsgründen ebenfalls eine nicht den Bilanzierungs- und Bewertungsvorschriften der IFRS entsprechende Ermittlung – die nachvollziehbar darzustellen ist – diskutiert werden, da auf diesem Wege eine gleichzeitige Optimierung des internen Rechnungswesens erreicht werden könnte.[903]

---

pital und Verbindlichkeiten sowie der eher in Ausnahmefällen erfolgenden Angaben zu segmentbezogenen Cashflows nur in wenigen Fällen möglich. Allerdings ist zu hinterfragen, ob die hierdurch erzielte Sicherung der Qualität berichteter Informationen sinnvoller ist.

899 Vgl. Kapitel 4.3.2.2.

900 Vgl. bspw. Himmel (2003), S. 142.

901 Vgl. Himmel (2003), S. 244 und 253; Jenkins Committee (1994), S. 61f.; Previts et al. (1994), S. 55. Zu beachten ist jedoch die Subjektivität der als entscheidungsrelevant erachteten Informationen.

902 Eine Orientierung könnte hierbei an DRS 3 erfolgen, nach welchem einige Größen zwingend zu berichten sind, während andere Größen nur im Falle einer internen Nutzung berichtspflichtig sind, vgl. Hahn/Gottwick (2010), Rn. 68.

903 Bspw. wird in der Literatur die nicht vorgenommene Allokation von Steuern (vgl. Dinstuhl (2003), S. 261) oder der Finanzierungsstruktur sowie der Cashflows (vgl. Himmel (2003), S. 194-201) kritisch beurteilt, da deren Allokation für manche Entscheidungen unerlässlich sein kann, vgl. Himmel (2003), S. 194. Probleme können sich jedoch im Falle der zentralen Steuerung sowie durch die mangelnde Verlässlichkeit und Objektivität der Daten ergeben, vgl. Baetge/Kirsch/Thiele (2011), S. 475.

Über die verpflichtenden Informationen hinaus sollte zudem über einen **Katalog mit sinnvollen freiwilligen Angaben** nachgedacht werden, da Unternehmen den Nutzen bestimmter Informationen beim Adressaten aufgrund fehlender Expertise falsch beurteilen und somit falsche Schwerpunkte bei der Auswahl zu berichtender Informationen setzen können.[904] Darüber hinaus ist die auch im PIR geforderte Kennzeichnung der Berichterstattung von **nicht auf IFRS-Grundsätzen** basierenden Größen sinnvoll.[905] Begründet werden kann diese durch eine möglicherweise eingeschränkte Entscheidungsnützlichkeit einer Position, deren Bestandteile nicht bekannt sind bzw. deren Bestandteile als bekannt angenommen werden, wobei die Annahme allerdings nicht der Realität entspricht.

Sollte eine Änderung der Vorgaben für zu berichtende Informationen durch den Standardsetzer als nicht möglich erachtet werden, wäre jedoch die Diskussion der Schaffung von **Anwendungsempfehlungen** für den Bilanzadressaten sinnvoll. Diese können auf die notwendige Berücksichtigung aller Positionen und qualitativen Erläuterungen der Überleitungsrechnung oder die Beachtung der Zusammensetzung bestimmter Vermögens- und Schuldpositionen hinweisen. Auf diesem Wege könnte zumindest die aus einem Überoptimismus bzw. der Selbstüberschätzung – möglicherweise verbunden mit der Problematik des oben beschriebenen Beharrungsvermögens – resultierende Gefahr einer Fehlentscheidung verringert werden.

Neben der Vermittlung zusätzlicher Informationen sollte darüber hinaus die **Art und Weise der Darstellung von Segmentinformationen** einer kritischen Prüfung unterzogen werden. Aufgrund von Anomalien bei der Informationsselektion, die bspw. durch den Primacy/Recency Effect oder den Inside View bedingt werden, kann es bei bestimmten Inhalten zu einer bevorzugten Wahrnehmung kommen. Aus diesem Grund sollte eine Erweiterung der in IFRS 8.IG3 beinhalteten tabellarischen Darstellung von Segmentinformationen in Betracht gezogen werden. Ebenfalls wäre aufgrund der ausgeprägten Heterogenität der betrachteten Segmentberichterstattungen eine verbindliche Vorgabe der

---

904 Im Rahmen des PIR äußert das IASB Bedenken darüber, dass einige Unternehmen die Flexibilität bei der Segmentberichterstattung nutzen, um Segmentinformationen zu veröffentlichen, die ihrer Meinung nach eine bessere Auskunft über Transaktionen geben, als nach den Bilanzierungs- und Bewertungsvorschriften der IFRS ermittelte Werte, vgl. IASB (2013b), S. 20. Um überflüssige Kosten für die Erstellung durch Unternehmen sowie die Verarbeitung beim Investor zu vermeiden, sollte für die Erstellung des Katalogs daher eine Untersuchung des Nutzens verschiedener Angaben beim Investor erfolgen.

905 Vgl. IASB (2013b), S. 20. Diese ist auch aus Perspektive der später zu betrachtenden Überleitungsrechnung sinnvoll.

Struktur zum Zweck einer verbesserten Übersichtlichkeit sowie der einfacheren Anwendung auf Unternehmensseite denkbar.

Aufgrund der einperiodischen Betrachtung in den vorliegenden empirischen Untersuchungen kann darüber hinaus keine Aussage hinsichtlich der im PIR thematisierten Problematik ständig wechselnder Segmentabgrenzungen getätigt werden.[906] Vor dem Hintergrund der Verfügbarkeitsheuristik sollte jedoch auf die mögliche Relevanz einer **Anpassung von mehr als den Vorjahreswerten** im Falle einer Änderung der Segmentabgrenzung hingewiesen werden.

Eine Übersicht über den möglichen Überarbeitungsbedarf im Rahmen der primären Angaben bietet Abbildung 18.

| Katalog verpflichtender/freiwilliger Angaben |
|---|
| Anwendungsrichtlinien für den Bilanzadressaten |
| Art und Weise der Darstellung |
| Anpassung der Vorjahreswerte bei Änderung der Segmentabgrenzung |

**Abbildung 18: Überarbeitungsbedarf bei den primären Angaben**

### 4.4.3 Unternehmensweite Berichterstattung

Neben Verbesserungsvorschlägen für die primäre Berichterstattung sollen weiterhin Möglichkeiten für eine Optimierung bei den unternehmensweiten Angaben geprüft werden. Aufgrund der in den Untersuchungen identifizierten Problembereiche[907] ergeben sich die in Abbildung 19 dargestellten Möglichkeiten einer Überarbeitung der Vorgaben zu unternehmensweiten Angaben.

Hinsichtlich des Rückgangs der berichteten Informationen sollte wie bei den primären Angaben über eine **Erweiterung der verpflichtend zu berichtenden Positionen** nachgedacht werden. Gerade die Verringerung von segmentbezogenen Investitionen beim Übergang von IAS 14 auf IFRS 8 könnte hierdurch rückgängig gemacht werden, zumal

906 Vgl. IASB (2013b), S. 19.

907 Probleme bestehen bei der unternehmensweiten Berichterstattung durch den Verzicht auf sekundäre Angaben, die zumeist grobe Untergliederung der geografischen Segmente sowie den Rückgang von Segmentinformationen, vgl. Kapitel 3.4.3.

in den meisten Fällen bereits eine Berichterstattung von Vermögenswerten erfolgt und die Investitionen daher zu ermitteln sein sollten. Über verpflichtende Angaben hinaus ist die Schaffung eines **Katalogs mit Größen, deren Berichterstattung sinnvoll wäre**,[908] zu überdenken.

Hinsichtlich der Angaben zu wichtigen Kunden sollte ebenfalls für den Fall, dass es keine bedeutenden Kunden gibt, über eine verpflichtende Angabe nachgedacht werden, da auf diesem Wege Fehler oder bilanzpolitische Bestrebungen bei der Erstellung der Segmentberichterstattung verhindert werden können. Für den Fall nicht gegebener Bilanzierungs- und Bewertungsunterschiede zwischen dem internen und dem externen Rechnungswesens wäre eine solche Angabe ebenfalls sinnvoll.

| Katalog verpflichtender/freiwilliger Angaben |
|---|
| Keine bedeutenden Kunden/Unterschiede bei Bilanzierung und Bewertung |
| Konkretisierung des Wesentlichkeitsbegriffs |
| Beschreibung der berichteten Segmente |
| Tabellarische Darstellung/Darstellung im Matrixformat |

**Abbildung 19: Überarbeitungsbedarf bei den unternehmensweiten Angaben**

Um der Problematik einer zu groben Untergliederung der für den Investor relevanten geografischen Angaben gerecht zu werden, sollte einerseits der in IFRS 8.33(a) genutzte **Begriff der Wesentlichkeit**[909] konkretisiert werden. Bspw. wäre eine Orientierung der Festlegung zu berichtender sekundärer Segmente an die für primäre Segmente geltenden Schwellenwerte (IFRS 8.11) sinnvoll. Darüber hinaus sollte für den Fall einer pauschalen Angabe des Segmentes „Ausland“ eine **verbindliche Beschreibung** gefordert werden, welche Länder in diesem Segment zusammengefasst wurden.

---

908 In IAS 14.49 wurde empfohlen, alle für die primären Segmente angegebenen Informationen ebenfalls für die sekundären Segmente zu berichten. Eine Orientierung an den für die primären Segmente empfohlenen Informationen ist aufgrund des Umfangs und der damit einhergehenden Wirtschaftlichkeitsüberlegung jedoch kritisch zu hinterfragen.

909 Das Problem der unklaren Bestimmung der Wesentlichkeit wurde durch das IASB erkannt. Im Rahmen des „Materiality Project“ soll Unternehmen, Wirtschaftsprüfern und Regulatoren eine Hilfestellung bei der Anwendung des Wesentlichkeitskonzeptes gegeben werden, vgl. IFRS Foundation (2014).

Außerdem sollte neben einer **tabellarischen Darstellung**[910] eine Verpflichtung zur für den Adressaten sehr informativen Darstellung der primären und sekundären Informationen im **Matrixformat** angedacht werden. Aus Gründen der Übersichtlichkeit sollte diese Darstellung hierbei jedoch nur für die relevantesten Positionen erfolgen.[911]

### 4.4.4 Überleitungsrechnung

Die Überarbeitung der Vorgaben zur Überleitungsrechnung wird durch das IASB im PIR nur kurz angeschnitten, konkrete Vorschläge zu ihrer Optimierung bleiben allerdings aus.[912] Ein dringender Handlungsbedarf ergibt sich durch die besondere Bedeutung der Überleitungsrechnung für die Entscheidungsnützlichkeit der Segmentangaben sowie die für Unternehmen bestehenden Spielräume bei ihrer Erstellung. Aus Sicht des Behavioral Accounting führt die zu beobachtende Ausgestaltung in Kombination mit der Repräsentativitätsheuristik, einer Verankerung, Framing oder dem Streben nach Dissonanzfreiheit zu einer Gefährdung der sachgerechten Segmentbewertung.[913] Zur Sicherung der Entscheidungsnützlichkeit der Segmentberichterstattung ist somit eine grundlegende Konkretisierung der Überleitungsrechnung in Form von Hilfestellungen bei ihrer Anwendung sowie der Verringerung von Spielräumen ratsam.

Eine **Überleitung für jedes Segment** würde zur besseren Nachvollziehbarkeit der Segmentberichterstattung beitragen. Der Vorschlag wird durch das IASB vor dem Hintergrund der Sicherstellung der Wirtschaftlichkeit der Segmentberichterstattung jedoch als nicht sinnvoll erachtet.[914] Eine Verbesserung der Überleitungsrechnung kann allerdings auch durch die im Folgenden dargestellten, weniger einschneidenden Veränderungen erfolgen.

Einerseits sollte darauf geachtet werden, dass keine pauschalen Überleitungspositionen ohne eine qualitative Erläuterung berichtet werden können. Deshalb ist eine **verbindliche Vorgabe von anzugebenden Überleitungspositionen** als wichtig zu erachten. Die Über-

---

910 Einige Unternehmen geben die Informationen im Fließtext an.

911 Vgl. hierzu bspw. Schulz-Danso (2013), Rn. 78.

912 Vgl. IASB (2013b), S. 23.

913 Vgl. Kapitel 4.3.2.2.

914 Vgl. IASB (2013b), S. 23.

leitung der Summe aller Segment- auf die Konzernwerte sollte von jedem Unternehmen differenziert in

- die Konsolidierung intersegmentärer Beziehungen,
- den Ausweis sonstiger Segmente (eventuell weiter unterteilt in Sammelsegment, nicht zugeordnete Positionen und Holding) und
- die Angabe von Unterschieden durch abweichende Bilanzierungs- und Bewertungsmethoden

dargestellt werden. Der Ausweis der Posten sollte aus Gründen einer besseren Verständlichkeit und der Vollständigkeit auch im Falle einer nicht notwendigen Überleitung – dann mit einem Betrag von null – für alle drei Ursachen vorgeschrieben werden.

Andererseits ist die Wahl einer **einheitlichen Terminologie** sinnvoll. Diese kann sich am Überleitungszweck orientieren. Gemäß der Häufigkeit in der durchgeführten Untersuchung der Überleitungsrechnungen würde sich die Auswahl der Positionen „Konsolidierung“, „Sonstige“, „nicht zugeordnet“, „Holding“ sowie „IFRS-Anpassungen“ anbieten.[915] Für den Fall der nicht möglichen Nutzung einer einheitlichen Terminologie sollte die Verpflichtung zur Beschreibung der in der Überleitungsrechnung dargestellten Positionen konkretisiert werden.

Auch bei der Überleitungsrechnung ist eine übersichtliche tabellarische **Darstellungsform** sinnvoll. Ein erweiterbares Beispiel für eine solche findet sich in IFRS 8.IG4. Aufgrund der vereinzelt hohen Komplexität sollte nach Möglichkeit von zu vielen qualitativen Erläuterungen im Fließtext abgesehen werden, da diese evtl. nicht durch den Adressaten wahrgenommen werden. Eine vereinfachte und übersichtliche Darstellung der Überleitung kann hierbei dem Ziel dienen, dass die durch eine Verankerung oder den Primacy Effect erklärbare Vernachlässigung von schwer verständlichen Daten durch den Adressaten der Segmentberichterstattung vermindert wird.

Die in Abbildung 20 dargestellten Verbesserungsansätze könnten in Form der Erweiterung des IFRS 8.IG4 berücksichtigt werden. Aufgrund der im PIR thematisierten Anwen-

---

915 Der Ausweis einer Überleitungsposition, die nur Abweichungen von der IFRS-Rechnungslegung zum Inhalt hat, geht einher mit der geforderten Kenntlichmachung von nicht auf IFRS-Werten basierenden Zahlen.

dungsprobleme sollte dieser ebenfalls mehr **Anwendungsempfehlungen** für Unternehmen beinhalten. Darüber hinaus ist es aufgrund der bisherigen Schwachpunkte sinnvoll, den bilanzierenden Unternehmen die Bedeutung der Überleitungsrechnung klarer zu kommunizieren. Eine **Motivation** zu einer besseren Darstellung kann hierbei durch den Hinweis auf die optimistischere Einschätzung der Situation durch das informationsverarbeitende Individuum im Falle einer zusammenhängenden Darstellung von Informationen erfolgen.[916] Daneben ist – vor dem Hintergrund des möglichen schlechten Einflusses einer Überleitungsrechnung auf das wahrgenommene Risiko sowie die Qualität der Accountingprinzipien – ein Anreiz für die bilanzierenden Unternehmen denkbar, Ergebnisbeiträge oder andere Positionen nicht in die Überleitungsrechnung auszulagern.[917]

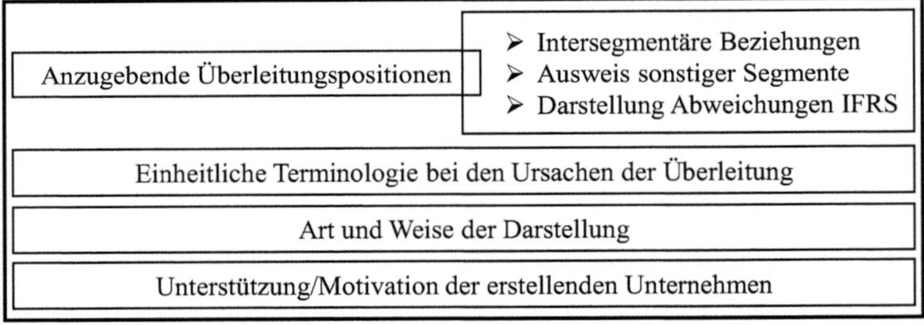


**Abbildung 20: Überarbeitungsbedarf bei der Überleitungsrechnung**

### 4.4.5 Konsistenz zwischen Segment- und Lagebericht

Wie dargestellt finden sich innerhalb und außerhalb[918] der Segmentberichterstattung Informationen, die nur in ihrer Gesamtheit eine vollständige Darstellung und Beurteilung der Geschäftstätigkeit der Segmente ermöglichen. Aus diesem Grund ist eine Konsistenz zwischen Segment- und Lagebericht von besonderer Bedeutung.[919] Im Rahmen der Einführung von IFRS 8 ist eine Verbesserung der Konsistenz feststellbar. Allerdings sollte aufgrund des hohen Stellenwerts eines konsistenten Ausweises bei den Analysten und

916 Vgl. hierzu Inside View in Kapitel 4.3.2.2.3.

917 Dieser Zusammenhang sollte jedoch – wie in Kapitel 4.3.2.2.3 erläutert – ebenfalls für die Überleitungsrechnung im Rahmen der Segmentberichterstattung überprüft werden.

918 Bspw. im Lagebericht oder den Erläuterungen zu Umsatzerlösen.

919 Vgl. Weißenberger et al. (2013), S. 13.

Investoren[920] noch stärker auf die **Verzahnung des Geschäftsberichtes** mit anderen Teilen des Jahresabschluss hingewiesen und bei einer inkonsistenten Darstellung eine Begründung innerhalb der Segmentberichterstattung gefordert werden. Dies ist gerade durch den Ausweis intern genutzter Werte in der Segmentberichterstattung notwendig, da die Angabe unterschiedlicher Werte bspw. für das Ergebnis eines Segmentes zu Verwirrung führen könnte. Als problematisch erweist sich vor dem Hintergrund einer konsistenten Darstellung die hier nicht näher zu thematisierende Nutzung unterschiedlicher Segmentabgrenzungen im Lagebericht.

920 Vgl. IASB (2013b), S. 18.

# 5 Resümee und Forschungsausblick

## 5.1 Resümee

Aufgrund zunehmend komplexer Unternehmens- und Konzernstrukturen ist die Relevanz einer segmentierten Berichterstattung für die Informationsversorgung der Kapitalgeber sowie weiterer Stakeholder unstrittig. Bezüglich ihrer optimalen Ausgestaltung herrscht hingegen bei den Standardsetzern, den anwendenden Unternehmen, den Adressaten sowie der Wissenschaft Uneinigkeit. Im Rahmen eines Short-Term Convergence Project hat das IASB trotz des nicht bestehenden Konsenses bzgl. der optimalen Ausgestaltung der Segmentberichterstattung mit dem IFRS 8 eine weitreichende Überarbeitung der bis dato geltenden Vorgaben nach IAS 14 vorgenommen.

Im Kern verfolgte die vorliegende Arbeit ein pragmatisches Wissenschaftsziel. Aufgrund bestehender Schwachpunkte des neuen Standards bestand dieses Ziel in der Entwicklung von Überarbeitungsmöglichkeiten für die in IFRS 8 geregelte Segmentberichterstattung. Diese wurde hierbei aus der Perspektive deutscher Unternehmen durchgeführt. Als unterstützende theoretische Wissenschaftsziele zur Erfüllung dieses pragmatischen Wissenschaftszieles galt es vorab, die Umsetzung des IFRS 8 durch deutsche Unternehmen zu untersuchen und deren Wirkung bei den Adressaten näher zu beleuchten.

Mit der Einführung des IFRS 8 wurde die bisher umfangreichste Umsetzung des Management Approach in der IFRS-Rechnungslegung durchgeführt. Die Ablösung des Vorgängerstandards IAS 14 stellte durch die nun verpflichtende Übernahme der intern genutzten Segmente sowie der zugehörigen Informationen für die externe Segmentberichterstattung eine weitreichende Änderung der IFRS-Vorgaben dar. Das vom IASB mit dieser Änderung verfolgte Ziel war die Realisierung von mit dem Management Approach verbundenen Vorteilen. Allerdings sind neben den vom Standardsetzer postulierten Vorteilen ebenfalls Nachteile denkbar, da sich mit dem Management Approach bilanzpolitische Spielräume für die externe Segmentberichterstattung ergeben. Darüber hinaus ist ebenfalls die Übernahme von internen Unzulänglichkeiten denkbar. Gerade bei deutschen Unternehmen, in denen traditionell eine Differenzierung zwischen dem internen und externen Rechnungswesen vorgenommen wird, kann dies zu Zielverfehlungen bei der externen Segmentberichterstattung führen. Diese Problematik hat der Standardsetzer jedoch durch die weitgehende Übernahme des SFAS 131 der US-GAAP bei der Konzeption des IFRS 8 nicht berücksichtigt.

Aus der dargestellten Vernachlässigung der individuellen Gegebenheiten bei den IFRS-Anwendern durch den Standardsetzer ergab sich die Notwendigkeit einer Untersuchung, die klären sollte, ob die Zielsetzung des IFRS 8 im Rahmen der Umsetzung durch deutsche Unternehmen erreicht werden konnte. Die Beantwortung dieser **ersten Forschungsfrage** erfolgte in mehreren Schritten. Im ersten Schritt wurde eine theoretische Analyse der sich bei der Anwendung von IFRS 8 ergebenden Probleme durchgeführt. Mittels der im zweiten Schritt vorgenommenen Analyse bereits existierender empirischer Untersuchungen zur Umsetzung von IFRS 8 in Deutschland konnte überprüft werden, inwiefern die Ziele des Standardsetzers erfüllt wurden und ob die im Rahmen der theoretischen Analyse identifizierten Problembereiche eine praktische Relevanz für deutsche Unternehmen besitzen. Dabei zeigte sich, dass mit der Einführung des IFRS 8 einige Vorteile gegenüber der Segmentberichterstattung nach IAS 14 realisiert werden konnten. Allerdings war ebenfalls festzustellen, dass der vom Standardsetzer erhoffte Vorteil der Vermittlung von mehr Informationen insbesondere bei den segmentbezogenen Bilanzangaben sowie den Angaben auf der sekundären Berichtsebene nicht realisiert werden konnte. Neben einem geringen Niveau an Informationen, die für eine strategische Segmentanalyse eingesetzt werden können, und einer nicht optimalen Auswahl an berichteten Informationen durch die Unternehmen war in vielen Fällen eine zu bemängelnde Überleitungsrechnung Grund für eine eingeschränkte Entscheidungsrelevanz der Segmentberichterstattung. Da bei den bisherigen Veröffentlichungen nur deutsche Großunternehmen untersucht wurden, war anhand der Analyse ihrer Ergebnisse jedoch keine allgemeingültige Aussage darüber möglich, ob die mit der Einführung des IFRS 8 verfolgte Zielsetzung in der deutschen Unternehmenspraxis realisiert werden konnte. Insbesondere vor dem Hintergrund einer nachgewiesenen geringeren Qualität des Rechnungswesens bei kleineren Unternehmen war es erforderlich zu überprüfen, ob bei diesen Unternehmen gleiche oder andere Problembereiche durch die Einführung des IFRS 8 zu beobachten waren. Daher wurde im dritten Schritt die Umsetzung des IFRS 8 bei kleineren deutschen Unternehmen untersucht. Im Rahmen dieser Untersuchung konnten die durch die bisherigen empirischen Erhebungen festgestellten Problembereiche bestätigt werden. Neben einem niedrigeren Gesamtniveau an Informationen waren jedoch insbesondere die Probleme bei den sekundären Angaben sowie der Überleitungsrechnung in einem deutlich größeren Umfang feststellbar.

Die zu konstatierende verfehlte Realisierung der Zielsetzung des IASB bei deutschen Unternehmen warf die Frage nach den Gründen hierfür auf. Im Rahmen der **zweiten Forschungsfrage** wurde daher untersucht, warum Unternehmen Informationen auf eine Art und Weise veröffentlichen, mit der die Zielsetzung des IASB nicht erreicht wird. Von einer Verfehlung der Zielsetzung wurde dann ausgegangen, wenn durch den Übergang von IAS 14 zu IFRS 8 keine bzw. eine negative Veränderung der berichteten Informationsquantität zu beobachten war. Während die ausgebliebene Veränderung durch eine in den betrachteten Unternehmen bestehende Konvergenz des Rechnungswesens erklärt werden konnte, wurde der Rückgang an Informationen einerseits mit Anwendungsproblemen begründet. Andererseits deuten einige Entwicklungen in der Berichterstattung auf die Ausnutzung von bilanzpolitischen Spielräumen zur zielgerichteten Beeinflussung der Kapitalgeber oder zum Schutz konkurrenzsensibler Daten hin.

Neben der Darstellung der Beweggründe bei den Unternehmen sollte im Rahmen der zweiten Forschungsfrage ferner die Wirkung der Bilanzierungspraxis auf den Adressaten analysiert werden. Diese wurde anhand der Erkenntnisse über die dem Adressaten vorliegenden Informationen beurteilt. Durch den Rückgang sowie das geringe Niveau der Berichterstattung einzelner Schlüsselgrößen stehen dem Investor teilweise weniger entscheidungsrelevante Informationen zur Verfügung, als unter IAS 14. Als Konsequenz können sich bei der segmentbezogenen Bilanzanalyse Probleme durch nicht verfügbare Informationen ergeben. Über die generelle Verfügbarkeit entscheidungsrelevanter Informationen hinaus wurde jedoch weiterhin untersucht, wie die vorhandenen Segmentangaben bei den Investoren verarbeitet werden. Aufgrund von in der Realität auftretenden Fehlern bei der Selektion und Verarbeitung von Informationen wurde ein Bezug zu verhaltenswissenschaftlichen Erkenntnissen hergestellt. Mit deren Hilfe konnten die Auswirkungen der aktuellen Bilanzierungspraxis auf den individuellen Entscheidungsprozess von Investoren analysiert werden.

Durch eine Ambiguitätsintoleranz oder eine Selbstüberschätzung kann es dazu kommen, dass zu wenige oder zu viele Informationen aufgenommen werden. Darüber hinaus führen die Verfügbarkeits- und die Repräsentativitätsheuristik durch die Schonung kognitiver Kapazitäten zur Akzeptanz einer befriedigenden Lösung. Übergreifend können durch die dargestellten Theorien Verhaltensanomalien bei der Selektion von Informationen erklärt werden, die in Kombination mit dem festgestellten Rückgang entscheidungsrelevanter

Informationen Fehlentscheidungen begünstigen. Zudem resultiert aus der vom IASB kommunizierten Vorteilhaftigkeit des Management Approach die Gefahr einer unkritischen Verarbeitung der durch die Segmentberichterstattung zur Verfügung stehenden Daten. Vor dem Hintergrund der häufig zu bemängelnden Überleitungsrechnung ist die Möglichkeit einer Verankerung an einem durch eine Hypothese aufgestellten Initialwert kritisch zu beurteilen. Durch diese besteht die Gefahr, dass eine zu Beginn des Entscheidungsprozesses vorgenommene, positive Beurteilungen des Segmentes, ohne Berücksichtigung der schwer nachvollziehbaren Überleitungsbestandteile ungerechtfertigter Weise aufrechterhalten wird. Vor dem Hintergrund des Inside View ist als Konsequenz aus der hohen Komplexität und der teils unübersichtlichen Darstellung eine zu pessimistische Segmentbewertung denkbar.

Die gewonnenen Erkenntnisse bildeten wiederum die Basis für die Bearbeitung der **dritten Forschungsfrage**, die die optimale Ausgestaltung der Segmentberichterstattung zur bestmöglichen Erfüllung der anfänglichen Zielsetzung fokussierte. Dieser Frage wurde anhand der Entwicklung von Überarbeitungsmöglichkeiten des IFRS 8 nachgegangen. Zur Förderung der Berichterstattung „aus Sicht des Management" sowie von mehr Segmenten und Informationen müssen unbestimmte Rechtsbegriffe wie der CODM konkretisiert und die Regelungen zur Aggregation von Segmenten für die Unternehmen vereinfacht werden. Darüber hinaus sollte eine Konkretisierung weiterer verpflichtend und freiwillig zu berichtender Angaben – auch wenn diese nicht intern genutzt werden – erfolgen, um den Rückgang entscheidungsrelevanter Informationen abzufedern. Vor diesem Hintergrund ist jedoch die Schlüsselungsproblematik zu beachten, die wiederum zu einer eingeschränkten Entscheidungsrelevanz führen kann. Zur Förderung einer verständlichen Vermittlung dieser Informationen sollten zusätzliche Vorgaben zur Art und Weise der Darstellung der Segmentberichterstattung gemacht werden. Zudem ist eine Überarbeitung der Regelung zu den sekundären bzw. unternehmensweiten Angaben erforderlich, um die Versorgung des Investors mit relevanten Informationen zu optimieren.

Besonderer Überarbeitungsbedarf besteht darüber hinaus hinsichtlich der Vorgaben zur Überleitungsrechnung. Vor allem bei großen Abweichungen zwischen der Summe der Segmentgrößen und den gesamten Unternehmensgrößen hat diese eine besondere Relevanz für das Verständnis der Segmentberichterstattung. Vordergründig sollte daher eine

Standardisierung der bisher äußerst heterogenen und häufig komplexen Überleitungsrechnung angestrebt werden, da hiervon sowohl Anwender als auch Adressaten profitieren können. Insbesondere verpflichtend anzugebende Überleitungspositionen und eine einheitliche Terminologie sind aus diesem Grunde empfehlenswert.

## 5.2 Forschungsausblick

Trotz der Erfüllung der anfänglich dargestellten Forschungsziele ergeben sich im Rahmen der Arbeit weitere Forschungsimplikationen, welche im Folgenden kurz dargestellt werden sollen.

Da in allen empirischen Erhebungen schwerpunktmäßig eine Betrachtung des Übergangs von IAS 14 auf IFRS 8 durchgeführt wurde, kann die Umsetzung des IFRS 8 nur für das Geschäftsjahr 2009 beurteilt werden. Aufgrund der mit IFRS 8 einhergehenden Freiheitsgrade ist allerdings davon auszugehen, dass es zu Veränderungen im Veröffentlichungsverhalten der Unternehmen kommt. Daher sollte untersucht werden, wie sich die Publizität im Zeitablauf entwickelt und welche Effekte dies auf die Entscheidungsrelevanz der verfügbaren Informationen hat.

Weiterhin wäre es empfehlenswert, empirisch zu überprüfen, ob die im Zusammenhang mit bilanzpolitischen Bestrebungen dargestellten Effekte von IFRS 8 tatsächlich darauf zurückzuführen sind, dass Unternehmen versuchen, ihre Zielsetzung durch eine manipulative Gestaltung des Ausweises von Informationen zu erreichen.

Außerdem sollten die identifizierten Überarbeitungsnotwendigkeiten einer differenzierten Prüfung unterzogen werden. Aufgrund der Nutzung allgemein anerkannter, verhaltenswissenschaftlicher Erkenntnisse sollten Experimente durchgeführt werden, die sich explizit mit der Verarbeitung von Segmentinformationen beim Investor beschäftigen. Vor diesem Hintergrund sollte ebenfalls untersucht werden, welche Informationen die größte Relevanz für den Investor aufweisen, damit zielgerichtete Vorgaben verpflichtend anzugebender Informationen entwickelt werden können.

Bei künftigen Forschungsarbeiten sollte darüber hinaus eine stärkere Berücksichtigung des Einflusses möglicher Informationsintermediäre (bspw. Analysten) auf die Entscheidungsfindung von Investoren erfolgen. Eine Ausrichtung auf die Bedürfnisse von Investoren kann bspw. nicht als sinnvoll erachtet werden, wenn die Verarbeitung der Segmentinformationen durch die Analysten erfolgt und erst das weiterverarbeitete Informationsprodukt vom Investor genutzt wird.

Aufgrund der nachgewiesenen Relevanz der Untersuchung kleinerer Unternehmen sollte – aufbauend auf einer umfassenden Untersuchung weiterer Länder – hinterfragt werden, ob die Übernahme der Rechnungslegungsvorschriften aus den USA für die internationale Rechnungslegung zweckmäßig ist. Grundsätzlich kann jedoch davon ausgegangen werden, dass es nicht ratsam ist, die Besonderheiten europäischer Anwender bei der Entwicklung von Standards zu vernachlässigen. Daher sollte abgewogen werden, ob die zu beobachtenden Nachteile bei IFRS-Anwendern durch die Vorteile einer internationalen Vergleichbarkeit von Geschäftsberichten ausgeglichen werden.

## Literaturverzeichnis

**Adler, H./Düring, W./Schmaltz, K. (2005):**
Abschnitt 28: Segmentberichterstattung, in: Adler, H./Düring, W./Schmaltz, K. (Hrsg.), Rechnungslegung nach internationalen Standards, Stuttgart 2005.

**Albrecht, W.D./Chipalkatti, N. (1998):**
New Segment Reporting, in: CPA Journal, 1998, Heft 5, S. 46-52.

**Alvarez, M. (2002):**
Segmentberichterstattung nach DRS 3, in: Der Betrieb, 2002, Heft 40, S. 2057-2063.

**Alvarez, M. (2004):**
Segmentberichterstattung und Segmentanalyse, Wiesbaden 2004.

**Alvarez, M./Büttner, M. (2006):**
ED 8 Operating Segments - Der neue Standardentwurf des IASB zur Segmentberichterstattung im Kontext des „Short-Term Convergence Project“ von IASB und FASB, in: Zeitschrift für internationale und kapitalmarktorientierte Rechnungslegung, 2006, Heft 5, S. 307-318.

**Alvarez, M./Fink, C. (2003):**
Qualität der Segmentberichterstattung in Deutschland - Eine empirische Analyse der Unternehmen des DAX100 und NEMAX50, in: Zeitschrift für internationale und kapitalmarktorientierte Rechnungslegung, 2003, Heft 6, S. 275-288.

**Amir, E./Ganzach, Y. (1998):**
Overreaction and Underreaction in Analysts' Forecasts, in: Journal of Economic Behavior & Organization, 1998, Heft 3, S. 333-347.

**Arbeitskreis Finanzierung (1996):**
Wertorientierte Unternehmenssteuerung mit differenzierten Kapitalkosten, in: Zeitschrift für betriebswirtschaftliche Forschung, 1996, Heft 6, S. 543-578.

**Arbinger, R. (1997):**
Psychologie des Problemlösens: Eine anwendungsorientierte Einführung, Darmstadt 1997.

**ARISTON Real Estate AG (2009):**
Geschäftsbericht 2008, München 2009.

**ARISTON Real Estate AG (2010):**
Geschäftsbericht 2009, München 2010.

**Arnold, V. et al. (2000):**
The Effect of Experience and Complexity on Order and Recency Bias in Decision Making by Professional Accountants, in: Accounting & Finance, 2000, Heft 2, S. 109-134.

**Asian Bamboo AG (2010):**
Geschäftsbericht 2009, Hamburg 2010.

**Backer, M./McFarland, W.B. (1968):**
External Reporting for Segments of a Business, New York 1968.

**Baetge, J./Haenelt, T. (2008):**
Kritische Würdigung der neu konzipierten Segmentberichterstattung nach IFRS 8 unter Berücksichtigung prüfungsrelevanter Aspekte, in: Zeitschrift für internationale Rechnungslegung, 2008, Heft 1, S. 43-50.

**Baetge, J./Kirsch, H.J./Thiele, S. (2011):**
Konzernbilanzen, 9. Aufl., Düsseldorf 2011.

**Baetge, J./Kirsch, H.-J./Thiele, S. (2012):**
Bilanzen, 12. Aufl., Düsseldorf 2012.

**Baetge, J./Kirsch, H.J./Thiele, S. (2013):**
Konzernbilanzen, 10. Aufl., Düsseldorf 2013.

**Baldwin, B.A. (1984):**
Segment Earnings Disclosure and the Ability of Security Analysts to Forecast Earnings Per Share, in: The Accounting Review, 1984, Heft 3, S. 376-389.

**Ballwieser, W. (1993):**
Die Entwicklung der Theorie der Rechnungslegung in den USA, in: Zeitschrift für betriebswirtschaftliche Forschung, 1993, Sonderheft 32, S. 107-138.

**Ballwieser, W. (2002):**
Rechnungslegung im Umbruch, in: Der Schweizer Treuhänder, 2002, Heft 4, S. 295-304.

**Barz, K. et al. (2012):**
IFRS für Banken - Praxishandbuch für Bankbilanzierung nach IFRS, Frankfurt am Main 2012.

**Basler AG (2010):**
Geschäftsbericht 2009, Ahrensburg 2010.

**Bassen, A. (2002):**
Institutionelle Investoren und Corporate Governance - Analyse der Einflussnahme unter besonderer Berücksichtigung börsennotierter Wachstumsunternehmen, Wiesbaden 2002.

**Beck, H. (2009):**
Wirtschaftspolitik und Psychologie: Zum Forschungsprogramm der Behavioral Economics, in: Eucken, W./Böhm, F. (Hrsg.), ORDO – Jahrbuch für die Ordnung von Wirtschaft und Gesellschaft, 60. Aufl., Stuttgart 2009, S. 119-152.

**Becker, G.S./Vanberg, M./Vanberg, V.J. (1982):**
Der ökonomische Ansatz zur Erklärung menschlichen Verhaltens, Tübingen 1982.

**Behn, B.K./Nichols, N.B./Street, D.L. (2002):**
The Predictive Ability of Geographic Segment Disclosures by US Companies: SFAS No. 131 vs. SFAS No. 14, in: Journal of International Accounting Research, 2002, Heft 1, S. 31-44.

**Behrens, G. (1993):**
Wissenschaftstheorie und Betriebswirtschaftslehre, in: Wittmann, W. et al. (Hrsg.), Handwörterbuch der Betriebswirtschaft, 3. Aufl., Stuttgart 1993, S. 4763-4772.

**Beine, F./Nardmann, H. (2011):**
Segmentberichterstattung, in: Ballwieser, W. (Hrsg.), Wiley-Kommentar zur internationalen Rechnungslegung nach IFRS, Braunschweig 2011, S. 935-960.

**Benecke, B. (2000):**
Internationale Rechnungslegung und Management Approach: Bilanzierung derivativer Finanzinstrumente und Segmentberichterstattung, Wiesbaden 2000.

**Bens, D.A./Berger, P.G./Monahan, S.J. (2011):**
Discretionary Disclosure in Financial Reporting: An Examination Comparing Internal Firm Data to Externally Reported Segment Data, in: The Accounting Review, 2011, Heft 2, S. 417-449.

**Berentzen-Gruppe AG (2010):**
Geschäftsbericht 2009, Haselünne 2010.

**Berger, P.G./Hann, R. (2003):**
The Impact of SFAS No. 131 on Information and Monitoring, in: Journal of Accounting Research, 2003, Heft 2, S. 163-223.

**Bieg, H./Kußmaul, H./Waschbusch, G. (2012):**
Externes Rechnungswesen, 6. Aufl., München 2012.

**Blackwell, D./Girshick, M.A. (1954):**
Theory of Games and Statistical Decisions, New York u.a. 1954.

**Blase, S. (2012):**
Segmentberichterstattung vor dem Hintergrund des Management-Approach: Theoretische, regulatorische und empirische Erkenntnisse zur Harmonisierung der Segmentberichterstattung nach IFRS 8, Edewecht 2012.

**Blase, S./Lange, T./Müller, S. (2010):**
IFRS : Gesamtergebnisrechnung, Bilanz und Segmentberichterstattung : Gestaltung, Ausweis, Interpretation, Berlin 2010.

**Blase, S./Müller, S. (2009):**
Empirische Analyse der vorzeitigen IFRS-8-Erstanwendung - Eine Analyse der Harmonisierung von interner und externer Segmentberichterstattung im Rahmen der vorzeitigen Umstellung auf IFRS 8 bei DAX-, MDAX- und SDAX-Unternehmen, in: Die Wirtschaftsprüfung, 2009, Heft 10, S. 537-544.

**Blase, S./Müller, S./Reinke, J. (2012a):**
Empirische Analyse der Anwendung von IFRS 8 - Paradigmenwechsel in der Segmentberichterstattung?, in: Praxis der internationalen Rechnungslegung, 2012, Heft 3, S. 69-75.

**Blase, S./Müller, S./Reinke, J. (2012b):**
Fortschritt in der Harmonisierung von internem und externem Rechnungswesen durch den Management Approach des IFRS 8 - Empirische Analyse zur Harmonisierung von Segmentsteuerung und Segmentberichterstattung bei den Unternehmen des DAX, MDAX und SDAX, in: Zeitschrift für internationale und kapitalmarktorientierte Rechnungslegung, 2012, Heft 7-8, S. 352-359.

**Böckem, H./Pritzer, M. (2010):**
Anwendungsfragen der Segmentberichterstattung nach IFRS 8, in: Zeitschrift für internationale und kapitalmarktorientierte Rechnungslegung, 2010, Heft 12, S. 614-620.

**Böcking, H.-J./Benecke, B. (1998):**
Neue Vorschriften zur Segmentberichterstattung nach IAS und US-GAAP unter dem Aspekt des Business Reporting, in: Die Wirtschaftsprüfung, 1998, Heft 3, S. 92-107.

**Botosan, C.A./Stanford, M. (2005):**
Managers' Motives to Withhold Segment Disclosures and the Effect of SFAS No. 131 on Analysts' Information Environment, in: The Accounting Review, 2005, Heft 3, S. 751-772.

**Botta, V. et al. (2002):**
Rechnungswesen und Controlling: Bausteine des Rechnungswesens und ihre Verknüpfung, Herne 2002.

**Bradish, R.D. (1965):**
Corporate Reporting and the Financial Analyst, in: The Accounting Review, 1965, Heft 4, S. 757-766.

**Brennan, M.J./Tamarowski, C. (2000):**
Investor Relations, Liquidity, and Stock Prices, in: Journal of Applied Corporate Finance, 2000, Heft 4, S. 26-37.

**Brown, P. (1997):**
Financial Data and Decision-Making by Sell-Side Analysts, in: The Journal of Financial Statement Analysis, 1997, Heft 3, S. 43-48.

**Bruns, H.-G. (1999):**
Harmonisierung des externen und internen Rechnungswesens auf Basis internationaler Bilanzierungsvorschriften, in: Küting, K./Langenbucher, G. (Hrsg.), Internationale Rechnungslegung, Festschrift für Professor Dr. Claus-Peter Weber zum 60. Geburtstag, Stuttgart 1999, S. 585-603.

**Bruns, W.J./DeCoster, D.T. (1969):**
Accounting and Its Behavorial Implications, New York 1969.

**Buchholz, L./Gerhards, R. (2013):**
Internes Rechnungswesen: Kosten- und Leistungsrechnung, Betriebsstatistik und Planungsrechnung, 2. Aufl., Heidelberg 2013.

**Budner, S. (1962):**
Intolerance of Ambiguity as a Personality Variable, in: Journal of Personality, 1962, Heft 1, S. 29-50.

**Centre for financial market integrity (2006):**
Re: Exposure Draft ED8, Operating Segments, Charlottesville 2006, abrufbar unter: http://www.cfainstitute.org/Comment%20Letters/20060518.pdf, letzter Abruf: 13.11.2014.

**Coenenberg, A.G. (1995):**
Einheitlichkeit oder Differenzierung von internem und externem Rechnungswesen: Die Anforderungen der internen Steuerung, in: Der Betrieb, 1995, Heft 42, S. 2077-2083.

**Coenenberg, A.G. (2001a):**
Kapitalflussrechnung als Instrument der Bilanzanalyse - 1. Teil des Beitrages Kapitalflussrechnung und Segmentberichterstattung als Instrumente der Bilanzanalyse, in: Der Schweizer Treuhänder, 2001, Heft 4, S. 311-320.

**Coenenberg, A.G. (2001b):**
Segmentberichterstattung als Instrument der Bilanzanalyse - 2. Teil des Beitrages Kapitalflussrechnung und Segmentberichterstattung als Instrumente der Bilanzanalyse, in: Der Schweizer Treuhänder, 2001, Heft 6-7, S. 593-606.

**Coenenberg, A.G./Fischer, T.M./Günther, T. (2012):**
Kostenrechnung und Kostenanalyse, Stuttgart 2012.

**Coenenberg, A.G. et al. (2014):**
Einführung in das Rechnungswesen: Grundlagen der Buchführung und Bilanzierung, 5. Aufl., Stuttgart 2014.

**Coenenberg, A.G./Mattner, G.R. (2000):**
Segment- und Wertberichterstattung in der Jahresabschlussanalyse - Das Beispiel Siemens, in: Betriebs-Berater, 2000, Heft 36, S. 1827-1834.

**Coenenberg, A.G./Mattner, G.R./Schultze, W. (2003):**
Wertorientierte Steuerung: Anforderungen, Konzepte, Anwendungsprobleme, in: Rathgeber, A./Steiner, M. (Hrsg.), Finanzwirtschaft, Kapitalmarkt und Banken, Stuttgart 2003, S. 1-24.

**Collins, D.W. (1976):**
Predicting Earnings with Sub-Entity Data: Some Further Evidence, in: Journal of Accounting Research, 1976, Heft 1, S. 163-177.

**Collins, D.W./Simonds, R.R. (1979):**
SEC Line-of-Business Disclosure and Market Risk Adjustments, in: Journal of Accounting Research, 1979, Heft 2, S. 352-383.

**Colson, R.H. et al. (2010):**
Response to the Financial Accounting Standards Board's and the International Accounting Standards Board's Joint Discussion Paper Entitled Preliminary Views on Revenue Recognition in Contracts with Customers American Accounting Association's Financial Accounting Standards Committee (AAA FASC), in: Accounting Horizons, 2010, Heft 4, S. 689-702.

**Cooper, R./Kaplan, R.S. (1991):**
Profit Priorities from Activity-Based Costing, in: Harvard Business Review, 1991, Heft 3, S. 130-135.

**Crawford, L. et al. (2014):**
Control over Accounting Standards within the European Union: The Political Controversy surrounding the Adoption of IFRS 8, in: Critical Perspectives on Accounting, 2014, Heft 4–5, S. 304-318.

**DAI (2013):**
Factbook des Deutschen Aktieninstituts - Statistiken, Analysen und Grafiken zu Aktionären, Aktiengesellschaften und Börsen, Frankfurt am Main 2013, abrufbar unter: https://dai.de/files/dai_usercontent/dokumente/Statistiken/MAR%202013_Factbook_08 -1_Finanzierungsrechnung.pdf , letzter Abruf: 13.11.2014.

**Dassler, A. (2009):**
Segmentberichterstattung nach IFRS 8 als Ausgangspunkt einer effizienteren Gestaltung des Berichtswesens, in: Jelinek, B./Hannich, M. (Hrsg.), Wege zur effizienten Finanzfunktion in Kreditinstituten - Compliance & Performance, Wiesbaden 2009, S. 217-232.

**Denk, C. (2007):**
Externe Unternehmensrechnung: Handbuch für Studium und Bilanzierungspraxis, 3. Aufl., Wien 2007.

**Deppe, L. (1994):**
Disaggregated Information: Time to Reconsider, in: Journal of Accountancy, 1994, Heft 6, S. 65-70.

**Dermer, J.D. (1973):**
Cognitive Characteristics and the Perceived Importance of Information, in: The Accounting Review, 1973, Heft 3, S. 511-519.

**Deutsche Börse AG (2010):**
Index Composition Report - Stand 01.06.2010, Frankfurt am Main 2010, abrufbar unter: http://www.dax-indices.com/DE/index.aspx?pageID=4#, letzter Abruf: 13.11.2014.

**Deutsche Börse AG (2012):**
Prime Standard und General Standard - International anerkannte Marktsegmente; Zulassungsvoraussetzungen und wesentliche Folgepflichten, Frankfurt am Main 2012, abrufbar unter: https://xetra.com/xetra/dispatch/de/binary/gdb_content_pool/imported_files/public_files/10_downloads/33_going_being_public/10_products/245_prime_general_standard/fact_sheet_ps_gs.pdf, letzter Abruf: 13.11.2014.

**Deutsche Börse AG (2013):**
Leitfaden zu den Aktienindizes der Deutschen Börse - Version 6.18, Frankfurt am Main 2013, abrufbar unter: http://www.rwe.com/web/cms/mediablob/de/195144/data/113836/7/rwe/investor-relations/aktie/aktionaersstruktur/Leitfaden-zu-den-Aktienindizes-der-Deutschen-Boerse.pdf, letzter Abruf: 13.11.2014.

**Dinstuhl, V. (2003):**
Konzernbezogene Unternehmensbewertung - DCF-orientierte Konzern- und Segmentbewertung unter Berücksichtigung der Besteuerung, Wiesbaden 2003.

**Dörner, D. (1987):**
Problemlösen als Informationsverarbeitung, 3. Aufl., Stuttgart 1987.

**DVFA (2000):**
Jahresbericht 2000, Frankfurt am Main 2000, abrufbar unter: https://www.yumpu.com/de/document/view/2398812/jahresbericht-2000-dvfa, letzter Abruf: 13.11.2014.

**Dyer, J.C./McHugh, A.J. (1975):**
The Timeliness of the Australian Annual Report, in: Journal of Accounting Research, 1975, Heft 2, S. 204-219.

**Dziuda, W. (2011):**
Strategic Argumentation, in: Journal of Economic Theory, 2011, Heft 4, S. 1362-1397.

**Eames, M.J./Glover, S.M./Kennedy, J.J. (2006):**
Stock Recommendations as a Source of Bias in Earnings Forecasts, in: Behavioral Research in Accounting, 2006, Heft 1, S. 37-51.

**Ebeling, R.M. (2010):**
Die Segmentberichterstattung, in: v. Wysocki, K./Schulze-Osterloh, J./Hennrichs, J. (Hrsg.), Handbuch des Jahresabschlusses, Köln 2010.

**Ebert, M./Simons, D./Stecher, J. (2013):**
Is Segment Reporting Useful for Creditors? Discretion in Aggregating Information, European Accounting Association 36th Annual Congress, Paris 2013.

**Eichenberger, R. (1992):**
Verhaltensanomalien und Wirtschaftswissenschaft: Herausforderung, Reaktionen, Perspektiven, Wiesbaden 1992.

**Elliott, J.A./Philbrick, D.R. (1990):**
Accounting Changes and Earnings Predictability, in: The Accounting Review, 1990, Heft 1, S. 157-174.

**Emmanuel, C.R./Pick, R. (1980):**
The Predictive Ability of UK Segment Reports, in: Journal of Business Finance & Accounting, 1980, Heft 2, S. 201-218.

**Engelbrechtsmüller, C./Fuchs, H. (2007):**
Annäherung der Segmentberichterstattung nach IFRS an das operative Controlling, in: RWZ - Zeitschrift für Recht und Rechnungswesen, 2007, Heft 2, S. 37-43.

**Eppler, M.J./Mengis, J. (2004):**
The Concept of Information Overload: A Review of Literature from Organization Science, Accounting, Marketing, MIS, and Related Disciplines, in: The Information Society, 2004, Heft 5, S. 325-344.

**Epstein, M.J./Palepu, K.G. (1999):**
What Financial Analysts Want, in: Strategic Finance, 1999, Heft 10, S. 48-52.

**Ernst, E./Gassen, J./Pellens, B. (2005):**
Verhalten und Präferenzen deutscher Aktionäre - Eine Befragung von privaten und institutionellen Anlegern zum Informationsverhalten, zur Dividendenpräferenz und zur Wahrnehmung von Stimmrechten, in: Von Rosen, R. (Hrsg.), Studien des Deutschen Aktieninstituts, Heft 29, Frankfurt am Main 2005.

**Ernst, E./Gassen, J./Pellens, B. (2009):**
Verhalten und Präferenzen deutscher Aktionäre - Eine Befragung von privaten und institutionellen Anlegern zum Informationsverhalten, zur Dividendenpräferenz und zur Wahrnehmung von Stimmrechten, in: Von Rosen, R. (Hrsg.), Studien des Deutschen Aktieninstituts, Heft 42, Frankfurt am Main 2009.

**Europäische Kommission (2008):**
NACE Rev. 2 - Statistische Systematik der Wirtschaftszweige in der Europäischen Gemeinschaft, Eurostat - Methodologies and Working Papers, Luxemburg 2008, abrufbar unter: http://epp.eurostat.ec.europa.eu/cache/ITY_OFFPUB/KS-RA-07-015/DE/KS-RA -07-015-DE.PDF, letzter Abruf: 13.11.2014.

**Ewelt, C./Knauer, T./Sieweke, M. (2009):**
Mehr = besser? Zur Entwicklung des Berichtsumfangs in der Unternehmenspublizität am Beispiel der risikoorientierten Berichterstattung deutscher Aktiengesellschaften, in: Zeitschrift für internationale und kapitalmarktorientierte Rechnungslegung, 2009, Heft 12, S. 706-715.

**Ewert, R./Wagenhofer, A. (2012):**
Using Academic Research for the Post-Implementation Review of Accounting Standards: A Note, in: Abacus, 2012, Heft 2, S. 278-291.

**Ewert, R./Wagenhofer, A. (2014):**
Interne Unternehmensrechnung, 8. Aufl., Berlin/Heidelberg 2014.

**Fey, G./Mujkanovic, R. (1999):**
Segmentberichterstattung im internationalen Umfeld, in: Die Betriebswirtschaft, 1999, Heft 2, S. 261-276.

**Fink, C./Hütten, C. (2014):**
§36 Segmentberichterstattung, in: Lüdenbach, N./Hoffmann, W.-D./Freiberg, J. (Hrsg.), Haufe IFRS-Kommentar, 12. Aufl., Nördlingen 2014, S. 2336-2372.

**Fink, C./Ulbrich, P. (2006):**
Segmentberichterstattung nach ED 8 - Operating Segments, in: Zeitschrift für internationale und kapitalmarktorientierte Rechnungslegung, 2006, Heft 4, S. 233-243.

**Fink, C./Ulbrich, P. (2007):**
IFRS 8: Paradigmenwechsel in der Segmentberichterstattung, in: Der Betrieb, 2007, Heft 18, S. 981-985.

**Fischoff, B. (1982):**
For Those Condemned to Study the Past: Heuristics and Biases in Hindsight, in: Kahneman, D./Slovic, P./Tversky, A. (Hrsg.), Judgement under Uncertainty: Heuristics and Biases, Cambridge 1982, S. 335-351.

**Franz, K.-P. (1999):**
Möglichkeiten und Grenzen eines Abbaus der Unterschiede zwischen externem und internem Rechnungswesen - Wandel der Sichtweise durch die Anwendung internationaler Rechnungslegungsvorschriften, in: Horváth, P. (Hrsg.), Controlling & Finance: Aufgaben, Kompetenzen und Tools effektiv koordinieren, Stuttgart 1999, S. 207-214.

**Franz, K.-P. (2003):**
Verbundbeziehungen und Komplexität im internationalen Konzern, in: Zeitschrift für betriebswirtschaftliche Forschung, 2003, Sonderheft 49, S. 1-12.

**Franz, K.-P./Winkler, C. (2006a):**
Unternehmenssteuerung und IFRS - Grundlagen und Praxisbeispiele, München 2006.

**Franz, K.-P./Winkler, C. (2006b):**
IFRS und wertorientiertes Controlling, in: Controlling - Zeitschrift für erfolgsorientierte Unternehmenssteuerung, 2006, Heft 8/9, S. 417-423.

**Franzen, N./Weißenberger, B.E. (2014a):**
The Adoption of IFRS 8 - No Headway Made? Evidence from Segment Reporting Practices in Germany, Working Paper.

**Franzen, N./Weißenberger, B.E. (2014b):**
Capital Market Effects of Mandatory IFRS 8 Adoption: An Empirical Analysis of German Firms, Working Paper.

**Frey, B.S. (1990):**
Ökonomie ist Sozialwissenschaft: Die Anwendung der Ökonomie auf neue Gebiete, München 1990.

**Freygang, W. (1993):**
Kapitalallokation in diversifizierten Unternehmen: Ermittlung divisionaler Eigenkapitalkosten, Wiesbaden 1993.

**Friesen, G./Weller, P.A. (2006):**
Quantifying Cognitive Biases in Analyst Earnings Forecasts, in: Journal of Financial Markets, 2006, Heft 4, S. 333-365.

**Fülbier, R.U. (2004):**
Wissenschaftstheorie und Betriebswirtschaftslehre, in: Wirtschaftswissenschaftliches Studium, 2004, Heft 5, S. 266-271.

**Fülbier, R.U./Gassen, J./Ott, E. (2010):**
IFRS for SMEs für den europäischen Mittelstand? - Einige theoretische und empirische Überlegungen, in: Der Betrieb, 2010, Heft 25, S. 1357-1360.

**Galotti, K.M. (2013):**
Cognitive Psychology in and out of the Laboratory, 5. Aufl., Thousand Oaks 2013.

**Geiger, T. (2002):**
Ansatzpunkte zur Prüfung der Segmentberichterstattung nach SFAS 131, IAS 14 und DRS 3, in: Betriebs-Berater, 2002, Heft 37, S. 1903-1909.

**Geratherm Medical AG (2010):**
Geschäftsbericht 2009, Geschwenda 2010.

**Gerling, P.G. (2007):**
Controlling und Kognition: Implikationen begrenzter kognitiver Kapazitäten für das Controlling, Lohmar 2007.

**Glaser, B./Strauss, A. (1967):**
The Discovery of Grounded Theory: Strategies for Qualitative Inquiry, New York 1967.

**Gray, S.J./Radebaugh, L.H./Roberts, C.B. (1990):**
International Perceptions of Cost Constraints on Voluntary Information Disclosures: A Comparative Study of UK and US Multinationals, in: Journal of International Business Studies, 1990, Heft 4, S. 597-622.

**Griffin, D./Tversky, A. (1992):**
The Weighing of Evidence and the Determinants of Confidence, in: Cognitive Psychology, 1992, Heft 3, S. 411-435.

**Grochla, E. (1978):**
Einführung in die Organisationstheorie, Stuttgart 1978.

**Grottke, M./Krammer, S. (2008):**
Was bringt der Management Approach des IFRS 8 den Jahresabschlussadressaten? - Eine kritische Analyse, in: Zeitschrift für internationale und kapitalmarktorientierte Rechnungslegung, 2008, Heft 11, S. 670-679.

**Groves, R.J. (1994):**
Financial Disclosure: When more is not Better, in: Financial Executive, 1994, Heft 3, S. 11-14.

**GWB Immobilien AG (2010):**
Geschäftsbericht 2009, Siek/Hamburg 2010.

**Haase, K.D. (1974):**
Segment-Bilanzen: Rechnungslegung diversifizierter Industrieunternehmen, Wiesbaden 1974.

**Haase, K.D. (1979):**
Segmentpublizität, in: Betriebswirtschaftliche Forschung und Praxis, 1979, Heft 5, S. 455-468.

**Hacker, B. (2002):**
Segmentberichterstattung: eine ökonomische Analyse, Frankfurt am Main 2002.

**Hahn, K./Gottwick, B. (2010):**
Segmentberichterstattung, in: Hofbauer, M.A./Kupsch, P. (Hrsg.), Bonner Handbuch Rechnungslegung, 2. Aufl., Bonn 2010.

**Haller, A. (1994a):**
Positive Accounting Theory - Die Erforschung der Beweggründe bilanzpolitischen Verhaltens, in: Die Betriebswirtschaft, 1994, Heft 5, S. 597-612.

**Haller, A. (1994b):**
Die Grundlagen der externen Rechnungslegung in den USA, 4. Aufl., Stuttgart 1994.

**Haller, A. (2000):**
Segmentberichterstattung, in: Haller, A./Raffournier, B./Walton, P. (Hrsg.), Unternehmenspublizität im internationalen Wettbewerb, Stuttgart 2000, S. 755-805.

**Haller, A. (2006):**
Segmentberichterstattung - Schnittstelle zwischen Controlling und Rechnungslegung, in: Wagenhofer, A. (Hrsg.), Controlling und IFRS-Rechnungslegung: Konzepte, Schnittstellen, Umsetzung, Berlin 2006, S. 143-168.

**Haller, A. (2010):**
IFRS 8 Geschäftssegmente (Operating Segments), in: Baetge, J. et al. (Hrsg.), Rechnungslegung nach IFRS: Kommentar auf der Grundlage des deutschen Bilanzrechts, 2. Aufl., Stuttgart 2010.

**Haller, A./Park, P. (1994):**
Grundsätze ordnungsmäßiger Segmentberichterstattung, in: Schmalenbachs Zeitschrift für betriebswirtschaftliche Forschung, 1994, Heft 6, S. 499-524.

**Haller, A./Park, P. (1999):**
Segmentberichterstattung auf Basis des „Management Approach“ - Inhalt und Konsequenzen, in: Kostenrechnungs-Praxis, 1999, Sonderheft 3, S. 59-66.

**Haller, A./Permanschlager, D. (2002):**
Anspruch und Wirklichkeit der Segmentberichterstattung nach US-GAAP, in: Betriebs-Berater, 2002, Heft 27, S. 1411-1417.

**Haller, A./Walton, P. (2000):**
Unternehmenspublizität im Spannungsfeld nationaler Prägung und internationaler Harmonisierung, in: Haller, A./Raffournier, B./Walton, P. (Hrsg.), Unternehmenspublizität im internationalen Wettbewerb, Stuttgart 2000.

**Hammerton, M. (1973):**
A Case of Radical Probability Estimation, in: Journal of Experimental Psychology, 1973, Heft 2, S. 252-254.

**Haring, N./Prantner, R. (2005):**
Konvergenz des Rechnungswesens: State-of-the-Art in Deutschland und Österreich, in: Controlling, 2005, Heft 3, S. 147-154.

**Harris, M.S. (1998):**
The Association Between Competition and Managers' Business Segment Reporting Decisions, in: Journal of Accounting Research, 1998, S. 111-128.

**Hartmann, C. (2010):**
Die regulatorische Entwicklung des Lageberichts und seine Bedeutung im Rahmen der Unternehmenskommunikation, in: Baumhoff, H./Dücker, R./Köhler, S. (Hrsg.), Besteuerung, Rechnungslegung und Prüfung der Unternehmen, Wiesbaden 2010, S. 609-630.

**Haug, S. (2004):**
Wissenschaftstheoretische Problembereiche empirischer Wirtschafts- und Sozialforschung. Induktive Forschungslogik, naiver Realismus, Instrumentalismus, Relativismus, in: Frank, U. (Hrsg.), Wissenschaftstheorie in Ökonomie und Wirtschaftsinformatik - Theoriebildung und -bewertung, Ontologien, Wissensmanagement, Wiesbaden 2004, S. 85-107.

**Heath, C./Tversky, A. (1991):**
Preference and Belief: Ambiguity and Competence in Choice under Uncertainty, in: Journal of Risk and Uncertainty, 1991, Heft 1, S. 5-28.

**Hebeler, C. (2003):**
Harmonisierung des internen und externen Rechnungswesens - US-amerikanische Accounting-Systeme als konzeptionelle Grundlage für deutsche Unternehmen, Wiesbaden 2003.

**Heintges, S./Urbanczik, P./Wulbrand, H. (2008):**
Regelungen, Fallstricke und Überraschungen der Segmentberichterstattung nach IFRS 8, in: Der Betrieb, 2008, Heft 51/52, S. 2773-2781.

**Herrmann, D. (1996):**
The Predictive Ability of Geographic Segment Information at the Country, Continent, and Consolidated Levels, in: Journal of International Financial Management & Accounting, 1996, Heft 1, S. 50-73.

**Herrmann, D./Thomas, W.B. (2000):**
An Analysis of Segment Disclosures under SFAS No. 131 and SFAS No. 14, in: Accounting Horizons, 2000, Heft 3, S. 287-302.

**Higgins, H.N. (1998):**
Analyst Forecasting Performance in Seven Countries, in: Financial Analysts Journal, 1998, Heft 3, S. 58-62.

**Himmel, H. (2004):**
Konvergenz von interner und externer Unternehmensrechnung am Beispiel der Segmentberichterstattung, Aachen 2004.

**Hirsch, B. (2007):**
Controlling und Entscheidungen: zur verhaltenswissenschaftlichen Fundierung des Controllings, Tübingen 2007.

**Hirsch, B./Schneider, Y. (2010):**
Erklärungs- und Gestaltungsbeiträge verhaltenswissenschaftlicher Theorien für eine integrierte Rechnungslegung, in: Zeitschrift für Planung & Unternehmenssteuerung, 2010, Heft 1, S. 7-35.

**Hirshleifer, J. (1956):**
On the Economics of Transfer Pricing, in: The Journal of Business, 1956, Heft 3, S. 172-184.

**Hochstein, D. (2012):**
Konzeptionelle Weiterentwicklung des wertorientierten Managements unter besonderer Berücksichtigung von Kapitalkostenmodellen, Köln 2012.

**Hodgkinson, G.P. (2003):**
The Interface of Cognitive and Industrial, Work and Organizational Psychology, in: Journal of Occupational and Organizational Psychology, 2003, Heft 1, S. 1-25.

**Hofacker, T. (1985):**
Entscheidung als Informationsverarbeitung, Frankfurt am Main 1985.

**Hogarth, R.M. (1980):**
Judgement and Choice: The Psychology of Decision, Chichester 1980.

**Hogarth, R.M./Einhorn, H.J. (1992):**
Order Effects in Belief Updating: The Belief-Adjustment Model, in: Cognitive Psychology, 1992, Heft 1, S. 1-55.

**Hoke, M. (2001):**
Konzernsteuerung auf Basis eines intern und extern vereinheitlichten Rechnungswesens: Empirische Befunde vor dem Hintergrund der Internationalisierung der Rechnungslegung, Bamberg 2001.

**Holzer, H.P./Lück, W. (1978):**
Verhaltenswissenschaft und Rechnungswesen - Entwicklungstendenzen des Behavioral Accounting in den USA, in: Die Betriebswirtschaft, 1978, Heft 4, S. 509-523.

**Hong, Y./Ki, E.-J. (2007):**
How Do Public Relations Practitioners Perceive Investor Relations? An Exploratory Study, in: Corporate Communications: An International Journal, 2007, Heft 2, S. 199-213.

**Hope, O.K./Thomas, W.B. (2008):**
Managerial Empire Building and Firm Disclosure, in: Journal of Accounting Research, 2008, Heft 3, S. 591-626.

**Horn, S. (2011):**
Arbeitsweise des IASB, in: Buschhüter, M./Striegel, A. (Hrsg.), Kommentar Internationale Rechnungslegung IFRS, Wiesbaden 2011, S. 38-57.

**Horváth, P./Arnaout, A. (1997):**
Internationale Rechnungslegung und Einheit des Rechnungswesens, in: Controlling, 1997, Heft 4, S. 254-268.

**Horwitz, B./Kolodny, R. (1977):**
Line of Business Reporting and Security Prices: An Analysis of an SEC Disclosure Rule, in: The Bell Journal of Economics, 1977, Heft 1, S. 234-249.

**Hunton, J.E./McEwen, R.A./Bhattacharjee, S. (2001):**
Toward an Understanding of the Risky Choice Behavior of Professional Financial Analysts, in: The Journal of Psychology and Financial Markets, 2001, Heft 4, S. 182-189.

**Husmann, R. (1997):**
Segmentierung des Konzernabschlusses zur bilanzanalytischen Untersuchung der wirtschaftlichen Lage des Konzerns, in: Die Wirtschaftsprüfung, 1997, Heft 11, S. 349-359.

**IASB (2006):**
Segment reporting - Project report, London 2006, abrufbar unter: http://www.ifrs.org/Current-Projects/IASB-Projects/Segment-Reporting/Documents/SegmentreportingpsNov06.pdf, letzter Abruf: 13.11.2014.

**IASB (2008):**
IASB Update - September 2008, London 2008, abrufbar unter: http://www.ifrs.org/Updates/IASB-Updates/2008/Documents/IASB_Update_0908.pdf, letzter Abruf: 13.11.2014.

**IASB (2009):**
IASB Update - February 2009, London 2009, abrufbar unter: http://www.ifrs.org/Updates/IASB-Updates/2009/Documents/IASBUpdateFebruary2009.pdf, letzter Abruf: 13.11.2014.

**IASB (2010):**
IASB Update - February 2010, London 2010, abrufbar unter: http://www.ifrs.org/Updates/IASB-Updates/2010/Documents/FebIASBUpdate.pdf, letzter Abruf: 13.11.2014.

**IASB (2011):**
IASB Update - November 2011, London 2011, abrufbar unter: http://www.ifrs.org/Updates/IASB-Updates/2011/Documents/IASBupdateNov2011.pdf, letzter Abruf: 13.11.2014.

**IASB (2012a):**
Request for Information - Post-Implementation Review: IFRS 8 Operating Segments, London 2012, abrufbar unter: http://www.ifrs.org/Current-Projects/IASB-Projects/PIR/IFRS-8/Documents/IFRS8OperatingSegments.pdf, letzter Abruf: 13.11.2014.

**IASB (2012b):**
IASB Update - March 2012, London 2012, abrufbar unter: http://www.ifrs.org/Updates/IASB-Updates/Documents/IASBupdateMarch2012.pdf, letzter Abruf: 13.11.2014.

**IASB (2013a):**
Annual Improvement to IFRSs - 2010-2012 Cycle.

**IASB (2013b):**
Post-Implementation Review: IFRS 8 Operating Segments, London 2013, abrufbar unter: http://www.ifrs.org/IFRS-Research/Get-started/Documents/PIR-IFRS-8-Operatihg-Segments-July-2013.pdf, letzter Abruf: 13.11.2014.

**IASB (2013c):**
IASB and IFRS Interpretations Committee Due Process Handbook, London 2013, abrufbar unter: http://www.ifrs.org/DPOC/Documents/2013/Due-Process-Handbook-February-2013.pdf, letzter Abruf: 14.11.2014.

**IFRS Foundation (2012):**
Post-Implementation Review of IFRS 8 - Review of Academic Literature to May 2012 - Preliminary Findings, London 2012, abrufbar unter: www.ifrs.org/Meetings/Documents/IASBJun12/IFRS80612b12TO12C.zip, letzter Abruf: 13.11.2014.

**IFRS Foundation (2014):**
IASB Meeting - Project Disclosure Initiative, Paper Topic Materiality, London 2014, abrufbar unter: http://www.ifrs.org/Meetings/MeetingDocs/IASB/2014/March/11B%20 Disclosure%20Initiative%20Materiality.docx.pdf, letzter Abruf: 13.11.2014.

**IFRS Foundation/IASB (2012):**
Comment Letters - Post-Implementation Review of IFRS 8, London 2012, abrufbar unter: http://www.ifrs.org/Current-Projects/IASB-Projects/PIR/IFRS-8/comment-letters/Pages /default.aspx, letzter Abruf: 14.11.2014.

**Jenkins Committee (1994):**
Improving Business Reporting: A Customer Focus - Report of the Special Committee of AICPA on Financial Reporting Users Needs Subcommittee, 1994, abrufbar unter: http://www.aicpa.org/InterestAreas/FRC/AccountingFinancialReporting/Downloadable-Documents/Jenkins%20Committee%20Report.pdf, letzter Abruf: 14.11.2014.

**Jensen, M.C. (1986):**
Agency Costs of Free Cash Flow, Corporate Finance, and Takeovers, in: The American Economic Review, 1986, Heft 2, S. 323-329.

**Jensen, M.C./Meckling, W.H. (1979):**
Theory of the Firm: Managerial Behavior, Agency Costs, and Ownership Structure, in: Journal of Financial Economics, 1979, Heft 4, S. 305-360.

**Jolls, C./Sunstein, C.R./Thaler, R. (1998):**
A Behavioral Approach to Law and Economics, in: Stanford Law Review, 1998, Heft 5, S. 1471-1550.

**Kahneman, D./Lovallo, D. (1993):**
Timid Choices and Bold Forecasts: A Cognitive Perspective on Risk Taking, in: Management Science, 1993, Heft 1, S. 17-31.

**Kahneman, D./Tversky, A. (1974):**
Subjective Probability: A Judgment of Representativeness, in: Staël von Holstein, C.-A.S. (Hrsg.), The Concept of Probability in Psychological Experiments, Dordrecht (u.a.) 1974, S. 25-48.

**Kahneman, D./Tversky, A. (1979):**
Prospect Theory: An Analysis of Decision under Risk, in: Econometrica: Journal of the Econometric Society, 1979, Heft 2, S. 263-291.

**Kajüter, P./Barth, D. (2007):**
Segmentberichterstattung nach IFRS 8 - Übernahme des Management Approach, in: Betriebs-Berater, 2007, Heft 8, S. 428-436.

**Kajüter, P./Nienhaus, M. (2014):**
The Impact of IFRS 8 Adoption on the Value Relevance of Segment Reports, 2014, abrufbar unter: http://papers.ssrn.com/sol3/papers.cfm?abstract_id=2377229, letzter Abruf: 14.11.2014.

**Kampmann, H. (2011):**
Rahmenkonzept, in: Buschhüter, M./Striegel, A. (Hrsg.), Kommentar Internationale Rechnungslegung IFRS, Wiesbaden 2011, S. 58-67.

**KAP-Beteiligungs-AG (2010):**
Geschäftsbericht 2009, Stadthallendorf 2010.

**Kappler, E. (1973):**
Ansätze zu einer verhaltenswissenschaftlichen Theorie der Bilanzpolitik, in: Management International Review, 1973, Heft 2/3, S. 37-45.

**Kerschbaumer, H. (2002):**
Segmentberichterstattung, in: Küpper, H.-U./Wagenhofer, A. (Hrsg.), Handwörterbuch Unternehmensrechnung und Controlling, 4. Aufl., Stuttgart 2002, S. 1735-1744.

**Kind, A. (2000):**
Segment-Rechnung und -Bewertung, Bern/Stuttgart/Wien 2000.

**Kinney, W.R. (1971):**
Predicting Earnings: Entity versus Subentity Data, in: Journal of Accounting Research, 1971, Heft 1, S. 127-136.

**Kirsch, H. (2007):**
Segmentbezogene Jahresabschlussanalyse nach IFRS 8, in: Praxis der internationalen Rechnungslegung, 2007, Heft 1, S. 61-67.

**Kirsch, H. (2001):**
Segmentberichterstattung nach IAS 14 als Basis eines kennzahlengestützten Unternehmenscontrolling, in: Der Betrieb, 2001, Heft 29, S. 1513-1518.

**Kochanek, R.F. (1974):**
Segmental Financial Disclosure by Diversified Firms and Security Prices, in: The Accounting Review, 1974, Heft 2, S. 245-258.

**Kornmeier, M. (2007):**
Wissenschaftstheorie und wissenschaftliches Arbeiten - Eine Einführung für Wirtschaftswissenschaftler, Heidelberg 2007.

**Kosiol, E. (1964):**
Betriebswirtschaftslehre und Unternehmensforschung, in: Zeitschrift für Betriebswirtschaft, 1964, Heft 12, S. 743-762.

**KPMG (2011):**
Disclosure Overload and Complexity: Hidden in Plain Sight, 2011, abrufbar unter: https://www.kpmg.com/US/en/IssuesAndInsights/ArticlesPublications/Documents/disclosure-overload-complexity.pdf, letzter Abruf: 14.11.2014.

**Krishnamoorthy, G./Maroney, J.J./Ó hÓgartaigh, C. (2008):**
20-F Reconciliations and Investment Recommendations by Financial Professionals, in: Journal of Business Research, 2008, Heft 4, S. 355-362.

**Kubicek, H. (1977):**
Heuristische Bezugsrahmen und heuristisch angelegte Forschungsdesigns als Elemente einer Konstruktionsstrategie empirischer Forschung, in: Köhler, R. (Hrsg.), Empirische und handlungstheoretische Forschungskonzeptionen in der Betriebswirtschaftslehre: Bericht über die Tagung in Aachen (März 1976), Stuttgart 1977, S. 3-36.

**Küpper, H.-U. (1993):**
Internes Rechnungswesen, in: Hauschildt, J./Grün, O./Witte, E. (Hrsg.), Ergebnisse empirischer betriebswirtschaftlicher Forschung: Zu einer Realtheorie der Unternehmung; Festschrift für Eberhard Witte, Stuttgart 1993, S. 601-631.

**Küting, K. (2000):**
Möglichkeiten und Grenzen der Bilanzanalyse am Neuen Markt (Teil I) - Auf der Suche nach neuen Wegen der Unternehmensbeurteilung, in: Finanz Betrieb, 2000, Heft 10, S. 597-605.

**Küting, K./Weber, C.-P. (2012):**
Die Bilanzanalyse: Beurteilung von Abschlüssen nach HGB und IFRS, Stuttgart 2012.

**Langguth, H./Brunschön, F. (2006):**
Segmentberichterstattung am deutschen Kapitalmarkt - Eine empirische Untersuchung am Beispiel des Prime Standards der deutschen Börse, in: Der Betrieb, 2006, Heft 12, S. 625-632.

**Laux, H. (1990):**
Risiko, Anreiz und Kontrolle, Berlin u.a. 1990.

**Laux, H. (2006):**
Unternehmensrechnung, Anreiz und Kontrolle: Die Messung, Zurechnung und Steuerung des Erfolges als Grundprobleme der Betriebswirtschaftslehre, 3. Aufl., Berlin 2006.

**Lenz, H./Focken, E. (2002):**
Die Prüfung der Segmentberichterstattung, in: Die Wirtschaftsprüfung, 2002, Heft 16, S. 853-863.

**Levin, I.P./Gaeth, G.J. (1988):**
How Consumers Are Affected by the Framing of Attribute Information before and after Consuming the Product, in: Journal of Consumer Research, 1988, Heft 3, S. 374-378.

**Levin, I.P./Schneider, S.L./Gaeth, G.J. (1998):**
All Frames Are not Created Equal: A Typology and Critical Analysis of Framing Effects, in: Organizational Behavior and Human Decision Processes, 1998, Heft 2, S. 149-188.

**Lopatta, K. (2006):**
Goodwillbilanzierung und Informationsvermittlung nach internationalen Rechnungslegungsstandards: Business Combinations (IFRS, US-GAAP), Kaufpreisallokation, Impairment Test, Konvergenzbestrebungen, Wiesbaden 2006.

**Lorenzen, P. (1974):**
Konstruktive Wissenschaftstheorie, Frankfurt am Main 1974.

**Lüdenbach, N. (2010):**
IFRS: der Ratgeber zur erfolgreichen Anwendung von IFRS, Freiburg 2010.

**Maier, M.T. (2009):**
Der Management Approach - Herausforderungen für Controller und Abschlussprüfer im Kontext der IFRS-Finanzberichterstattung, Frankfurt am Main 2009.

**Maines, L.A./McDaniel, L.S./Harris, M.S. (1997):**
Implications of Proposed Segment Reporting Standards for Financial Analysts' Investment Judgements, in: Journal of Accounting Research, 1997, Heft 1, S. 1-24.

**March, J.G./Simon, H.A. (1958):**
Organizations, New York 1958.

**Maroney, J.J./ Ó hÓgartaigh, C. (2005):**
20-F Reconciliations and Investors' Perceptions of Risk, Financial Performance, and Quality of Accounting Principles, in: Behavioral Research in Accounting, 2005, Heft 1, S. 133-147.

**Marten, K.-U./Quick, R./Ruhnke, K. (2011):**
Wirtschaftsprüfung: Grundlagen des betriebswirtschaftlichen Prüfungswesens nach nationalen und internationalen Normen, Stuttgart 2011.

**Martini, J.T. (2007):**
Verrechnungspreise zur Koordination und Erfolgsermittlung, Wiesbaden 2007.

**Matova, M.R./Pelger, C. (2010):**
Integration von interner und externer Segmentergebnisrechnung - Eine empirische Untersuchung auf Basis der Segmentberichterstattung nach IFRS 8, in: Zeitschrift für internationale und kapitalmarktorientierte Rechnungslegung, 2010, Heft 10, S. 494-500.

**Mayring, P. (2010):**
Qualitative Sozialforschung: Grundlagen und Techniken, 11. Aufl., Weinheim 2010.

**McCarthy, J. (1956):**
The Inversion of Functions Defined by Turing Machines, in: Shannon, C.E./McCarthy, J. (Hrsg.), Automata studies, Princeton 1956, S. 177-181.

**McConnell, P./Pacter, P. (1995):**
IASC and FASB Proposals Would Enhance Segment Reporting, in: The CPA Journal, 1995, Heft 8, S. 50-51.

**Medin, D.L./Ross, B.H./Markman, A.B. (2005):**
Cognitive Psychology, 4. Aufl., Hoboken 2005.

**Medion AG (2014):**
Geschäftsbericht 2013/2014, Essen 2014.

**Melcher, W. (2002):**
Konvergenz von internem und externem Rechnungswesen: Umstellung des traditionellen Rechnungswesens und Einführung eines abgestimmten vertikalen und horizontalen Erfolgsspaltungskonzepts, Hamburg 2002.

**Merton, R.K. (1948):**
The Self-Fulfilling Prophecy, in: The Antioch Review, 1948, Heft 2, S. 193-210.

**Meyerowitz, B.E./Chaiken, S. (1987):**
The Effect of Message Framing on Breast Self-Examination Attitudes, Intentions, and Behavior, in: Journal of Personality and Social Psychology, 1987, Heft 3, S. 500-510.

**Moser, D.V. (1989):**
The Effects of Output Interference, Availability, and Accounting Information on Investors' Predictive Judgments, in: The Accounting Review, 1989, Heft 3, S. 433-448.

**Mullainathan, S./Thaler, R.H. (2000):**
Behavioral Economics, Working Paper, Cambridge 2000, abrufbar unter: http://www.ai-infinance.com/Mullainathan.pdf, letzter Abruf: 14.11.2014.

**Müller, S./Peskes, M. (2006):**
Konsequenzen der geplanten Änderungen der Segmentberichterstattung nach IFRS für Abschlusserstellung und Unternehmenssteuerung, in: Bilanzrecht und Betriebswirtschaft, 2006, Heft 15, S. 819-825.

**Naumann, T.K. (1999):**
Standardentwurf zur Segmentberichterstattung, in: Betriebs-Berater, 1999, Heft 44, S. 2288-2291.

**Nichols, N.B./Street, D.L. (2007):**
The Relationship between Competition and Business Segment Reporting Decisions under the Management Approach of IAS 14 Revised, in: Journal of International Accounting, Auditing and Taxation, 2007, Heft 1, S. 51-68.

**Nichols, N.B./Street, D.L./Cereola, S.J. (2012):**
An Analysis of the Impact of Adopting IFRS 8 on the Segment Disclosures of European Blue Chip Companies, in: Journal of International Accounting, Auditing and Taxation, 2012, Heft 2, S. 79-105.

**Nussbaum, E.M. (2015):**
Categorical and Nonparametric Data Analysis, New York 2015.

**Ordelheide, D./Stubenrath, M. (2000):**
Segmentberichterstattung: US-GAAP im Vergleich mit HGB/DRS, in: Ballwieser, W. (Hrsg.), US-amerikanische Rechnungslegung: Grundlagen und Vergleiche mit dem deutschen Recht, 4. Aufl., Stuttgart 2000, S. 379-405.

**Orth, C. (2004):**
C 630 Segmentberichterstattung, in: Böcking, H.-J./Castan, E. (Hrsg.), Beck'sches Handbuch der Rechnungslegung, München 2004.

**Ortman, R.F. (1975):**
The Effects on Investment Analysis of Alternative Reporting Procedure for Diversified Firms, in: The Accounting Review, 1975, Heft 2, S. 298-304.

**Osterloh, M. (2008):**
Psychologische Ökonomik und Betriebswirtschaftslehre: Zwischen Modell-Platonismus und Problemorientierung, Keynote anlässlich der 70. Jahrestagung des Verbands der Hochschullehrer für Betriebswirtschaft, Berlin 2008.

**Osterloh, M./Frey, B.S. (2005):**
Corporate Governance: Eine Prinzipal-Agenten-Beziehung, Team-Produktion oder ein soziales Dilemma, in: Schauenberg, B. (Hrsg.), Institutionenökonomik als Managementlehre, Wiesbaden 2005, S. 333-364.

**Peemöller, V.H. (2003):**
Bilanzanalyse und Bilanzpolitik: Einführung in die Grundlagen, Wiesbaden 2003.

**Pellens, B. et al. (2011):**
Internationale Rechnungslegung: IFRS 1 bis 9, IAS 1 bis 41, IFRIC-Interpretationen, Standardentwürfe. Mit Beispielen, Aufgaben und Fallstudie, 8. Aufl., Stuttgart 2011.

**Pellens, B. et al. (2014):**
Internationale Rechnungslegung: IFRS 1 bis 13, IAS 1 bis 41, IFRIC-Interpretationen, Standardentwürfe. Mit Beispielen, Aufgaben und Fallstudie, 9. Aufl., Stuttgart 2014.

**Pellens, B./Neuhaus, S./Schmidt, A. (2008):**
Relevanz unterschiedlicher Wertmaßstäbe für die Ausgestaltung der Unternehmensberichterstattung, in: Die Wirtschaftsprüfung, 2008, Sonderheft 1, S. 82-88.

**Pellens, B./Schmidt, A. (2014):**
Verhalten und Präferenzen deutscher Aktionäre - Eine Befragung von privaten und institutionellen Anlegern zum Informationsverhalten, zur Dividendenpräferenz und zur Wahrnehmung von Stimmrechten, in: Deutsches Aktieninstitut e.V. (Hrsg.), Studien des deutschen Aktieninstituts, Frankfurt am Main 2014.

**Penno, M. (1996):**
Unobservable Precision Choices in Financial Reporting, in: Journal of Accounting Research, 1996, Heft 1, S. 141-149.

**Petersen, D. (1970):**
Viele Unternehmen suchen Partner im Wettbewerb. Privatwirtschaftliche Vorgänge im ersten Quartal 1970, in: Blick durch die Wirtschaft, 1970, Heft 83, S. 5.

**Picot, A. et al. (2012):**
Organisation: Theorie und Praxis aus ökonomischer Sicht, Stuttgart 2012.

**Popper, K. (2002):**
Logik der Forschung, 10. Aufl., Tübingen 2002.

**Pratt, J.W./Zeckhauser, R.J. (1985):**
Principals and Agents: An Overview, in: Pratt, J.W./Zeckhauser, R.J. (Hrsg.), Principals and Agents: The Structure of Business, Boston 1985, S. 12-15.

**Previts, G.J. et al. (1994):**
A Content Analysis of Sell-Side Financial Analyst Company Reports, in: Accounting Horizons, 1994, Heft 2, S. 55-70.

**Prodhan, B.K./Harris, M.C. (1989):**
Systematic Risk and the Discretionary Disclosure of Geographical Segments: An Empirical Investigation of US Multinationals, in: Journal of Business Finance & Accounting, 1989, Heft 4, S. 467-485.

**Prodhano, B.K. (1986):**
Geographical Segment Disclosure and Multinational Risk Profile, in: Journal of Business Finance & Accounting, 1986, Heft 1, S. 15-37.

**Progress-Werk Oberkirch AG (2010):**
Geschäftsbericht 2009, Oberkirch 2010.

**Raffée, H. (1974):**
Grundprobleme der Betriebswirtschaftslehre, Göttingen 1974.

**Rappaport, A. (1986):**
Creating Shareholder Value: The New Standard for Business Performance, New York 1986.

**Reimund, C. (2003):**
Liquiditätshaltung und Unternehmenswert, Wiesbaden 2003.

**Riahi-Belkaoui, A. (2012):**
Accounting Theory, 5. Aufl., London 2012.

**Richter, F./Gröniger, B. (2000):**
Kapitalmarktorientierte Steuerung mit Rendite- und Wachstumszielen, in: Berens, W./Born, A./Andreas, H. (Hrsg.), Controlling international tätiger Unternehmen, Stuttgart 2000, S. 289-320.

**Richter, R./Furubotn, E.G. (2010):**
Neue Institutionenökonomik: Eine Einführung und kritische Würdigung, 4. Aufl., Tübingen 2010.

**Ridder, C. (2006):**
Investor Relations-Qualität: Determinanten und Wirkungen - Theoretische Konzeption mit empirischer Überprüfung für den deutschen Kapitalmarkt, Vallendar 2006.

**Roberts, C.B. (1989):**
Forecasting Earnings Using Geographical Segment Data: Some UK Evidence, in: Journal of International Financial Management & Accounting, 1989, Heft 2, S. 130-151.

**Rogler, S. (2009a):**
Segmentberichterstattung nach IFRS 8 im Fokus von Bilanzpolitik und Bilanzanalyse (Teil 1), in: Zeitschrift für internationale und kapitalmarktorientierte Rechnungslegung, 2009, Heft 9, S. 500-505.

**Rogler, S. (2009b):**
Segmentberichterstattung nach IFRS 8 im Fokus von Bilanzpolitik und Bilanzanalyse (Teil 2), in: Zeitschrift für internationale und kapitalmarktorientierte Rechnungslegung, 2009, Heft 10, S. 576-583.

**Ronen, J./Livnat, J. (1981):**
Incentives for Segment Reporting, in: Journal of Accounting Research, 1981, Heft 2, S. 459-481.

**Ruhnke, K./Schmiele, C./Schwind, J. (2010):**
Die Erwartungslücke als permanentes Phänomen der Abschlussprüfung - Definitionsansatz, empirische Untersuchung und Schlussfolgerungen, in: Schmalenbachs Zeitschrift für Betriebswirtschaftliche Forschung, 2010, Heft 4, S. 394-421.

**Salter, S.B. et al. (1996):**
Reporting Financial Information by Segment: A Comment of the American Accounting Association on the IASC Draft Statement of Principles, in: Accounting Horizons, 1996, Heft 1, S. S. 118-123.

**Samuelson, W./Zeckhauser, R.J. (1988):**
Status Quo Bias in Decision Making, in: Journal of Risk and Uncertainty, 1988, Heft 1, S. 7-59.

**Schaier, S. (2007):**
Konvergenz von internem und externem Rechnungswesen, Wiesbaden 2007.

**Schanz, G. (1993):**
Verhaltenswissenschaften und Betriebswirtschaftslehre, in: Wittmann, W. et al. (Hrsg.), Handwörterbuch der Betriebswirtschaft, 5. Aufl.1993, S. 4521-4532.

**Scherrer, G. (2013):**
Konzernrechnungslegung nach HGB: Eine anwendungsorientierte Darstellung mit zahlreichen Beispielen, 3. Aufl., München 2013.

**Schierenbeck, H./Lister, M. (2001):**
Value Controlling: Grundlagen wertorientierter Unternehmensführung, München 2001.

**Schmid, M. (2012):**
Prognosefähiger Erfolg nach IAS/IFRS - Konzeptionelle und bilanztheoretische Analyse der Anforderungen an Ermittlung und Ausweis, Wiesbaden 2012.

**Schönbrunn, N. (1988):**
Rechnungswesen und Verhaltenswissenschaften: Entwicklungsstand und motivationstheoretische Grundlagen des Behavioral Accounting, Marburg 1988.

**Schroder, H.M./Driver, M.J./Streufert, S. (1967):**
Human Information Processing: Individuals and Groups Functioning in Complex Social Situations, New York 1967.

**Schulte, C. (1994):**
Beteiligungscontrolling, in: Schulte, C. (Hrsg.), Beteiligungscontrolling: Grundlagen, strategische Allianzen und Akquisitionen, Erfahrungsberichte, Wiesbaden 1994, S. 3-24.

**Schulz-Danso, M. (2009):**
§21 Segmentberichterstattung, in: Bohl, W./Riese, J./Schlüter, J. (Hrsg.), Beck'sches IFRS-Handbuch: Kommentierung der IFRS/IAS, 3. Aufl., München 2009.

**Schulz-Danso, M. (2013):**
§21 Segmentberichterstattung, in: Bohl, W./Riese, J./Schlüter, J. (Hrsg.), Beck'sches IFRS-Handbuch: Kommentierung der IFRS/IAS, 4. Aufl., München 2013.

**SEC (1998):**
Securities and Exchange Commission v. Sony Corporation, Case No. 1:98CV01935, Washington 1998, abrufbar unter: http://www.sec.gov/litigation/litreleases/lr15832.txt, letzter Abruf: 13.11.2014.

**Sedor, L.M. (2002):**
An Explanation for Unintentional Optimism in Analysts' Earnings Forecasts, in: The Accounting Review, 2002, Heft 4, S. 731-753.

**Shleifer, A./Vishny, R.W. (1997):**
A Survey of Corporate Governance, in: The Journal of Finance, 1997, Heft 2, S. 737-783.

**Siefke, M. (1999):**
Externes Rechnungswesen als Datenbasis der Unternehmenssteuerung: Vergleich mit der Kostenrechnung und Shareholder-Value-Ansätzen, Wiesbaden 1999.

**Silhan, P.A. (1983):**
The Effects of Segmenting Quarterly Sales and Margins on Extrapolative Forecasts of Conglomerate Earnings: Extension and Replication, in: Journal of Accounting Research, 1983, Heft 1, S. 341-347.

**Simon, H.A. (1955):**
A Behavioral Model of Rational Choice, in: The Quarterly Journal of Economics, 1955, Heft 1, S. 99-118.

**Simon, H.A. (1966):**
Models of Man: Social and Rational - Mathematical Essays on Rational Human Behavior in a Social Setting, 4. Aufl., New York 1966.

**Spremann, K. (1987):**
Agent and Principal, in: v. Bamberg, G./Ballwieser, W. (Hrsg.), Agency Theory, Information, and Incentives, Berlin u.a. 1987, S. 3-37.

**Stallman, J.C. (1969):**
Toward Experimental Criteria for Judging Disclosure Improvement, in: Journal of Accounting Research, 1969, Heft 3, S. 29-43.

**Stanzel, M. (2007):**
Qualität des Aktienresearch von Finanzanalysten: Eine theoretische und empirische Untersuchung der Gewinnprognosen und Aktienempfehlungen am deutschen Kapitalmarkt, Wiesbaden 2007.

**Sternberg, R.J. (2003):**
Cognitive Psychology, 3. Aufl., Belmont 2003.

**Striegel, A./Münchow, W.A. (2011):**
Rechtliche Grundlagen, in: Buschhüter, M./Striegel, A. (Hrsg.), Kommentar Internationale Rechnungslegung IFRS, Wiesbaden 2011, S. 11-37.

**Strobel, M./Weingarz, S. (2008):**
Verhaltenswissenschaftliche Aspekte im Marketing von Finanzdienstleistungen, in: Keuper, F. (Hrsg.), Sales & Service: Management, Marketing, Promotion und Performance, Wiesbaden 2008, S. 465-482.

**Swaminathan, S. (1991):**
The Impact of SEC Mandated Segment Data on Price Variability and Divergence of Beliefs, in: The Accounting Review, 1991, Heft 1, S. 23-41.

**Tasker, S.C. (1998):**
Bridging the Information Gap: Quarterly Conference Calls as a Medium for Voluntary Disclosure, in: Review of Accounting Studies, 1998, Heft 1-2, S. 137-167.

**Teigelack, L. (2009):**
Finanzanalysen und Behavioral Finance, Baden-Baden 2009.

**Thomas, W.B. (2000):**
The Value-Relevance of Geographic Segment Earnings Disclosures under SFAS 14, in: Journal of International Financial Management & Accounting, 2000, Heft 3, S. 133-155.

**Trapp, R./Wolz, M. (2008):**
Segmentberichterstattung nach IFRS 8 - Konvergenz um jeden Preis, in: Zeitschrift für internationale Rechnungslegung, 2008, Heft 2, S. 85-94.

**Tversky, A./Kahneman, D. (1973):**
Availability: A Heuristic for Judging Frequency and Probability, in: Cognitive Psychology, 1973, Heft 2, S. 207-232.

**Tversky, A./Kahneman, D. (1974):**
Judgment under Uncertainty: Heuristics and Biases, in: Science, 1974, Heft 4157, S. 1124-1131.

**Tversky, A./Kahneman, D. (1981):**
The Framing of Decisions and the Psychology of Choice, in: Science, 1981, Heft 4481, S. 453-458.

**Velte, P. (2008):**
ZP-Stichwort: Management Approach, in: Zeitschrift für Planung & Unternehmenssteuerung, 2008, Heft 1, S. 133-138.

**Verrecchia, R.E. (1983):**
Discretionary Disclosure, in: Journal of Accounting and Economics, 1983, Heft 1, S. 179-194.

**W.O.M. WORLD OF MEDICINE AG (2010):**
Geschäftsbericht 2009, Berlin 2010.

**W.O.M. WORLD OF MEDICINE AG (2011):**
Geschäftsbericht 2010, Berlin 2011.

**Wagenhofer, A. (2008):**
Konvergenz von intern und extern berichteten Ergebnisgrößen am Beispiel von Segmentergebnissen, in: Betriebswirtschaftliche Forschung und Praxis, 2008, Heft 2, S. 161-176.

**Wagenhofer, A./Ewert, R. (2007):**
Externe Unternehmensrechnung, 2. Aufl., Berlin 2007.

**Walsh, J.P. (1995):**
Managerial and Organizational Cognition: Notes from a Trip Down Memory Lane, in: Organization Science, 1995, Heft 3, S. 280-321.

**Weißenberger, B.E. (2004):**
Integrierte Rechnungslegung und Unternehmenssteuerung: Bedarf an kalkulatorischen Erfolgsgrößen auch unter IFRS?, in: Controlling & Management, 2004, Sonderheft 2, S. 72-78.

**Weißenberger, B.E. (2005):**
Controlling unter IFRS: Möglichkeiten und Grenzen einer integrierten Erfolgsrechnung, in: Weber, J./Meyer, M. (Hrsg.), Internationalisierung des Controllings: Standortbestimmung und Optionen, Wiesbaden 2005, S. 185-212.

**Weißenberger, B.E. (2007):**
Controller und IFRS: Konsequenzen der IFRS-Finanzberichterstattung für die Aufgabenfelder von Controllern, in: Betriebswirtschaftliche Forschung und Praxis, 2007, Heft 4, S. 342-364.

**Weißenberger, B.E./Franzen, N. (2011):**
Herausforderung Management Approach, in: Kajüter, P./Mindermann, T./Winkler, C. (Hrsg.), Controlling und Rechnungslegung - Bestandsaufnahme, Schnittstellen, Perspektiven, Stuttgart 2011, S. 323-352.

**Weißenberger, B.E. et al. (2013):**
Verbessert sich unter IFRS 8 die Konsistenz von Segmentbericht und Lagebericht? - Eine empirische Analyse der HDAX- und SDAX-Unternehmen, in: Zeitschrift für internationale und kapitalmarktorientierte Rechnungslegung, 2013, Heft 1, S. 13-22.

**Weißenberger, B.E./Franzen, N./Kurth, R. (2013):**
Veränderung der Segmentberichterstattung unter IFRS 8: Hat das IASB seine Zielsetzung erreicht? - Eine Untersuchung am Beispiel der britischen FTSE 100-Unternehmen, in: Zeitschrift für internationale und kapitalmarktorientierte Rechnungslegung, 2013, Heft 3, S. 136-141.

**Wenk, M.O./Jagosch, C. (2008):**
Konzeptionelle Neugestaltung der Segmentberichterstattung nach IFRS - Was ändert sich tatsächlich?, in: Zeitschrift für internationale und kapitalmarktorientierte Rechnungslegung, 2008, Heft 11, S. 661-670.

**Westag & Getalit AG (2010):**
Geschäftsbericht 2009, Rheda-Wiedenbrück 2010.

**Westag & Getalit AG (2014):**
Geschäftsbericht 2013, Rheda-Wiedenbrück 2014.

**Whiting, E. (1986):**
A Guide to Business Performance Measurements, Houndmills 1986.

**Wickens, C.D. et al. (2013):**
Engineering Psychology and Human Performance, 4. Aufl., Boston 2013.

**Wicklund, R.A./Brehm, J.W. (1976):**
Perspectives on Cognitive Dissonance, Hillsdale 1976.

**Wiederhold, P. (2008):**
Segmentberichterstattung und Corporate Governance: Grenzen des Management Approach, Wiesbaden 2008.

**Wöhe, G./Döring, U. (1997):**
Bilanzierung und Bilanzpolitik: betriebswirtschaftlich, handelsrechtlich, steuerrechtlich, 9. Aufl., München 1997.

**Wöhe, G./Döring, U. (2013):**
Einführung in die Betriebswirtschaftslehre, 25. Aufl., München 2013.

**Wöltje, J. (2013):**
Bilanzen lesen, verstehen und gestalten, 11. Aufl., Freiburg 2013.

**Ziegler, H. (1994):**
Neuorientierung des internen Rechnungswesens für das Unternehmens-Controlling im Hause Siemens, in: Zeitschrift für betriebswirtschaftliche Forschung, 1994, Heft 2, S. 175-188.

**Zimmerman, J.L. (2001):**
Conjectures Regarding Empirical Managerial Accounting Research, in: Journal of Accounting and Economics, 2001, Heft 1, S. 411-427.

**Zülch, H./Burghardt, S. (2007):**
IFRS 8 „Operating Segments“, in: Praxis der internationalen Rechnungslegung, 2007, Heft 1.

**Geschäftsberichtsverzeichnis**

3U HOLDING AG

A. MOKSEL AG

A.S. CRÉATION TAPETEN AG

ABACHO AG

ACTION PRESS HOLDING AG

ADVANCED INFLIGHT ALLIANCE AG

AHLERS AG

AIRE GMBH & CO. KGAA

ALEO SOLAR AG

ALNO AG

ALPHAFORM AG

ANALYTIK JENA AG

ANDREAE-NORIS ZAHN AG

ARBOMEDIA AG

ARISTON REAL ESTATE AG

ARQUES INDUSTRIES AG

ARTNET AG

ASIAN BAMBOO AG

AUGUSTA TECHNOLOGIE AG

BASLER AG

BEATE UHSE AG

BERENTZEN-GRUPPE AG

BIEN-ZENKER AG

BIJOU BRIGITTE MODISCHE ACCESSOIRES AG

BIOLITEC AG

BORUSSIA DORTMUND GMBH & CO. KGAA

BRUEDER MANNESMANN AG

BUCH.DE INTERNETSTORES AG

BURGBAD AG

BUSINESS MEDIA CHINA AG

CANCOM IT SYSTEME AG

CENIT AG

CENTROSOLAR GROUP AG

CEOTRONICS AG

COMPUGROUP HOLDING AG

CURASAN AG

CYBIO AG

D + S EUROPE AG

D. LOGISTICS AG

DATA MODUL AG

DEAG DEUTSCHE ENTERTAINMENT AG

DEUTSCHE BALATON AG

DEUTSCHE IMMOBILIEN HOLDING AG

DIDIER-WERKE AG

DOCCHECK AG

DR. HÖNLE AG

DÜRKOPP ADLER AG

EASY SOFTWARE AG

ECKERT & ZIEGLER STRAHLEN- UND MEDIZINTECHNIK AG

ECOTEL COMMUNICATION AG

EHLEBRACHT AG

EINHELL GERMANY AG

ELMOS SEMICONDUCTOR AG

ENBW ENERGIE BADEN-WÜRTTEMBERG AG

ENVITEC BIOGAS AG

EUROMICRON AG

FORIS AG

FRANCOTYP-POSTALIA HOLDING AG

FUNKWERK AG

GELSENWASSER AG

GERATHERM MEDICAL AG

GFT TECHNOLOGIES AG

GWB IMMOBILIEN AG

HAHN-IMMOBILIEN-BETEILIGUNGS AG

HANSA GROUP AG

HAWESKO HOLDING AG

HEILER SOFTWARE AG

HERLITZ AG

HÖFT & WESSEL AG

HORNBACH-BAUMARKT-AG

HYMER AG

IBS AG

IDS SCHEER AG

IMW IMMOBILIEN AG

INTEGRALIS AG

INTERSEROH SE

INTERSHOP COMMUNICATIONS AG

ISRA VISION AG

JETTER AG

KABEL DEUTSCHLAND HOLDING AG

KAP BETEILIGUNGS-AG

KLÖCKNER-WERKE AG

KSB AG

LEICA CAMERA AG

LPKF LASER & ELECTRONICS AG

LS TELCOM AG

MAINOVA AG

MATERNUS-KLINIKEN AG

MCS SYSTEME AG

MEDICLIN AG

MEDISANA AG

MEVIS MEDICAL SOLUTIONS AG

MINERALBRUNNEN ÜBERKINGEN-TEINACH AG

MISTRAL MEDIA AG

MÖBEL WALTHER AG

MUELLER-DIE LILA LOGISTIK AG

NEMETSCHEK AG

NESCHEN AG

NEXUS AG

ODEON FILM AG

PARAGON AG

PIRONET NDH AG

PROCON MULTIMEDIA AG

PROGRESS-WERK OBERKIRCH AG

PVA TEPLA AG

REALTECH AG

REPOWER SYSTEMS AG

RÖDER ZELTSYSTEME UND SERVICE AG

SACHSENMILCH AG

SAINT-GOBAIN OBERLAND AG

SARTORIUS AG

SCA HYGIENE PRODUCTS SE

SCHULER AG

SEKTKELLEREI SCHLOSS WACHENHEIM AG

SENATOR ENTERTAINMENT AG

SILICON SENSOR INTERNATIONAL AG

SIMONA AG

SOFTING AG

SOFTM SOFTWARE UND BERATUNG AG

SOFTSHIP AG

SOLAR-FABRIK AG

SOLON SE

SPLENDID MEDIEN AG

STO AG

STRABAG AG NA

SUNWAYS AG

SYSKOPLAN AG

TA TRIUMPH-ADLER AG

TDS INFORMATIONSTECHNIK AG

TECHNOTRANS AG

TOM TAILOR HOLDING AG

TOMORROW FOCUS AG

TRIPLAN AG

TURBON AG

UMS UNITED MEDICAL SYSTEMS INTERNATIONAL AG

UNITED LABELS AG

UZIN UTZ AG

VERBIO VEREINIGTE BIOENERGIE AG

VISCOM AG

VK MÜHLEN AG

VWD VEREINIGTE WIRTSCHAFTSDIENSTE AG

W.E.T. AUTOMOTIVE SYSTEMS AG

WASGAU PRODUKTIONS & HANDELS AG

WASHTEC AG

WEBAC HOLDING AG

WMF WÜRTTEMBERGISCHE METALLWARENFABRIK AG

ZAPF CREATION AG